U0287045

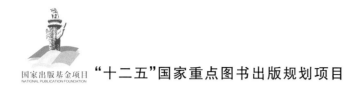

国家出版基金项目 NATIONAL PUBLICATION FOUNDATION "十二五"国家重点图书出版规划项目

中国的气候变化及其预测

丁一汇 主编

气象出版社 China Meteorological Press

内 容 简 介

本书主要阐述中国气候变化的区域特征、演变过程和原因以及根据新一代中国气候模式预测的全球和中国未来百年气候变化结果,旨在根据中国近百年多种观测资料的分析、物理机制的解释与气候模式的模拟及预测对中国的气候变化特征提供新的认知。全书重点对以下问题做了深入的阐述:近百年地表气温升温的幅度与多尺度的降水变化;现代和历史的极端气候事件;中国的区域水循环;大气气溶胶对中国气候的影响;中国气候变化的原因;中国新一代气候模式的特点与应用;气候变化对中国的主要影响和阈值分析。本书对从事气候变化研究的科研和教学人员有重要参考价值。

图书在版编目(CIP)数据

中国的气候变化及其预测 / 丁一汇主编. -- 北京：
气象出版社，2016.12
　ISBN 978-7-5029-6482-5

Ⅰ.①中…　Ⅱ.①丁…　Ⅲ.①气候变化-研究-中国
②气候预测-研究-中国　Ⅳ.①P467

中国版本图书馆 CIP 数据核字(2016)第 288187 号

出版发行：气象出版社
地　　　址：北京市海淀区中关村南大街 46 号　　　邮政编码：100081
电　　　话：010-68407112(总编室)　010-68409198(发行部)
网　　　址：http://www.qxcbs.com　　**E-mail**：qxcbs@cma.gov.cn
责任编辑：张　斌　　　　　　　　　　终　　审：邵俊年
责任校对：王丽梅　　　　　　　　　　责任技编：赵相宁
封面设计：易普锐创意
印　　　刷：北京地大天成印务有限公司
开　　　本：787 mm×1092 mm　1/16　　　印　　张：18.5
字　　　数：467 千字
版　　　次：2016 年 12 月第 1 版　　　印　　次：2016 年 12 月第 1 次印刷
定　　　价：120.00 元

本书如存在文字不清、漏印以及缺页、倒页、脱页等,请与本社发行部联系调换

前　言

　　本书是重点阐述近百年中国气候变化演变与原因以及未来百年变化的专著。本书的主要内容取材于"十一五"期间科技部相关课题的研究成果,但也增补了近五年国内学者对气候变化研究的主要成果。对公众关心的极端事件,本书分析了近 2000 年以来的变化,这样可以从长期的中国气候演变过程中,考察随着人类活动影响的加强(主要是温室气体排放增加和土地利用的变化)是否会导致极端事件发生频率和强度的变化。从内容上看,本书并不是一本全面阐述中国气候变化的著作,这方面已有两次中国气候变化国家评估报告于 2007 年和 2011 年分别问世,《第三次气候变化国家评估报告》也将出版。本书重点阐述以下七个方面的问题:(1)近百年中国地表气温升温的幅度与多尺度的降水变化;(2)现代和历史(2000年以来)极端事件发生频率和强度的演变;(3)中国区域的水循环和主要流域的水文收支变化;(4)大气气溶胶的气候效应及其对中国气候的影响,尤其是对亚洲季风的影响;(5)气候变化的检测与归因原理和方法以及中国气候变化的原因;(6)中国新一代气候模式的特点与未来百年中国气候变化的预估;(7)气候变化对中国的主要影响与阈值分析。通过上述问题,读者不但可以了解中国气候变化最主要的特征与原因以及对全球气候变化的响应,同时也可获得对中国气候变化问题的新认识。但应该指出,气候变化问题是一个复杂的多学科交叉问题,对于有些问题的认识尚十分有限,并且不断出现新的挑战性问题,如近 15 年全球气候变暖趋势及其影响问题。这需要通过进一步深入的科学研究才能回答。

　　本书初稿是由众多气候变化学者集体写成,虽经多次讨论和修改,但我们深知仍有不少不足,敬请热心的读者提出批评。最后我对参加本书编写的专家们表示深切的谢意,感谢他们对本书的贡献和耐心。也感谢宋亚芳、张锦在编写工作中的辛勤劳动。最后,我也十分感谢气象出版社张斌的大力协助,他积极促进了本书的顺利出版。

丁一汇

2015 年 7 月 28 日

目　　录

第 1 章 近百年地面气温和降水变化

主　　笔:任国玉

主要作者:唐国利　郑景云　任玉玉

贡献作者:周江兴　周雅清　张爱英　张　莉　黄　磊　张　雷　刘玉莲

　　　　　宝乐尔　朱界平　战云健　孙秀宝

1.1　气温变化

1.1.1　近百年温度变化

　　由于历史的原因,1950 年以前中国气象观测情况非常复杂。观测站点分布稀疏,且主要集中在东部地区;各站之间、同一站点前后观测规范不一致,很少有完整、稳定的中国气温及降水量的台站观测记录。但早期工作根据稀少的地面观测资料,发展了一套气温等级资料,并利用这套资料建立了全国长序列地面气温序列(张先恭等,1982)。后来,不少学者利用台站资料、气温等级资料、冰芯和树木年轮等代用资料,通过插补等数学方法,得到若干条中国近百年平均地面气温序列。

　　张先恭等(1982)最早报告了我国历年逐月平均气温的分级及等级图的分型,以及过去几十年来中国气候变化的一些特征和对未来气候趋势的探讨。后来,他们利用历年逐月气温等级记录最早建立了 1910—1979 年中国平均气温等级序列,发现我国各地气温变化与北半球一致,前期增暖,20 世纪 40 年代后发生转折。

　　唐国利等(1992)对资料进行初步质量控制后,算术平均得到全国 1921—1990 年年、各季气温距平,发现 20 世纪 40 年代到 60 年代的降温,我国比北半球明显;80 年代气温的上升趋势,北半球比我国强烈。各季节的温度变化有较大差异。林学椿等(1995)利用全国 711 站月平均气温资料,将全国划分为 10 个区,先求各区距平序列再进行算术平均,得到全国平均气温序列,结果与上述结论基本一致。

　　王绍武(1998)利用史料、冰芯及树木年轮等代用资料对年平均气温进行了插补,得到 1880 年以来全国 10 个区的平均气温距平序列,按面积加权平均得到全国平均序列。与过去的序列相比,这个序列近百年气候变暖的趋势更明显。变暖趋势由 0.09℃/100a 变为 0.37℃/100a,可能是因为包含了在 19 世纪末到 20 世纪初气温较低的新疆与西藏这两个区的缘故。

唐国利等(2005,2007)采用不同的资料处理方法,建立了全国平均气温序列。尽管各条序列升温速率有较大差异,但均表明,中国地区的年平均地面气温具有明显的增加趋势,多数增温速率介于 0.03~0.08℃/10a。表 1.1 给出了这些全国平均气温序列发表的时间、起讫年份以及建立过程中所用的资料、方法等信息。图 1.1 给出了 1880 年以来的中国近百年温度变化。

表 1.1　现有全国平均温度序列(唐国利等,2009)

序列	资料	区域平均方法	发表时间	序列起始时间
张先恭、李小泉(ZL)	用气温等级资料;1950 年前各区使用 5~7 个代表站,1951—1979 年 137 站	将全国划分为 7 个区,先求各区的平均气温等级,再平均得到全国平均气温等级序列	1982 年	1910 年
王绍武(W)	1880—1910 年用哈尔滨、北京、上海、广州站平均气温资料并插补;1911 年以后用 6~7 个区的气温等级资料;137 站	将全国 7 个区的气温等级平均,然后转换为气温距平得到全国平均气温序列	1990 年	1880 年
唐国利、林学椿(TL)	用 716 站月平均气温资料	算术平均	1992 年	1921 年
林学椿、于淑秋、唐国利(LYT)	用 711 站月平均气温资料	将全国划分为 10 个区,先求各区距平序列,再平均得到全国平均序列	1995 年	1873 年
王绍武、叶瑾琳、龚道溢(WYG)	1880—1910 年用平均气温资料及部分史料、冰芯和树木年轮等代用资料;1911—1950 年用气温等级资料;1951 年后用平均气温资料;50 站	将全国划分为 10 个区,先求各区平均序列,再按面积加权平均得到全国平均序列	1998 年	1880 年
唐国利、任国玉(TR)	使用由最高、最低气温求算的平均气温资料;616 站	按 5°×5° 网格区做面积加权,得到全国平均序列	2005 年	1905 年
唐国利、丁一汇(TD)	重新订正和插补资料,重新确定站点并补充部分资料,同样使用最高、最低气温求算的平均气温资料;291 站	按 5°×5° 网格区做面积加权,得到全国平均序列	2006 年	1873 年

注:第一列括号中字母为序列简称。

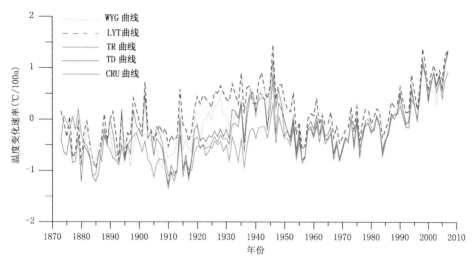

图 1.1　中国近百年温度变化曲线(唐国利等,2009)

计算最新的几条序列 1906—2005 年的增温速率(表 1.2),可见变化速率在 0.34~1.20℃/100a 之间。其中英国的 CRU 序列给出的速率最高约为 1.20℃/100a,其次是 TR 序列、TD 序列和 WYG 序列,LYT 序列给出的变化速率最低为 0.34℃/100a。主要原因是 20 世纪上半叶有比较大的差异,这一时期我国气象台站的观测资料不完整,为保证资料的连续性和代表性,有些研究用代用资料补充观测资料。此外,不同研究使用的计算平均值和缺测插补等资料处理方法不同。

5 个序列中 WYG 序列、TR 序列和 TD 序列都是 2007 年温度最高,而 CRU 序列仍显示 1998 年最暖。差异的原因主要是所用资料不完全一致。考虑到这 4 个序列中有 3 个序列的原始资料量均大于 CRU 序列,而且 CRU 序列中包括一定数量周边国家的测站信息,2007 年是最暖年的可信度最高。

表 1.2　中国近百年(1906—2005 年)温度变化速率(唐国利等,2009)

序列	温度变化速率(℃/100a)
WYG	0.53
LYT	0.34
TR	0.95
TD	0.86
CRU	1.20

这里采用唐国利等(2005)的方法,充分考虑资料的质量和非均一性等问题,采用国际上通用的方法,建立并分析中国地区近百年地面气温的趋势变化特征。

资料由中国气象局国家气象信息中心提供,包括 1901—2009 年经过质量控制的 748 个国家基准气候站和基本气象站平均气温、最高和最低气温观测资料。为避免频繁的缺测对计算结果准确性的影响,从中选取连续性高的 625 个站,其中 1956 年以来的地面气温资料经过均一化处理,资料完整性高,缺测很少,质量较高(任国玉等,2005);1951 年以前的资料没有经过严格均一化订正,但由于采用由最高、最低气温求算的平均值,避免了由于每日观测次数和时制等变化造成的不连续性(唐国利等,2005)。

我国的气象观测台站存在东西分布不均的问题,东部地区台站密度高,西部地区台站稀疏。为避免气象观测站空间分布不均导致计算空间平均时产生偏差,参照Jones等(1996)提出的计算区域平均气温序列的方法,即格点面积加权平均法,建立中国气温变化序列。将全国按经纬度划分成多个格点,每个格点内站点资料的算术平均值作为格点值,再按格点面积加权计算中国气温变化序列。为了尽量减少无资料网格和便于对比,选取5°×5°的网格尺寸作为基本格点单位。具体步骤如下:对各站序列做距平化处理,气候值选择1971—2000年的平均值;按5°×5°经纬度将全国分为多个网格,逐年计算网格内站点的平均距平值;按照网格纬度信息计算网格面积作为权重,加权计算全国平均值。

图1.2给出1901—2009年中国全国年平均地面气温距平的变化情况。可见,近100年全国平均地面气温变化有两次暖期和两次冷期,但总体呈显著上升趋势。两个暖期分别出现在20世纪30—40年代和20世纪80年代中到21世纪前10年中,而两个相对冷期分别出现在20世纪前30年和50—70年代。整个109年里,全国年平均地面气温上升了0.99℃,线性增温速率为0.091℃/10a,比同期亚洲地区气温上升速率小,但比全球平均气温上升速率略大。2007年和1998年分别是中国近100年中最暖的两年,最近10年也是20世纪初以来最暖的10年。

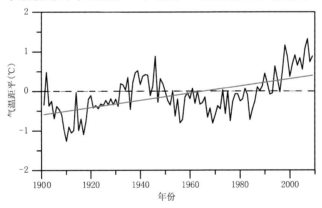

图1.2　1901—2009年中国平均地面气温距平变化(唐国利等,2009)

近100多年全国平均气温变化有明显的季节特征,虽然四季气温均呈上升趋势,但也存在较大的幅度差异。根据1901—2009年的全国平均四季气温变化数据,春季和冬季的气温上升幅度明显高于秋季和夏季,前者的增温速率分别为0.141℃/10a和0.136℃/10a,而后者的增温速率分别只有0.059℃/10a和0.031℃/10a,前者是后者的2倍以上。冬、春、夏、秋四季的平均气温上升幅度分别达到1.48℃、1.54℃、0.34℃和0.64℃,可见,冬、春两季的增温幅度均高于全年平均增温。因此,1901 年以来的增温冬季和春季的贡献最大,而夏、秋两季的贡献相对较小。

1.1.2　近 60 年温度变化

最近 50～60 年的观测资料空间覆盖和时间连续性均很好。许多作者对 1950 年以来中国全国平均气温变化进行了研究。任国玉等(2005)采用经过均一化处理的 730 多个国家基准站和基本站观测资料,以及网格点平均距平和加权面积平均方法,对 1951—2004 年全国平均气温序列的趋势变化特征进行了分析。

图 1.3 为采用国家基准站和基本站均一化资料建立的 1956—2009 年全国年平均气温距平变化曲线。可见,近 54 年全国年平均气温显著上升,上升幅度为 1.57℃,平均线性增温速率达到 0.29℃/10a。20 世纪 80 年代中期以来气温增加趋势尤其明显,绝大多数年份气温都为正距平。这段时间中国地面平均气温上升速率显著高于亚洲和全球平均上升速率,尤其是 90 年代中期以后,中国地区增暖非常明显,而且没有表现出全球范围 1998 年以来的平均升温趋缓现象。造成这一差异的原因还需要进一步研究,但可能主要与中国地区观测记录受到城市化影响和自动气象站观测记录加入造成的误差有关。

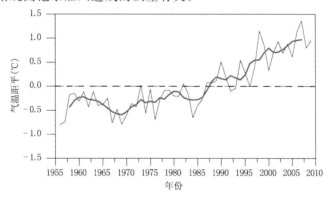

图 1.3　1956—2009 年中国年平均气温距平变化(任国玉等提供)

从 1956—2009 年气温趋势变化空间特征来看(图 1.4),全国大部地区年平均气温上升,其中北方地区和青藏高原增暖明显,增温速率一般在 0.30～0.50℃/10a,部分地区达到 0.50℃/10a 以上。增温最显著的区域分布在东北北部、内蒙古中东部、新疆的西北部和东北部以及西藏东部。黄河以南区域变暖幅度普遍较小,增温速率一般在 0.20℃/10a 以下,其中中部地区和西南地区升温幅度更小,局部地区气温甚至呈下降趋势。升温不明显或降温区域主要在西南的四川盆地、秦岭山地和云贵高原地区。

1956—2009 年全国冬季平均气温上升 2.18℃,春季上升 1.57℃,夏季上升 1.08℃,秋季上升 1.46℃,对应的季节平均增温速率分别为 0.40℃/10a、0.29℃/

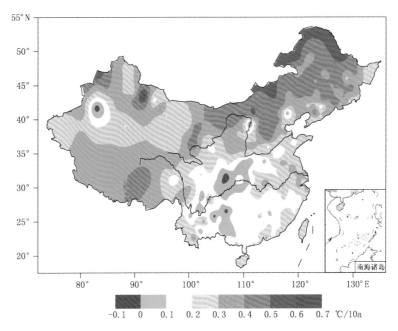

图 1.4　1956—2009 年全国年平均气温变化趋势空间分布(任国玉等提供)

10a、0.20℃/10a 和 0.27℃/10a。因此,从全国范围来看,冬季平均气温增加速率最大,春季和秋季增温速率较大,夏季平均气温增加速率最小。

1.2　城市化对地面气温观测的影响

　　气温观测资料是气候变化研究的基础数据。但地面气温观测资料仍存在若干误差(任国玉,2008)。在各种误差中,城市热岛效应引起的台站地面气温观测值系统偏高,对于气候变化分析有重要影响(任国玉等,2005)。上述分析结果没有考虑由于城市热岛效应加强因素对地面气温变化的影响。

　　城市的发展使得城市区域下垫面性质发生变化,影响到能量收支,致使城市区域的地面气温不断升高,而热力结构和下垫面构成的变化还可导致热岛穿隆,影响郊区气温。城市及其附近地区气象站的观测记录下了这种变化。由于城市区域只占地球表面很小一部分,城市化对地面气温的影响仅代表一种局地人为气候效应,分析区域及其以上尺度的气候变化,以及气候变化对农业和水资源等的实际影响,均需要了解城市之间占陆地面积 99% 以上的旷野和乡村区域的气候变化趋势。所以,充分认识、合理订正单站和区域平均气温序列中的城市化影响,已经成为气候变化检测和影响研究亟待解决的重要科学问题(Ren et al.,2008)。这里对我国气象台站地面气温观测记录中城市化影响的研究结果进行初步总结,并对存在的一些问题进行简要讨论。

我国学者对北京、天津、上海、武汉、昆明等地区的研究均发现显著的城市热岛增温(初子莹等,2005;陈正洪等,2005;任玉玉等,2010;周雅清等,2009);北京地区的 2 个国家基本气象站、基准气候站(北京站和密云站)城市化增温率为 0.16℃/10a,占同期两站平均增温的 71%,成为观测的气温变化的主要原因;对北京和武汉两个案例城市的研究表明,年平均地面气温变化趋势的 65%～80% 可由增强的城市热岛效应解释。

自 20 世纪 90 年代开始,学者们开始关注中国城市化对区域尺度平均地面气温序列的影响,但得到的结论有较大的差异。Jones 等(1990)和 Li 等(2004)对中国地面气温序列的研究均没有发现显著城市化影响。朱瑞兆等认为,城市热岛效应对我国地面气温观测记录有明显影响;黄嘉佑等(2004)发现,中国南方沿海地区热岛效应造成的年平均气温与自然趋势的差值约为 0.064℃/a,其中秋季最低;Zhou 等(2004)和 Zhang 等(2005)认为城市化和土地利用变化因素对地面气温记录造成了明显影响;周雅清等(2005)使用台站附近聚落区人口和站址具体位置等信息,从华北地区所有气象台站中选择乡村站,对比分析不同类型台站与乡村站平均地面气温序列的差异,发现 1961—2000 年城市热岛效应加强因素引起的国家基本气象站、基准气候站年平均气温增暖达到 0.11℃/10a,占全部增暖的 37.9%。

上述研究证实,城市化对中国国家基准气候站和基本气象站记录的平均气温上升趋势有明显影响。

在全国范围内,最近张爱英等(2010)采用综合的、客观的标准遴选乡村站,应用经过均一化订正的月平均气温数据,通过对比分析中国 614 个国家基本气象站、基准气候站和乡村气象站地面气温变化趋势。参考站的遴选遵循以下原则:(1)资料序列足够长,时间连续性高;(2)迁站次数少,迁站等造成的资料非均一性可以证实和订正;(3)避开各类人口密集的城市地区,选择附近人类活动程度对广大区域有代表性的台站;(4)达到一定数量,空间分布相对均匀;(5)对于各类自然和人工环境具有代表性。最后选取 138 个参考站。分析发现,1961—2004 年间全国范围内国家基本气象站、基准气候站地面年平均气温序列中的城市化增温率达到 0.076℃/10a,占同期全部增温的 27.33%,城市化影响非常显著。

张爱英等(2010)根据年平均地面气温序列作 REOF 分解,提取旋转主分量作聚类分析,将中国大陆地区按气温变率空间分布差异划分为 6 大区域,分别为北疆区、西北区、青藏高原区、东北区、江淮流域区、华南区。除北疆区外,其他分区国家级气象站年平均城市化增温率都很显著,均通过了 0.01 的显著性检验。其中,江淮流域区城市化增温率最大,达到 0.086℃/10a;东北区和青藏高原区分别为 0.060℃/10a 和 0.059℃/10a;华南区和西北区同为 0.042℃/10a;北疆区为负值,说明国家级气象站地面气温上升趋势比参考站还弱,但趋势未通过统计显著性检验(图 1.5a)。

各个分区季节平均城市化增温率还不尽相同(图 1.5b—e)。其中,北疆区、西

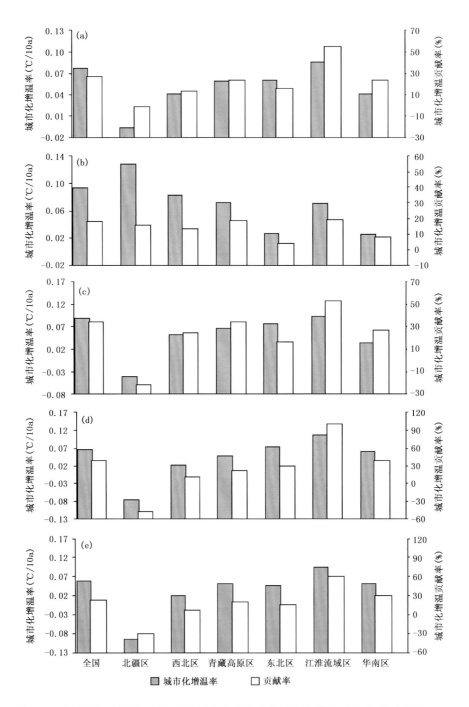

图 1.5　全国及各区域国家级气象站城市化增温率及城市化增温贡献率(张爱英等,2010)

(a)年平均;(b)冬季平均;(c)春季平均;(d)夏季平均;(e)秋季平均

北区和青藏高原区城市化增温率在冬季最大,分别为 0.128℃/10a、0.083℃/10a 和 0.073℃/10a;东部三个分区城市化增温率在春季或夏季最大,其中东北区春季最大,为 0.078℃/10a,而江淮流域区和华南区夏季最大,分别为 0.106℃/10a 和 0.061℃/10a。季节平均城市化增温率最大值出现在江淮流域的夏季。出现这种情况可能与南方地区城市最近 20 年扩展迅速以及夏季空调使用逐渐普及等因素有关。北疆区春、夏、秋季城市化增温率为负值,其中夏季和秋季通过了 0.05 的显著性检验,说明国家级气象站平均地面气温相对于参考站有较显著变凉趋势。这可能与北疆区城市多位于绿洲内,气象站观测受到绿洲的"凉岛效应"影响有关。

年平均城市化增温贡献率以江淮流域区为最大,达到 55.48%;青藏高原区、华南区、东北区和西北区分别为 23.23%、23.20%、15.35% 和 13.73%;北疆区的年平均城市化增温贡献率为 −1.57%(图 1.5 和表 1.3)。因此,江淮流域区国家级气象站记录的地面气温增暖趋势中,有超过一半的部分是由于城市化影响引起的,难以代表背景气候变化情况;其他地区的年平均地面气温变化也在很大程度上受到局地人类活动的影响。

表 1.3 1961—2004 年全国及各区域国家级气象站年、四季平均气温变化趋势中城市化增温贡献率(单位:%)(张爱英等,2010)

区域	年	冬季	春季	夏季	秋季
全国	27.33	18.20	34.63	38.53	23.51
北疆区	−1.57	15.69	−20.81	−47.77	−29.91
西北区	13.73	13.63	24.77	12.02	7.64
青藏高原区	23.23	18.86	34.55	22.54	19.20
东北区	15.35	3.97	16.35	29.32	15.00
江淮流域	55.48	19.23	52.78	100.00	60.13
华南区	23.20	8.04	26.72	39.87	30.41

因此,考虑到城市化对地面气温观测的显著影响,中国大陆最近 50 年或 60 年的年平均地面气温增加速率应当在 0.17℃/10a 以下,没有多数研究者此前给出的数字那么高,但可能仍接近全球陆地同期平均水平。

1.3 降水变化

1.3.1 近百年降水变化

有关近百年来中国及区域降水变化的研究较少,这主要和 20 世纪前期资料较少有关。章名立(1993)、王绍武等(2000,2002a,2002b)、闻新宇等(2006)、丁一汇等(2008)先后对我国全国或东部地区近百年的降水变化进行了研究,而另外一些研究,或者仅仅是针对中国某个区域进行,或者把关注的重点放在区域降水的空间模式,而并没有给出降水序列。对比各研究关注的区域大小、资料的时间序列长度和处理方法以及计算区域平均时间序列的方法,本文挑选出几条代表性较好的曲线进行分析,并将从文献交待的原始资料及其长度、资料及其处理方法以及主要结果等几个方面,综合分析评估这些代表性的工作及其主要成果。

综合已有的降水曲线(图1.6),近百年来中国地区降水没有明显的线性变化趋势,20世纪50年代和90年代是明显的多雨期,20年代和60年代是明显的少雨期;20世纪年降水量存在比较显著的年代尺度变化,其中2~4 a、30 a和60 a左右的准周期振动比较明显。除王绍武等(2002b)的结果外,其他三条曲线中20世纪10年代降水的年际变化非常明显,降水变幅较大,这主要跟早期中国地区可用的地面测站较少有关系。

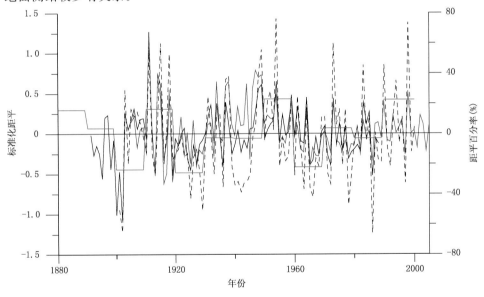

图 1.6 相对于1951—1980年的全国平均年降水量标准化距平和距平百分率序列
(张莉、任国玉等提供)

黑实线:章名立(1993)(相对1951—1980年);红实线:王绍武等(2002b)(相对20世纪60—80年代);蓝实线:唐国利等(2007)(相对1971—2000年);黑虚线:闻新宇等(2006)(相对1951—2000年)

除各研究结果在20世纪40年代的区别较大外,章名立(1993)、丁一汇等(2008)基于站点观测资料和闻新宇等(2006)基于CRU资料得到的结果总体上比较一致,只是降水变幅有一定差别,其中基于CRU资料得到的中国地区百年降水年际变化幅度明显大于其他两个研究的结果。这种差异一方面可能来自所用资料的差别,另一方面也可能来自计算方法上的差别。王绍武等(2002b)基于古气候重建和站点观测得到的每 10 年平均的百年降水序列中,由于时间分辨率的限制,没能反映出降水的年际变化,该序列中比较明显的降水正负距平与其他研究还是基本一致的。

最近,根据 Ding 等(2007)和丁一汇等(2008)方法建立的全国降水量序列表明,中国东部地区近 100 年来平均降水量在 20 世纪 10 年代、30 年代、50 年代、70 年代和 90 年代偏多,而在 20 世纪前 10 年、20 年代、40 年代、60 年代降水偏少。中国东部近 100 年的降水量变化表现出明显的年代到多年代尺度振荡特征。

由于 20 世纪 50 年代之前地面观测资料的缺乏,并且早期有限的地面观测和重建资料主要集中在中国东部地区,因此,使用地面覆盖有限的地面观测进行整个中国地区百年降水变化的分析,必须考虑 20 世纪前半叶的结果中存在的较大不确定性。相比较而言,中国东部地区降水变化的不确定性则相对较小,丁一汇等(2008)、CRU 资料(闻新宇等,2006)和王绍武等(2000)的重建资料也比较一致地反映了过去 100 年中国东部地区降水的变化。

在华北的海河流域,具有几条记录较完整的长期降水量观测资料序列。对这些降水序列进行简单算术平均,求算降水距平百分率(图 1.7),并分析其随时间变化情况发现,近 100 年内海河流域年降水量同样没有显著长期趋势变化,但 20 世纪 50 年代初期之前,降水量呈波动上升趋势,而后则呈现比较明显的趋势性下降变化,90 年代中后期至 2003 年降水量减少尤其突出,造成严重区域性干旱。20 世纪 10—30 年代相对干旱,以及 70 年代末以来的持续干旱,可能是华北地区降水 60～80 a 准周期振荡的表现(Qian et al.,2003;Ren et al.,2011)。

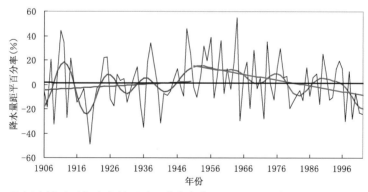

图 1.7　海河流域近百年降水量距平百分率变化(1906—2002 年)(张莉、任国玉等提供)

1.3.2　近 60 年降水变化

在最近的 60 余年,降水观测资料空间覆盖更好,观测记录的连续性也得到极大改善。利用全国 740 个站的观测资料分析表明,1956—2009 年全国平均年降水量同样没有明显的趋势性变化(图 1.8)。然而,全国平均年降水量的年际变化现象比较明显,存在显著的阶段性特征。近 10 余年我国降水量显著减少,这种减少主要与长江中下游地区夏季梅雨期明显缩短、梅雨量明显减少有关。

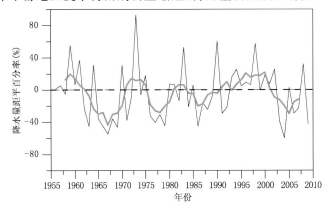

图 1.8   1956—2009 年全国年平均降水量距平变化(任国玉等,2010)

1.3.3   区域性和季节性降水趋势

图 1.9 表示全国年降水量变化趋势的空间分布情况。1954—2009 年我国东部的大部分地区年降水量相对减少,其中华北地区大部、环渤海地区以及西南地区东北部部分地区和陕西等地减少最为明显,但长江中下游、东南沿海包括海南岛降

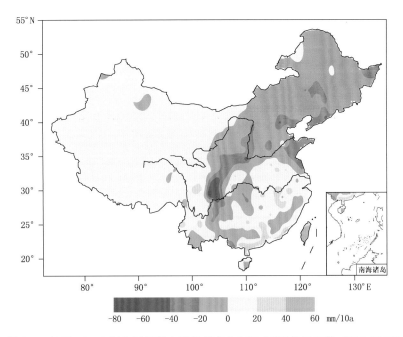

图 1.9   1956—2009 年全国年降水量趋势变化空间分布(任国玉等,2000,2005)

水增多。我国 105°E 以西的绝大部分地区降水呈普遍增加趋势。如果考虑年降水量距平百分率的趋势变化,则西部地区增加非常明显,而长江中下游和东南沿海地区增加比较弱。

上述年降水量长期趋势变化的空间分布形势,在过去的 10 余年内相对稳定。与早期的分析结果(任国玉等,2000)比较,只是北方的降水减少区域范围有扩大趋势,特别是向东北中北部和西南地区扩展,同时南方长江流域和江南地区的降水增加区域范围有所缩小。我国西部广大地区年降水量距平百分率呈现较明显的增加,仅有局地表现为减少或趋势不明显(Ren et al.,2011)。

1956—2009 年全国平均四季降水量变化趋势不明显,其中冬、春、夏季略有增加,54 a 分别为 6.2 mm、3.9 mm 和 5.5 mm;秋季降水出现了比较明显的减少趋势,54 a 减少 12.7 mm。

总体上看,最近半个多世纪,中国地区降水量没有表现出明显的趋势性变化,这与亚洲、全球陆地降水观测变化基本一致。但我国降水总体上具有年代到多年代尺度振动;在地区上最近半个世纪降水也存在比较明显的趋势变化,主要表现在华北、西北东部、东北南部和西南部分地区降水减少,西部广大地区降水增加。造成我国降水变化这一区域分布特征的原因,可能主要是气候系统内部年代以上尺度自然变异引起的。

1.4　气候区界线与气候格局变化

随着 20 世纪 80 年代以后我国大多数地区出现不同程度的增暖,以及一些区域(如华北和西北东部地区等)出现干旱化,我国气候区格局在过去 60 年中也出现了一定程度的变化。对比 1951—1970 年与 1971—2000 年的主要气候区划界线(图 1.10)可以看出:自 20 世纪 70 年代以来,我国一些重要的气候分界线都出现了一定程度的移动,其中变化较为明显的:一是亚热带北界与暖温带北界,均出现了北移;二是北方地区半湿润与半干旱分界线,位于 102°~115°E 之间的部分出现了东移与南扩,但同时位于东北地区的部分却出现了西移。除此之外的其他温度带与干湿区分界线虽也略有移动,但并不显著。

1.4.1　亚热带北界与暖温带北界的变化

在气候区划中,一般以日平均气温稳定≥10℃的日数是否达到 220 d 和 170 d 作为亚热带和暖温带北界的主要判定指标,与之对应的辅助指标是 1 月平均气温分别为 0℃和−12℃,参考指标是:日平均气温稳定≥10℃的积温分别为 3200~3400℃·d 和 4500~4800℃·d,年极端最低气温分别为−14℃和−25℃。其中 1971—2000 年的亚热带北界与 1951—1970 年的界线相比,秦岭以东地区均出现

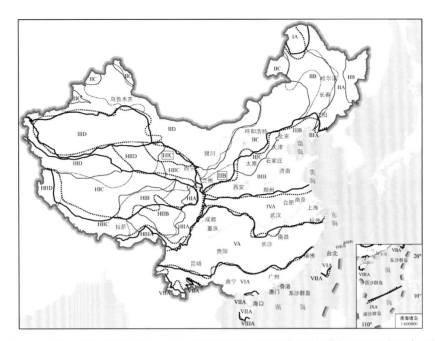

图 1.10　1971—2000 年与 1951—1970 年主要气候区划界线(温度带与干湿区分界线)对比
粗线:1971—2000 年温度带分界线;粗点线:1951—1970 年温度带分界线;细线:1971—2000
年干湿区分界线;细点线:1951—1970 年干湿区分界线。温度带:Ⅰ—寒温带,Ⅱ—中温带,
Ⅲ—暖温带,Ⅳ—北亚热带,Ⅴ—中亚热带,Ⅵ—南亚热带,Ⅶ—边缘热带,Ⅷ—中热带,Ⅸ—
赤道热带,HI—高原亚寒带,HII—高原温带,HIII—高原亚热带;干湿区:A—湿润区,B—半
湿润区,C—半干旱区,D—干旱区(郑景云等提供)

了一定程度的北移,最大北移幅度(116°E 以东)约 100 km,即从原来的淮河一线移
至了淮河以北的南阳(河南)—驻马店(河南)—宿州(安徽)—淮阴(江苏)一线(即
33.5°~34.0°N 之间的区域)。而 1951—1970 年这一线日平均气温稳定≥10℃的
日数均低于 220 d,1 月平均气温为 0℃左右;但 1971—2000 年这一线日平均气温
稳定≥10℃的日数均达 220 d 以上,1 月平均气温达 1℃左右(表 1.4)。

　　暖温带分为东西两段,中间为祁连山地及其北面的河西走廊和山地所分割,东
段主要包括华北平原、太行山脉、山西高原和黄土高原东部及其以南的山地与谷
地;西段主要在新疆南部,包括塔里木盆地和吐鲁番盆地等。1971—2000 年的暖
温带东段北界东起丹东北部,经沈阳附近至彰武南,然后折向西南,经阜新、赤峰
南、张家口北、大同南、横山、庆阳南、通渭、渭源至陇南北交于青藏高原东缘(表
1.5);与 1951—1970 年相比,已出现了不同程度的北移,其中最大北移幅度约为
100 km,出现在 115°~123°E 之间;而 115°E 以西地区,因受地形和气象站点密度
相对稀疏的影响,无法准确地辨识出向北的移动幅度,但位于该界线南北附近地区
的热量资源均有一定程度的增加。

表 1.4　1971—2000 年南阳—驻马店—宿州—淮阴一线热量状况及其
与 1951—1970 年的对比（郑景云等提供）

地点	南阳		驻马店		宿州		淮阴	
时段	1951—1970 年	1971—2000 年	1951—1970 年	1971—2000 年	1951—1970 年	1971—2000 年	1951—1970 年	1971—2000 年
日平均气温稳定≥10℃的日数(d)	219	224	215	223	213	221	214	221
日平均气温稳定≥10℃的积温(℃·d)	4759	4770	4691	4760	4630	4761	4503	4645
1 月平均气温(℃)	0.7	1.4	1.2	1.3	−0.7	0.8	−0.3	1.0

表 1.5　1971—2000 年暖温带北界一线的热量状况及其
与 1951—1970 年的对比（郑景云等提供）

地点	岫岩		沈阳		彰武		阜新	
时段	1951—1970 年	1971—2000 年	1951—1970 年	1971—2000 年	1951—1970 年	1971—2000 年	1951—1970 年	1971—2000 年
日平均气温稳定≥10℃的日数(d)	167	170	169	173	166	170	168	173
日平均气温稳定≥10℃的积温(℃·d)	3173	3212	3369	3461	3268	3308	3295	3413
1 月平均气温(℃)	−11.4	−9.9	−12.7	−11.0	−12.9	−11.7	−12.1	−10.6
地点	叶柏寿(辽宁朝阳)		张家口		原平(大同南)		离石	
时段	1951—1970 年	1971—2000 年	1951—1970 年	1971—2000 年	1951—1970 年	1971—2000 年	1951—1970 年	1971—2000 年
日平均气温稳定≥10℃的日数(d)	169	174	169	175	167	176	167	171
日平均气温稳定≥10℃的积温(℃·d)	3330	3428	3223	3411	3203	3374	3181	3301
1 月平均气温(℃)	−10.7	−10.0	−10.5	−8.3	−8.7	−7.7	−8.2	−7.5
地点	横山		洛川(与庆阳纬度相当)		平凉(通渭、渭源以北)		天水(通渭、渭源以北)	
时段	1951—1970 年	1971—2000 年	1951—1970 年	1971—2000 年	1951—1970 年	1971—2000 年	1951—1970 年	1971—2000 年
日平均气温稳定≥10℃的日数(d)	165	171	158	170	159	164	176	187
日平均气温稳定≥10℃的积温(℃·d)	3207	3309	2952	3119	2796	2899	3292	3479
1 月平均气温(℃)	−9.1	−8.2	−5.4	−4.4	−5.4	−4.6	−3.0	−2.0

1.4.2   北方地区半湿润与半干旱分界线的移动

由于年代际降水变化较气温变化复杂,使得降水变化的区域同步性较气温差,因而干湿区分界线的年代际变化也较为复杂。从 1971—2000 年与 1951—1970 年的干湿分界线对比看,变动较为明显的有三处:一是小兴安岭及长白山东部以东地区,这一地区在 1951—1970 年的气候区划中划分为湿润区,但 1971—2000 年则转为半湿润区,这主要是由于这一地区 1971—2000 年年降水量较 1951—1970 年减少所致,如佳木斯、富锦、牡丹江和绥芬河的年降水量分别减少了 59 mm、27 mm、29 mm 和 45 mm;二是位于东北地区中西部的半湿润与半干旱区分界线,1971—2000 年较 1951—1970 年出现了不同程度的向西、向南移动,其移动幅度(47°N 附近)达 200 km 左右;三是因为华北地区 1975 年以后的降水减少,导致 1971—2000 年华北地区北部(特别是山西与河北北部)的半湿润与半干旱区分界线向东、向南移动,其中最大东移幅度(40°N 附近)约 110 km,而 38°N 以南、114°N 以西地区的最大南扩幅度(111°E 附近)达 350 km。

参考文献

陈正洪,王海军,任国玉,等. 2005. 湖北省城市热岛强度变化对区域气温序列的影响[J]. 气候与环境研究,**10**(4):771-779.

初子莹,任国玉. 2005. 北京地区城市热岛强度变化对区域温度序列的影响[J]. 气象学报,**63**(4):534-540.

丁一汇,任国玉. 2008. 中国气候变化科学概论[M]. 北京:气象出版社.

黄嘉佑,刘小宁,李庆祥. 2004. 中国南方沿海地区城市热岛效应与人口的关系研究[J]. 热带气象学报,**20**(6):713-722.

林学椿,于淑秋,唐国利. 1995. 中国近百年温度序列[J]. 大气科学,**19**(5):525-534.

任国玉. 2008. 气候变暖成因研究的历史、现状和不确定性[J]. 地球科学进展,**23**(9):16-23.

任国玉,初子莹,周雅清,等. 2005. 中国气温变化研究最新进展[J]. 气候与环境研究,**10**(4):701-716.

任国玉,吴虹,陈正洪. 2000. 我国降水变化趋势的空间特征[J]. 应用气象学报,**11**:322-330.

任国玉,陈峪,邹旭恺,等. 2010. 综合极端气候指数的定义和趋势分析[J]. 气候与环境研究,**15**(4):354-364.

任玉玉,任国玉,张爱英. 2010. 城市化对地面气温变化趋势影响研究综述[J]. 地理科学进展,**29**(11):1301-1310.

唐国利,林学椿. 1992. 1921—1990 年我国气温序列及变化趋势[J]. 气象,**18**(7):3-6.

唐国利,丁一汇. 2007. 由最高最低气温求算的平均气温对我国年平均气温序列影响[J]. 应用气象学报,**18**(2):187-192.

唐国利,丁一汇,王绍武,等. 2009. 中国近百年温度曲线的对比分析[J]. 气候变化研究进展,**15**

（2）：71-78.

唐国利，任国玉. 2005. 近百年中国地表气温变化趋势的再分析[J]. 气候变化研究进展，**10**（4）：
　　791-798.

王绍武. 1998. 近百年中国气候变化的研究[J]. 中国科学基金，**3**：167-170.

王绍武，龚道溢，叶瑾琳，等. 2000. 1880 年以来中国东部四季降水量序列及其变率[J]. 地理学
　　报，**55**（3）：281-293.

王绍武，蔡静宁，慕巧珍，等. 2002a. 中国西部年降水量的气候变化[J]. 自然资源学报，**17**（4）：
　　415-422.

王绍武，蔡静宁，朱锦红. 2002b. 19 世纪 80 年代到 20 世纪 90 年代中国年降水量的年代际变化
　　[J]. 气象学报，**60**（5）：637-639.

闻新宇，王绍武，朱锦红，等. 2006. 英国 CRU 高分辨率格点资料揭示的 20 世纪中国气候变化
　　[J]. 大气科学，**30**（5）：894-904.

张爱英，任国玉，周江兴，等. 2010. 中国地面气温变化趋势中的城市化影响偏差[J]. 气象学报，
　　68（6）：957-966.

张先恭，李小泉. 1982. 本世纪中国气温变化的某些特征[J]. 气象学报，**40**：198-208.

章名立. 1993. 中国东部近百年的雨量变化[J]. 大气科学，**17**（4）：451-461.

周雅清，任国玉. 2005. 华北地区地表气温观测中城镇化影响的检测和订正[J]. 气候与环境研
　　究，**10**（4）：743-753.

周雅清，任国玉. 2009. 城市化对华北地区最高，最低气温和日较差变化趋势的影响[J]. 高原气
　　象，**28**（5）：1158-1166.

Ding Y，Ren G，Zhao Z，et al. 2007. Detection，causes and projection of climate change over Chi-
　　na：An overview of recent progress[J]. Adv Atmos Sci，**24**（6）：954-971.

Jones P D，Groisman P Y，Coughlan M，et al. 1990. Assessment of urbanization effects in time
　　series of surface air temperature over land[J]. Nature，**347**：169-172.

Jones P D，Hulme M. 1996. Calculating regional climatic time series for temperature and precipi-
　　tation：methods and illustrations[J]. Int J Climatol，**16**：361-377.

Li Q，Zhang A，Liu X，et al. 2004. Urban heat island effect on annual mean temperature during
　　the last 50 years in China[J]. Theor Appl Climatol，**79**：165-174.

Qian W H，Chen D L，Zhu Y，et al. 2003. Temporal and spatial variability of dryness-wetness in
　　China during the last 530 years[J]. Theor Appl Climat，**76**：13-29.

Ren G，Zhou Y，Chu Z，et al. 2008. Urbanization effect on observed surface air temperature
　　trend in North China[J]. J Clim，**21**（6）：1333-1348.

Ren G Y，Liu H B，Chu Z Y，et al. 2011. Climate change over eastern China and implications for
　　South-North Water Diversion Project[J]. Journal of Hydrometeorology，**12**（8）：600-617.
　　DOI：10.1175/2011JHM1321.1.

Zhang J，Dong W，Wu L，et al. 2005. Impact of land use changes on surface warming in China
　　[J]. Adv Atmos Sci，**22**（3）：343-348.

Zhou L M，Dickinson R E，Tian Y H，et al. 2004. Evidence for a significant urbanization effect on
　　climate in China[J]. Proc Na Aca Sc，**101**：9540-9544.

第2章　现代与历史时期极端气候变化

主　　笔：任国玉　郝志新　郑景云

主要作者：陈　峪　周雅清　邹旭恺　黄　磊　任玉玉　张爱英　张　雷

贡献作者：唐国利　邵雪梅　张　莉　周江兴　刘玉莲　宝乐尔　朱界平

　　　　　李　娇　战云健　任霄玉　孙秀宝　沈志超

2.1　现代极端气温、降水事件

现代极端气候事件变化研究需要使用气温和降水逐日资料。由于1951年以前的观测资料非常稀缺，一般主要分析最近50～60年极端气候事件的变化。

2.1.1　极端气温事件

图2.1是1961—2008年气温绝对指数距平时间序列。表2.1是中国大陆极端气温指数的变化趋势（距平标准时段为1961—2008年）。图2.1a显示，过去48年，霜冻日数呈下降趋势，变化速率为−3.5 d/10a；变化过程可分为两个阶段，1987年以前表现为平稳中略有下降，1987年后则迅速减少。同样，结冰日数（图2.1b）也表现为逐渐减少趋势，但变化速率比霜冻日数要平缓，为−2.3 d/10a。夏季日数呈增加趋势，变化速率为2.7 d/10a；其中在20世纪90年代中期以前主要表现为负距平，1994年出现转折点，至1997年后全部转为正距平，2006年和2007年达到最高，分别为18 d和15 d。炎热夜数的变化过程与夏季日数变化相似，1994年以后日数均表现为正距平，到2005年达到最多，为13 d。

从气温绝对指数变化趋势的空间分布看，在全国范围内霜冻日数明显减少。该结果与Zhai等（2003）及Qian等（2004）的研究结论基本一致。结冰日数主要分布在32°N以北地区，且以减少趋势为主，减少显著的区域基本集中在中国的北方，但其范围和程度比霜冻日数要小得多。夏季日数在全国绝大部分台站都呈增加趋势，其中东北地区北部、长江中下游地区和云南大部增加趋势较明显，均在5 d/10a以上。炎热夜数也以增多趋势为主，但明显增多的区域主要集中在中国东部地区、

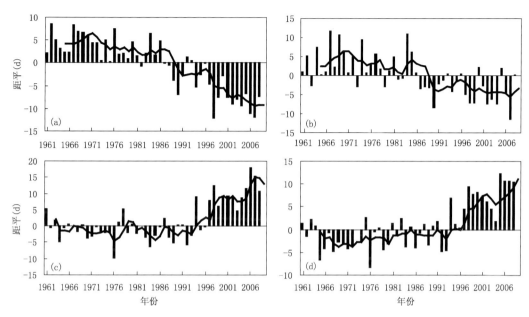

图 2.1　1961—2008 年中国气温绝对指数距平时间演变

(a)霜冻日数;(b)结冰日数;(c)夏季日数;(d)炎热夜数(周雅清等,2010)

表 2.1　中国大陆 1961—2008 年极端气温指数变化趋势(周雅清等,2010)

指数	趋势	单位
霜冻日数	−3.5	d/10a
夏季日数	2.7	d/10a
结冰日数	−2.3	d/10a
炎热夜数	2.5	d/10a
极端最高气温	0.2	℃/10a
最低气温极大值	0.3	℃/10a
最高气温极小值	0.4	℃/10a
极端最低气温	0.6	℃/10a
冷夜日数	−8.2	d/10a
冷昼日数	−3.3	d/10a
暖夜日数	8.2	d/10a
暖昼日数	5.2	d/10a

西南地区南部和华南沿海。

　　由表 2.1 可以看到,最低气温的极大值和最高气温的极小值都呈升高趋势,极小值的上升更为明显;极端最低气温升高趋势最大,速率达 0.6℃/10a,而极端最高气温的趋势仅为 0.2℃/10a。极端最低气温整体呈波动上升趋势,特别是 20 世

80 年代后期上升尤为明显,但进入 21 世纪以来,除 2007 年气温异常偏高外,其余年份的极端最低气温呈较弱的下降趋势;最高气温的极小值在 20 世纪 80 年代中后期之前变化不明显,之后缓慢上升,与极端最低气温有相似性;而最低气温的极大值和极端最高气温在 1994 年前变化都比较平稳,之后迅速上升,进入 21 世纪以后仍然保持在较高水平。

从空间分布特征看,极端最高气温在大部分地区呈升高趋势,但气温趋势倾向率一般低于 0.5℃/10a,少量的下降区域出现在华北地区东南部和长江中上游地区;最低气温的极大值与极端最高气温的空间分布相比,下降趋势范围缩小,上升趋势的范围和强度增大,增加趋势在 0.5℃/10a 以上的区域主要在中国北方地区;与最低气温的极大值相比,最高气温极小值的上升趋势范围更广,强度也更大。最高气温的极小值在绝大部分地区都升高,特别是在中国东北地区和新疆北部,升温趋势都在 0.5℃/10a 以上;而最低气温的极大值在全国范围内都呈大幅上升趋势,大部分地区升高趋势都在 0.5℃/10a 以上,东北、华北地区和新疆北部的部分台站升高趋势甚至达 1.0℃/10a 以上。

与气温相关的极端气候指数,包括冷昼、冷夜、暖昼和暖夜,也经历了显著的趋势变化。例如,20 世纪 50 年代(60 年代)以来,全国平均极端高温指数变化整体呈上升趋势,如暖昼、暖夜(图 2.2c,d)和热浪持续日数增多,生长期明显延长;极端低温指数变化基本呈下降趋势,如冷昼、冷夜(图 2.2a,b)和寒潮持续日数减少;最低气温比最高气温变化明显,全国大部分地区气温日较差显著减小;北方的极端气温指数变化比南方明显。

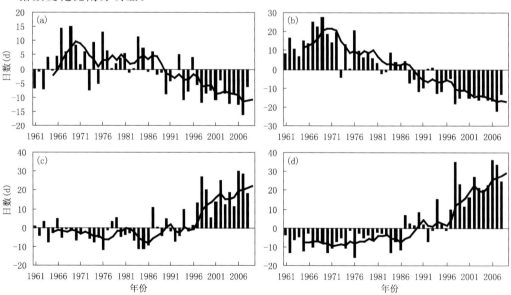

图 2.2　1961—2008 年全国平均冷昼(a)、冷夜(b)、暖昼(c)、暖夜(d)频数变化(周雅清等,2010)

　　从趋势的空间分布看,冷昼日数(图 2.3a)在中国绝大多数地区呈减少趋势,且北方减少比较明显,增多的区域主要分布在西南地区;冷夜日数(图 2.3b)除西南地区东部的个别台站为弱的增加趋势外,绝大部分地区都明显减少,且减少趋势基本都在 5 d/10a 以上,东北地区、华北地区北部、西北地区东部以及西南地区南部在 10 d/10a 以上。暖昼日数(图 2.3c)除黄淮地区和西南地区东部的少数台站有减少外,其余大部分地区都明显增加,其中北方地区、西南地区南部和华南沿海地区增加显著,速率在 5 d/10a 以上。暖夜日数(图 2.3 d)绝大部分地区都明显增多,且趋势基本上都大于 5 d/10a,而东北、华北、西南地区及华南沿海地区部分台站甚至在 10 d/10a 以上。从空间分布看,气温相对指数在北方的变化都比较显著,其中暖指数还在西南地区和华南沿海地区增加幅度较大。

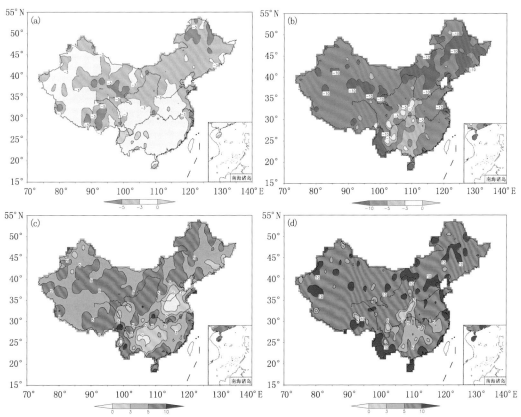

图 2.3　1961—2008 年中国气温相对指数趋势空间分布(单位:d;距平标准时段)(周雅清等,2010)
(a)冷昼日数(TX10p);(b)冷夜日数(TN10p);(c)暖昼日数(TX90p);(d)暖夜日数(TN90p)

因此,中国气温相关指数的暖指数明显增加,而冷指数明显减少,且与最低气温相关的指数比与最高气温相关的指数变化要显著得多(丁一汇等,2008;陈峪等,2009)。4个相对指数都是在20世纪80年代中后期开始显著变化,在2006年和2007年达到极值。

2.1.2 极端降水事件

极端降水事件是指各种降水异常的现象,以及某一时段内降水的极值。极端降水事件包括暴雨或强降水,1日或3日持续最大降水量,最长连续无雨日或干期,气象干旱等。在全球变暖背景下,中国地区的极端降水事件频率和强度是当前关注的重要科学问题(杨金虎等,2008)。

图2.4为1956—2008年全国平均24小时最大降水量逐年变化。在这53年中,全国平均24小时最大降水量没有表现出线性变化特征,但存在比较明显的年代际变化。如从20世纪50年代中期到70年代后期,24小时最大降水量呈逐渐减少趋势;70年代处于各年代中最大降水量的最低值,平均值为67.6 mm,其中1978年为这53年中的最小值(62.4 mm);而从70年代后期开始到1998年,24小时最大降水量有明显的上升趋势,90年代平均值为1961年以来最大,达到71.7 mm,其中1998年(79.0 mm)、1996年(76.0 mm)分别为53年中的极大和次大值;自90年代末开始,全国平均24小时最大降水量又开始下降,但2001年以来的最大降水量平均值仍高于20世纪60—80年代的水平。

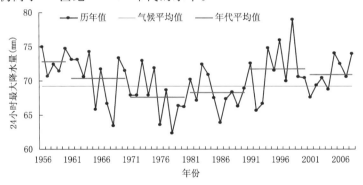

图2.4   1956—2008年全国平均24小时最大降水量逐年变化(陈峪等,2010)

从年24小时最大降水量趋势图上看,1956—2008年黄河以南、以西的大部分地区24小时最大降水量呈增加趋势(图2.5),南方地区,特别是长江中下游和华南地区的南部气候趋势大多在4.0 mm/10a以上;华北、东北地区年24小时最大降水量以减小为主,东北地区南部、华北地区北部减小速率超过4.0 mm/10a,辽东半岛、胶东半岛和京—津—唐三个区域减少趋势相对最大。在全国范围内参与统计的591站中,24小时最大降水量增加的站点达到327站,占全部站点数量的

55.3%；减少的站点数量为 264，占全部站点数量的 44.7%。通过显著性水平检验的 24 小时最大降水量增加站点数量为 21 站，而通过显著性水平检验的 24 小时最大降水量减少站点数量为 15 站。因此，在过去的 53 年中，我国国家级气象观测网中多数站点 24 小时最大降水量呈现增加趋势。

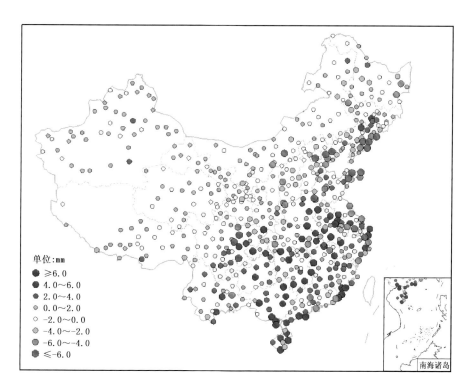

图 2.5　1956—2008 年中国年 24 小时最大降水量变化趋势(陈峪等,2010)
(站点圆圈大小代表趋势大小,蓝色为增加,红色为减少)

表 2.2 给出中国十大流域年 24 小时最大降水量 1956—2008 年变化趋势。可以看出，北方流域年 24 小时最大降水量除西北诸河流域外，一致性地为减小趋势，其中海河流域减小趋势显著，以每 10 年 2.4 mm 的速率减小，也是各流域中减小速率最大的，辽河流域减少速率也达到了 1.1 mm/10a；西北诸河流域则表现出显著的增大趋势，速率约为 0.4 mm/10a。南方流域中除西南诸河流域年 24 小时最大降水量呈现不显著减小趋势外，其他 4 个流域均为增大趋势，珠江流域增大趋势最为显著且增幅最大，达到 2.3 mm/10a，东南诸河流域增幅也较大，为 1.7 mm/10a。

表 2.2   中国十大流域年 24 小时最大降水量趋势系数(1956—2008 年)(陈峪等,2010)

流域	松花江	辽河	海河	黄河	西北诸河	淮河	长江	东南诸河	珠江	西南诸河
趋势系数	−0.159	−0.136	−0.273*	−0.213	0.279*	0.020	0.156	0.202	0.299*	−0.235
气候趋势 (mm/10a)	−0.614	−1.062	−2.448	−0.684	0.365	0.158	0.688	1.674	2.297	−0.503

* 表示通过 0.05 显著性水平检验。

从全国总体来看,1956—2008 年我国有暴雨出现地区的年平均暴雨日数为 2.1 d。1998 年出现暴雨日数最多,全国平均为 2.7 d;1978 年最少,全国平均为 1.7 d(图 2.6)。自 1956 年以来,全国平均暴雨日数呈微弱的增多趋势(未通过 0.05 显著性水平检验);20 世纪 90 年代暴雨最多,70 年代则为近 53 年暴雨发生最少的年代。

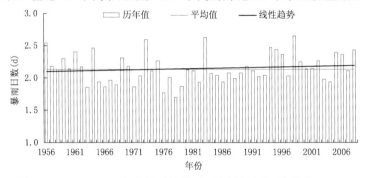

图 2.6   1956—2008 年中国平均暴雨日数历年变化(陈峪等,2010)

1956—2008 年暴雨日数趋势系数的全国分布显示,我国常年有暴雨的台站主要位于东半部地区,其中淮河以南地区年暴雨日数大多呈增加趋势,个别站点增加趋势显著(主要出现在长江流域);淮河以北地区则以减少趋势为主,特别是华北(黄河、海河、辽河流域)地区趋势系数较大且部分站点趋势显著。此外,四川盆地存在暴雨日数显著减少的区域。将常年有暴雨的区域作为一个整体看,暴雨频率增加和减少的站点数分别为 226 个和 171 个,分别占全部站点数量(397 站)的 56.9% 和 40.1%,暴雨频率增加的站点多于减少的站点。

2.1.3   气象干旱事件

邹旭恺等(2010)采用综合气象干旱指数(CI),计算分析了全国及十大江河流域近 60 年的干旱气候变化特征。资料包括中国 606 个地面台站 1951—2008 年的逐日降水量和平均气温资料,大部分站点属于国家基准气候站和基本气象站,个别为一般气象站。全国主要流域包括松花江流域、辽河流域、海河流域、黄河流域、淮河流域、长江流域、东南诸河流域、珠江流域、西南诸河流域、西北诸河流域,其边界采用全国水资源综合规划推荐的一级流域界线。

　　图 2.7 显示了基于 CI 指数统计的全国干旱面积百分率的历年变化。从年代
际变化特征看,在近半个多世纪中,干旱较重的时期主要出现在 20 世纪 60 年代、
70 年代后期至 80 年代前期、80 年代中后期以及 90 年代后期至 21 世纪初。最为
严重的干旱事件出现在 1999 年,干旱面积达到 31.5%。根据 Kendall's tau 的趋
势计算(Wang et al.,2001)结果分析,就整体而言,全国干旱面积在近 58 年中有增
加趋势,速率为 0.66/10a(表 2.3),通过 0.05 显著性水平检验。

图 2.7　全国年干旱面积百分率历年变化图(1951—2008 年)(邹旭恺等,2010)

(曲线为 11 点二项式滑动)

　　从各个流域和区域上看(图 2.8,表 2.3),北方诸河流域中,松花江流域、辽河
流域、海河流域、黄河流域、淮河流域的大部分站点都呈干旱化趋势。南方诸河流

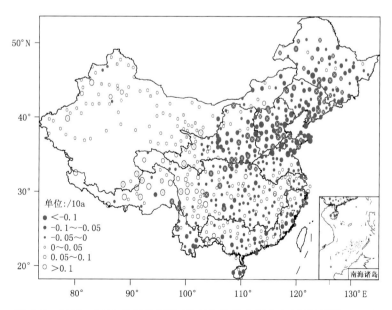

图 2.8　1951—2008 年干旱指数 CI 变化趋势空间分布(邹旭恺等,2010)

(叉号表示通过 0.05 显著性水平检验)

域中,长江流域大部分站点干旱没有显著增加或减少的趋势;东南诸河流域和珠江流域大部分站点干旱呈增加趋势,但大多没有通过显著性检验;西南诸河流域中东部站点干旱多呈增加趋势,西部站点干旱多呈减弱趋势,且通过了显著性检验。

北方的海河流域最近 50 多年经历了明显的干旱(表 2.3)。海河流域最近 100 年的流域平均年降水量变化,前 50 年总体呈波动上升趋势,而 20 世纪 50 年代以后则呈比较明显的波动性下降趋势,20 世纪末期和 21 世纪前 2 年,流域平均降水量尤其偏低。

总体上看,最近 50 多年全国范围的气象干旱事件频率和影响范围有一定程度增加,北方的华北和东北地区增加尤其明显,20 世纪 90 年代后期至 21 世纪初的干旱范围广、程度重。

表 2.3   1951—2008 年全国及十大江河流域干旱面积百分率变化趋势(邹旭恺等,2010)

地区	变化趋势(%/10a)
全 国	0.66*
松花江流域	1.91*
辽河流域	2.61*
海河流域	3.24*
黄河流域	0.72
淮河流域	1.22
长江流域	0.38
东南诸河流域	0.63
珠江流域	0.68
西南诸河流域	−1.25*
西北诸河流域	0.15

*表示通过 0.05 显著性水平检验。

2.2   现代其他极端气候事件

2.2.1   热带气旋(台风)

在 1970—2001 年 32 年间,登陆我国的热带气旋(TC)的频数有一定下降趋势,其中 1998 年达到了近 30 年来的最小值(李英等,2004)。1950—2008 年期间,登陆我国的热带气旋频数同样存在减少趋势,其中 20 世纪 50—60 年代登陆热带气旋频数较多,1991—2008 年是热带气旋登陆我国的最少时期,但进入 21 世纪以后有一定上升(曹祥村等,2007)。经南海和菲律宾海区登陆我国的热带气旋频数下降明显,经东海海区登陆的热带气旋频数也有所减少,但趋势不显著(王秀萍等,2006)。

从 1951—2004 年登陆强度为强台风和超强台风的热带气旋频数变化看,一般呈显著减少趋势。最大登陆热带气旋强度出现在 50—70 年代,但平均登陆热带气旋强度没有明显变化。登陆热带气旋的破坏潜力也存在明显的年代际变化,50—70 年代初明显偏强,以后则偏弱。登陆热带气旋平均强度的减弱和高强度热带气旋频次的减少是引起破坏潜力减弱的主要原因(任福民等,2008)。

1957—2008 年期间,热带气旋导致的中国大陆地区降水量总体上表现出下降趋势,东北地区南部这种趋势尤为显著(Ren et al.,2007;林小红等,2008;王咏梅等,2008)。这与登陆热带气旋数量趋于减少一致。

2.2.2 沙尘暴

近半个世纪,我国北方沙尘暴发生频率整体呈现减少趋势,但在世纪之交的几年沙尘暴频率和强度有所增加(张莉等,2003)。北方各地经历的沙尘暴日数在 20 世纪 50 年代初到 70 年代中期较多。自 70 年代中期起,沙尘暴日数呈现稳定下降趋势,这种趋势一直持续到 1997 年。此后,沙尘天气日数出现小幅回升,但目前仍明显低于多年平均水平,更少于 70 年代中期以前的平均数量。因此,从近 30～50 年的时间段来看,北方的沙尘暴发生次数逐渐减少;但近 3～5 年略有增加。

总体上看,自有观测记录以来,我国北方的沙尘暴发生频率呈下降趋势(周自江等,2003;唐国利等,2005;张小曳等,2006)。沙尘暴频率下降与北方地区平均风速、大风日数和温带气旋频数减少趋势完全一致(Zou et al.,2006),也和西北及蒙古国南部降水量增多趋势一致,说明很可能受到大尺度大气环流减弱以及源区降水量增多等因素的影响。

2.2.3 雷暴

关于雷暴日数变化的研究多集中在东部小区域范围内或大城市附近,而且使用了不同的分析时间段和方法,但几乎全部台站和区域个例分析结果均表明,雷暴发生频率有比较明显的减少趋势(任国玉等,2010a)。其中,1961—2002 年陕西省关中地区(蔡新玲等,2004)、1961—2001 年长江三峡库区及其周边地区(叶殿秀等,2005)、1957—2004 年广东省(易燕明等,2006)、1959—2000 年成都地区(段炼等,2006)、1966—2005 年山东省(高留喜等,2007)等区域年雷暴发生频率均呈现比较明显的下降。

2.3 综合极端气候指数

最近通过对 1956—2008 年期间综合极端气候指数的变化特征分析,发现全国平均综合极端气候指数没有呈现显著趋势变化(图 2.9),但 20 世纪 80 年代以来有所上升(任国玉等,2010b)。综合极端气候指数根据对中国大陆地区经济、社会影响程度较高的 7 种单项极端气候指标定义。这些单项指标分别是全国平均高温日数、低温日数、强降水日数、沙尘天气日数、大风日数、干旱面积百分率和登陆热带气旋频数。主要依据各单项极端气候指标所代表的极端气候事件引发的气象灾害严重(损失)程度及其社会影响大小,分别确定其相对重要性和权重系数,然后加权合成各个单项极端气候指标的标准化事件序列,得到综合极端气候指数序列。1956—2008 年间,全国平均的综合极端气候指数序列没有表现出明显上升或下降趋势,说明对全国经济和社会具有重大影响的主要极端气候事件,其频率和强度总体上未见明显趋势变化。

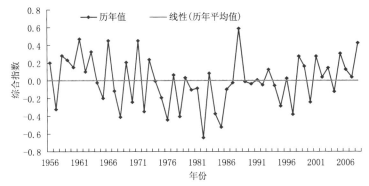

图 2.9　1956—2008 年全国综合极端气候指数序列变化(任国玉等,2010b)

综合起来看,在全球和中国气候显著变暖的半个世纪内,中国地区多数常见的极端气候事件发生频率或者显著减少,或者变化不明显,总体上未见明显增多趋势。但是,仅从旱涝变化看,北方干旱更严重,而南方洪涝现象更频繁,对中国农业和经济社会发展总体上已造成较严重的负面影响。

2.4　历史时期重大旱涝事件变化

极端旱涝事件往往会给农业生产、人民生活甚至社会经济发展造成严重影响。Woodhouse 等(1998)曾对美国过去 2000 年的干旱事件做了全面分析,他们发现与 20 世纪相比,17 世纪以前一些干旱事件发生的持续时间明显偏长,空间覆盖范围更为广泛;在过去 2000 年背景下,20 世纪 30 年代及 50 年代发生的大旱灾并不严重;而且由于温室气体的放大作用,未来百年很可能出现较 20 世纪 30 年代和 50 年代更为严重的大旱灾。中国的历史气候学者曾对过去 1000～1500 年以来干湿的突变特征及大范围发生且持续时间长达 3 年以上的严重干旱事件进行了初步识别,结果表明:与过去 1500 年来的气候状况相比,最近 50 年的干旱程度并不严重,甚至最近 300 年的三次著名极端干旱事件(分别发生在 1719—1723 年、1875—

1878 年和 1927—1930 年)也相形见绌(王绍武等,1993;李兆元等,1997;张德二,2004;Zheng et al.,2006)。这里将以根据中国历史文献记载重建的干湿等级数据为基础,分别对华北(约 34°～40°N)、江淮(约 31°～34°N)和江南(约 25°～31°N)三个地区的过去 2000 年极端旱涝事件变化基本特征进行阐述。

2.4.1　定义和重建方法

西汉中期至明中期(公元前 137 年至公元 1470 年)的中国古代文献、明中期以后至民国时期(1470—1949 年)的各类史书、清代乾隆朝以后至民国时期(1736—1949 年)的档案和有关报纸等记载了大量气候变化信息。张丕远(1996)根据不同文字记录载体对气候信息记载形式不同的特点,分阶段地开展了 63 个站点的干湿等级重建工作(图 2.10)。如 1470 年以前的资料,采用根据文字描述分等定级的方法;1470 年以后至民国时期,采用统计每个区域的旱涝县次,然后根据旱涝县次距平百分率确定旱涝等级的方法;清代 1736—1911 年的档案记录,采用定量与定性相结合的方法确定旱涝等级。最后采用 Fisher 判别等统计方法,对东部季风区 63 个站点(包括西北东部的部分站点)不同时段的序列进行校准与合并,建立了统一序列。这些序列是依据旱涝灾害的发生季节、持续时间、影响范围、影响深度等,将各地每年的干湿状况分为旱、偏旱、正常、偏涝和涝 5 个等级,分别用 5、4、3、2 和 1表示。其中旱和涝的频率各占 10% 左右,偏旱和偏涝各占 25% 左右,正常占 25%～30%(Zheng et al.,2001)。由于文献记录年代较久远,受战争、火灾、偷盗或自

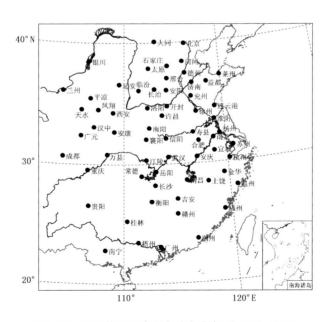

图 2.10　干湿等级重建研究站点分布(张丕远,1996)

然灾害的影响,1470年以前的数据缺失较多,为便于分析,Zheng等(2006)根据逐个站点在10年内的旱涝等级计算了干湿指数序列,其正值表示偏涝,负值表示偏旱。此外,为与历史时期的旱涝等级数据一致,还根据各地5—9月(部分地区6—9月)的降水量,按照《中国近五百年旱涝分布图集》(中央气象局气象科学研究院,1981)的方法,将1951年以来的降水观测数据处理成旱涝等级。

IPCC建议采用事件发生概率密度函数小于10%(相当于10年一遇)的标准来确定极端旱、涝事件(Solomon et al.,2007)。根据华北、江淮和江南3个地区各站的逐年旱涝等级资料进行识别,其标准是当一个区域某年有超过60%的站点发生旱或涝,若其中有较大范围的连片严重干旱(至少20%的站点旱涝等级达5级)并有大范围的干旱(至少有75%的站点旱涝等级达4级或5级)时,则记该年为大旱年;若其中有较大范围的连片严重雨涝(至少20%的站点旱涝等级达1级)并有大范围的雨涝(至少有75%的站点旱涝等级达1级或2级)时,则记该年为大涝年。据此标准(简称"标准一")确定的各区大旱与大涝年各约10年一遇,具体大旱大涝年份如表2.4所示。由于华北处于半湿润区,因此发生大旱的概率要比大涝高一些;而江淮和江南地区为湿润区,故发生大涝的概率比大旱高一些。

然而,在历史时期(特别是在明代以前),仅少数年份每个站点都有记载,多数年份只部分站点具有旱涝等级记载,故在各个地区的极端旱涝事件具体识别过程中,对记录不完的年份采用如下标准(简称"标准二"),来识别各个区域的极端旱、涝年份。一是在一个区域所有有记载的站点中,旱涝等级为3级(即该年为正常年)的站点数量不超过有记录站点总数的25%;二是旱涝异常记录的站点中(除旱涝等级为3级的站点外),至少有80%的站点同时发生干旱或雨涝且其中至少有相邻2个站同时出现严重干旱(即旱涝等级为5级)或严重雨涝(即旱涝等级为1级)。以"标准二"确定的华北地区、江淮地区及江南地区1951—2000年间发生的大旱与大涝年份如表2.4所示。除华北区域按"标准一"和"标准二"确定的大涝年份稍有不同外("标准一"较"标准二"多1958年),两个标准确定的极端旱涝年份完全一致,这说明采用"标准二"来确定各区域历史时期的极端旱、涝年是合理的。

表2.4　1951—2000年华北、江淮和江南地区大旱、大涝年份(郑景云、郝志新等提供)

区域	依据"标准一"确定的年份		依据"标准二"确定的年份	
	大旱年份	大涝年份	大旱年份	大涝年份
华北地区	1965、1972、1986、1991、1997、1999年	1956、1958、1963、1964和1973年	1965、1972、1986、1991、1997、1999年	1956、1963、1964、1973年
江淮地区	1966、1978、1994、1997、1999年	1954、1956、1963、1980、1998、2000年	1966、1978、1994、1997、1999年	1954、1956、1963、1980、1998、2000年
江南地区	1966、1972、1978、1981年	1954、1973、1993、1998、1999年	1966、1972、1978、1981年	1954、1973、1993、1998、1999年

此外，对整个东部而言，如果某一年有 2 个以上区域同时发生大旱，或虽仅有 1 个区域发生大旱但该年整个东部地区的干湿指数低于序列方差的 1.282 倍（相当于旱、涝事件发生概率密度函数的 10％）时，则记该年为东部大旱；有 2 个以上区域同时发生大涝，或虽仅有 1 个区域发生大涝但该年整个东部地区的干湿指数高于序列方差的 1.282 倍时，则记该年为东部大涝；而当 3 个区域中，既有区域发生大旱又有区域大涝，则记该年东部为极端旱涝并发年。

需要说明的是，早期和战乱期间的记录有较明显缺漏，因此在公元 800 年以前的多数时段（除华北地区的部分时段外）以及后来的其他战乱阶段，如唐后期及五代（约 850—950 年）、宋元（13 世纪后半叶）及元明之交（14 世纪后半叶）均为不完全统计。为表示辨识结果的不确定性，以有记录年份占时段总年数的比例为指标，对各区域每 50 年（其中第一个时段公元前 137 年—前 101 为 37 年）的资料状况评估进行分级（分为 A、B、C、D、E 共 5 个等级）评估。其中 A 指有记录年份占时段总年数的比例≥90％（完全可信），B 为 66.7％～90％（非常高信度），C 为 50％～66.7％（高信度），D 为 33.3％～50％（中等信度），E 为低于 33.3％（低信度）。考虑到历史灾异记载具有明显的"记异不记常"特点，如果有记录年份超过总年数 66.7％，则大致相当于记录了 95％以上的灾异年份；若超过总年数 50％（即达 C 级），则大致相当于记录了 80％以上的灾异年份；若超过总年数 33.3％（即达到 D 级），则大致相当于记录了 50％以上的灾异年份。以 IPCC 制定的不确定性科学评估标准衡量（Solomon et al.，2007），可认为满足上述记录的时段，极端旱涝年辨识与统计结果分别对应非常高的信度（very high confidence）、高信度（high confidence）、中等信度（medium confidence）；若该时段的资料状况为 E 级，其结果为低信度（low confidence）。

2.4.2　极端旱涝事件变化的时空特征

按照上述标准，确定出华北地区公元前 137 年至公元 2000 年间共有 240 年发生大旱、195 年发生大涝，分别为总年数的 11.2％和 9.1％；江淮地区公元初至 2000 年间有 142 年发生大旱、174 年发生大涝，分别为总年数的 7.1％和 8.7％；江南地区公元 2 世纪初至 2000 年间有 126 年发生大旱、159 年发生大涝，分别为总年数的 6.6％和 8.4％。统计结果显示：虽然华北地区过去 2000 多年的大旱、大涝发生概率较江淮和江南地区要高一些，但这主要是因为江淮和江南地区部分时段的记录较差所致，并不能说明江淮和江南地区在历史时期真的较少发生极端旱、涝灾害。

过去 2000 年中国东部地区极端旱、涝事件的发生具有明显阶段性变化，有些时段极端干旱多发，有些时段极端雨涝多发，而有些时段旱涝均较多发，同时还经常出现连旱、连涝或旱涝年相连现象。每 50 年的极端旱、涝年数统计（见图 2.11）

结果表明：华北地区的极端干旱相对多发时段分别出现在公元 1 世纪的后半叶至 2 世纪、5 世纪后半叶至 8 世纪、11 世纪后半叶、17 世纪前上半叶及 19 世纪后半叶至 20 世纪上半叶等时段，其中 5 世纪后半叶、6 世纪后半叶、8 世纪的后半叶、11 世纪后半叶和 17 世纪上半叶的极端干旱约 5 年一遇，几乎是过去 2000 年平均发生概率的 2 倍。极端雨涝相对多发时段分别出现在公元 2 世纪、3 世纪后半叶、6—8 世纪、10—11 世纪及 17 世纪后半叶至 19 世纪等时段，其中 2 世纪上半叶、3 世纪后半叶、7 世纪上半叶、8 世纪上半叶、10 世纪后半叶、17 世纪后半叶及 19 世纪后半叶的极端雨涝发生概率最高，为过去 2000 年平均发生概率的 2 倍左右。极端旱、涝发生总年数最高的时段分别出现在公元 2 世纪上半叶、6 世纪后半叶、7 世纪上半叶、8 世纪后半叶、11 世纪后半叶及 19 世纪后半叶(图 2.11a)。

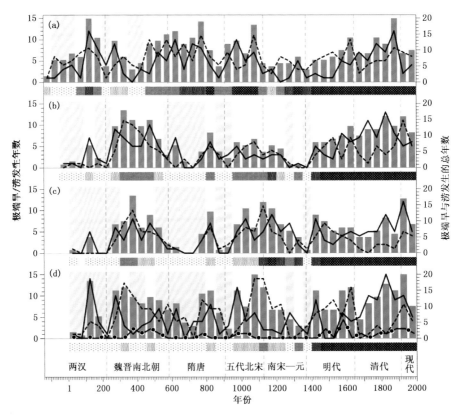

图 2.11　过去 2000 年中国东部地区每 50 年的极端旱、涝事件发生年数变化
(a)华北地区；(b)江淮地区；(c)江南地区；(d)东部地区
(虚线：极端干旱发生年数；实线：极端雨涝发生年数；点划线：东部地区极端旱涝并发年数；灰柱：极端旱与涝发生总年数。下方横柱表示各时段极端旱、涝年统计结果的可信度，颜色从深到浅分别表示 A(完全可信)、B(非常高信度)、C(高信度)、D(中等信度)、E(低信度)五个可信程度等级；空白表示缺资料；阴影区域表示结果可信度偏低的时段)(郑景云等提供)

江淮地区的极端干旱相对多发时段分别出现在公元 4 世纪至 5 世纪上半叶、11 世纪、15 世纪下半叶至 16 世纪上半叶、17 世纪上半叶以及 19 世纪后半叶至 20 世纪等时段，其中 4 世纪至 5 世纪上半叶、16 世纪上半叶、17 世纪上半叶及 20 世纪的极端干旱发生概率最高，达到甚至超过过去 2000 年平均发生概率的 2 倍。极端雨涝相对多发时段分别出现在公元 3 世纪后半叶至 6 世纪上半叶及 16 世纪后半叶至 19 世纪等时段，其中 3 世纪后半叶、5 世纪后半叶、16 世纪后半叶、18 世纪上半叶及 19 世纪的极端雨涝发生概率最高，达到甚至超过过去 2000 年平均发生概率的 2 倍。极端旱、涝发生总年数最高的时段分别出现在 3 世纪后半叶至 5 世纪及 16 世纪后半叶至 20 世纪上半叶（图 2.11b）。

尽管在公元 10 世纪中期之前，江南地区的极端干旱、雨涝记载相对较差，但仍可发现这一地区的极端干旱多发于公元 4 世纪至 5 世纪、9 世纪上半叶、11 世纪至 12 世纪、15 世纪下半叶至 16 世纪上半叶及 20 世纪上半叶等时段，其中 4 世纪后半叶、12 世纪上半叶的极端干旱发生概率最高。极端雨涝相对多发时段则分别出现在公元 3 世纪后半叶、4 世纪后半叶、5 世纪后半叶、9 世纪上半叶、11 世纪上半叶、12 世纪后半叶、13 世纪后半叶、15 世纪上半叶、19 世纪上半叶及 20 世纪上半叶。极端旱、涝发生总年数最高的时段分别出现在 4 世纪后半叶、12 世纪上半叶及 20 世纪上半叶（图 2.11c）。

从整个东部地区看，极端干旱发生最高的时段出现在公元 4 世纪、8 世纪后半叶、11 世纪后半叶至 12 世纪上半叶及 17 世纪上半叶。极端雨涝相对多发时段则分别出现在公元 2 世纪上半叶、3 世纪后半叶、9 世纪上半叶、10 世纪后半叶、15 世纪上半叶、18 世纪至 20 世纪上半叶。极端旱、涝并发年数最高的时段分别出现在 4 世纪后半叶、5 世纪后半叶、16 世纪后半叶及 19 世纪后半叶至 20 世纪。极端旱、涝发生总年数最高的时段分别出现在公元 2 世纪上半叶、3 世纪后半叶至 4 世纪上半叶、8 世纪后半叶至 9 世纪上半叶、10 世纪后半叶、11 世纪后半叶至 12 世纪上半叶、15 世纪上半叶、16 世纪后半叶至 17 世纪上半叶及 19 世纪至 20 世纪上半叶（图 2.11d）

从图 2.11 用于评价过去 2000 年中国东部地区极端旱涝事件资料的可靠性分析看，整个中国东部在北宋以前（约公元 1000 年前后）资料缺失较多。其中，华北地区资料相对稍丰，仅在两汉前期及魏晋南北朝中期结果可信度较低；江淮和江南地区的资料与之相比，资料欠缺，特别是江南地区，在两汉至魏晋南北朝前期、隋唐直至五代早期结果的可信度都很低。因此，本文对极端旱涝事件的辨识结果仅在北宋以后可达到非常高信度甚至完全可信。但若考虑到史料具有"记异不记常"的特点，尽管北宋以前的结果较其以后可靠性低，该仍可为分析历史时期的极端旱涝事件提供借鉴。

2.5   历史时期极端寒冬事件变化

极端寒冬是一种重要的极端气候事件,对工农业生产、人民生活和社会秩序等具有极为明显的影响。如 2008 年,我国南方地区经历了近 30 年来最严重的一次寒冬,长江中下游至江南地区的最大连续低温日数、最大连续降雪量和最大连续冰冻日数均为 1951 年以来历年冬季的最大值,这一极端寒冷事件不仅造成了 1500 多亿元的直接经济损失,而且因其所致的许多影响,如亚热带热带果木、茶树大面积严重冻害等在数年内都无法完全恢复(王绍武,2008;王遵娅等,2008)。

2.5.1   定义和重建方法

历史时期虽然没有温度观测记录,但却有丰富的、详细的极端寒冬事件及其影响的严重程度等记载,为此先根据 1951 年以来的冬季气温观测资料来确定极端寒冬,然后采用古今事件影响程度比对的方法来确定历史上的极端寒冬。

图 2.12 给出 1951 年以来我国南方地区(即 105°E 以东、34°N 以南)冬季(即当年 12 月至次年 2 月)及 1 月气温距平序列。这 2 个序列根据我国 $0.5° \times 0.5°$ 经纬网格的逐月气温距平(资料来源:国家气候中心,以 1971—2000 年的均值作为气候标准值)计算而得;为便于比较,同时还给出全国序列。以"事件发生概率密度函数小于 10%"标准(Solomon et al.,2007),可确定 1951 年以来南方地区极端寒冬发生在 1954/1955 年、1956/1957 年、1967/1968 年、1976/1977 年及 1983/1984 年(表 2.5)。在这些年份中,1954/1955 年、1956/1957 年、1967/1968 年及 1976/1977 年等 4 个年份也是全国极端寒冬年,而 1983/1984 年的全国冬季气温距平虽未达

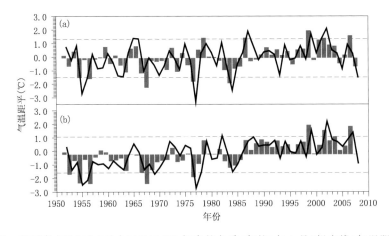

图 2.12   我国南方地区(a)及全国(b)1951 年来的冬季(灰柱)与 1 月(粗实线)气温距平序列
(细虚线:事件发生概率密度函数为 10% 时的气温偏离值)(郑景云、郝志新等提供)

"事件发生概率密度函数小于 10%"的极端寒冬标准,但也与其极为接近,且该冬季的 1 月全国气温距平也达到极端寒冷标准。这说明对全国平均而言,我国南方地区是否出现极端寒冬具有较好的全国代表性。实质上这是因为影响我国南方地区冬季寒冷程度的主要天气系统是源于西伯利亚或蒙古的强寒潮,这些强寒潮在南下时往往影响我国的大多数地区;因而除个别年份外(如 2007/2008 年冬季),一旦我国南方地区出现严冬,全国大部分地区通常也会出现酷寒。

表 2.5　我国南方地区和全国 1951 年来极端寒冬年冬季、1 月气温距平与南方地区雨雪
冰冻灾害发生情况对比(郑景云等提供)

南方地区		全国		南方地区雨雪冰冻灾害发生情况		
冬季气温距平	1 月气温距平	冬季气温距平	1 月气温距平	雨雪冰冻天气	河湖封冻情况	柑橘及其他亚热带、热带果蔬冻害
1954/1955 年 −1.5℃ *	1955 年 −1.6℃ *	1954/1955 年 −2.4℃ *	1955 年 −2.5℃ *	大范围出现严重暴雪冰冻天气,大部分地区持续 10 天以上	洞庭湖、汉水、淮河、长江以南大部分中小河湖出现封冻,太湖大面积冻结	非常严重
1956/1957 年 −1.6℃ *	1957 年 0.2℃	1956/1957 年 −2.4℃ *	1957 年 −0.8℃	大部分地区出现暴雪冰冻天气	长江以南部分河湖出现冻结	严重
1967/1968 年 −2.3℃ *	1968 年 −0.1℃	1967/1968 年 −2.4℃ *	1968 年 −1.0℃	大部分地区出现暴雪冰冻天气	长江以南部分河湖出现冻结,汉江冰冻可通行人	严重
1976/1977 年 −1.8℃ *	1977 年 −3.3℃ *	1976/1977 年 −1.9℃ *	1977 年 −2.7℃ *	大范围出现严重暴雪冰冻天气,大部分地区持续 10 天以上	长江以南大部分河湖出现封冻,太湖封冻 9 天	非常严重
1983/1984 年 −2.0℃ *	1984 年 −2.5℃ *	1983/1984 年 −1.2℃	1984 年 −1.5℃	出现大范围严重暴雪冰冻天气,局部地区持续 10 天以上	长江以南部分河湖出现冻结	严重
2007/2008 年 −0.7℃	2008 年 −1.5℃ *	2007/2008 年 −0.2℃	2008 年 −0.9℃	大范围出现严重暴雪冰冻天气,大部分地区持续 10 天以上,局部严重地区超过 20 天	长江以南大部分中小河湖出现冻结,洞庭湖部分湖面结冰	严重

注:气温距平标" * "者表示该年达到或超过"事件发生概率<10%的极端事件"定义标准。

表 2.5 同时给出了这些极端寒冬年的灾害性影响。从中可以看出：这些极端寒冬在我国南方地区都出现了大范围、持续性的严重雨雪冰冻灾害，使江淮地区的大河、大湖（如淮河、汉水、洞庭湖、鄱阳湖、太湖等）及长江以南河湖出现冻结，并造成大范围柑橘及其他亚热带、热带果蔬严重冻害。除此之外的 1968/1969 年及 1971/1972 年冬，我国南方地区同样出现了类似灾害事件，但持续时间较短，在最严重的灾区，其影响也没有超过 10 天。其中 1968/1969 年冬虽然南方地区的气温距平没有达到 10% 的极端寒冷标准，但该年 1 月的全国气温距平达到 10% 的极端寒冷年标准。该年长江以南部分河湖出现冻结，太湖也冻结 2 天，且在长江下游及其以南地区出现严重冻害。1971/1972 年冬，虽然从冬季和 1 月气温看，并没有达到极端年份的标准，但与其接近。由于这一年的寒冷事件主要发生在 1 月以后（其中最强寒潮出现在 1972 年 1 月 28 日—2 月 8 日），因而只有 1972 年 2 月南方地区气温距平达 −2.8℃（其中江南地区普遍达 −4.0℃），超出了 10% 的极端寒冷事件标准，但该事件的持续时间同样较短。可见，在我国南方地区出现大范围、持续性严重雨雪冰冻灾害的年份，与我国或南方地区以气温来定义的极端寒冬是一致的，这说明以寒冷事件所致的灾害影响程度为指标来判断我国南方地区是否出现极端寒冬是基本合理的。为此，这里采用下列三个指标来确定历史上的严冬：（1）南方地区是否出现大范围、持续性（至少 10 天）的严重雨雪冰冻灾害；（2）江淮及长江中下游地区的大河、大湖及长江以南河湖是否出现冻结；（3）是否出现大范围的柑橘及其他亚热带、热带果蔬发生严重冻害。

以 1653 年的冬季（即 1653 年 12 月—1654 年 2 月）为例，据康熙《清河县志》（今江苏淮阴）载："冬，大雨雪四十余日，烈风亘寒，冰雪塞路，断绝行人，野鸟僵死，市上束薪三十钱，烟爨几绝。"乾隆《重修桃源县志》（江苏泗阳）载："冬，烈风亘寒，冰雪塞路四十余日，行旅断绝。"同时，安徽的安庆、桐城、宿松、潜山、六安、颍州、蒙城、当涂、芜湖、东至，湖北的汉阳、大冶、黄冈，湖南的长沙、湘乡、零陵、邵阳以及江西的德安等府、州、县志亦纷纷记载该年冬季连降大雪，说明该年冬季在长江中下游地区出现了大范围的严重雨雪冰冻灾害，且持续时间达 10 天以上。而据乾隆《盱眙县志》载"冬，淮冰合"，可知当时淮河至少有部分河段出现过封冻。另据研究（Ge et al.，2003），洞庭湖和汉水襄阳段在该年冬季也出现了冻结。同时，康熙《汉阳府志》也载"是岁大寒，渚、湖冰上皆走马，南方所未见也"；康熙《长沙府志》载"湘乡，冬大雪，河坚冰，舟楫不行，树皆冻死"等，这表明淮河、汉水及长江以南的许多河、湖均出现了明显的冻结，并造成树木冻死等严重冻害，说明 1653 年冬是一个明显的极端寒冬年份。

但从严寒程度看，1653/1654 年并非过去 500 年中程度最为严重的寒冬，如 1654/1655 年的寒冬就更甚于此。因为 1654/1655 年冬季，南方各地不仅出现与 1653/1654 年冬类似的"雨雪连月"的现象，而且降雪范围更广，甚至岭南的福建、广东、广西等省(区)也均出现了极为少见的持续性严重雨雪冰冻灾害[①]。乾隆《吴江县志》及光绪《乌程县志》均载:"太湖冰厚二尺,逾二旬始解";光绪《青浦县志》、民国《上海县志》及叶梦珠的《阅世编》均记载,该年上海的黄浦江也出现结冰,西部的泖淀封冻,人可行走冰上。顺治《海州志》载"十二月初二日,东海冰,东西舟不通,六日乃解",康熙《海盐县志》载"十二月大雪、海冻不波,官河水断",说明该年冬季,东海亦出现了冻结。尽管文献中没有明确记载汉水、洞庭湖及鄱阳湖是否出现过冻结和封冻,但从顺治《萧县志》载"冬寒异甚,黄河之腹坚,往来通车马;吴、越、淮、扬河冻几数千里,舟不能行者月余"及江苏、浙江、江西的许多县志均有严重的河湖冻结记载看,当年的严寒明显甚于 1653/1654 年,以至于整个长江以南的柑橘、橙、柚几乎全部被冻死[②]。

2.5.2　近 500 年极端寒冬变化特征

根据历史文献关于公元 1500 年以来我国南方地区的严重雨雪冰冻灾害及其影响记载与 1951 年以来的器测温度记录,可确定 1500—2010 年间我国极端寒冬年共有 82 年(表 2.6),平均发生概率约为 16%,显著高于 1950 年以后 10% 的发生概率,同时多数年份的严重程度也较 1950 年以后最严重年份更为显著。为便于比较各年间的严寒程度,表 2.6 的河湖冻结指标又细分为长江流域的三大湖泊(太湖、洞庭湖、鄱阳湖)及汉水、淮河与黄河江下游河段、长江中下游干流部分河段以及长江以南支流与其他河流等各个指标。从中可见,1950 年之前的寒冬年份,其严寒与影响程度均已达到或超过 1950 年以后所出现的寒冬年份,这说明 20 世纪50 年代以来的最严重寒冬事件并没有超过其前曾经发生过的事件。这主要是因为过去 500 年的大多数时段都处于小冰期的寒冷气候中,因此,寒冷事件不但更为频繁,而且程度也更为严重。而对比过去 500 年极端寒冬事件发生次数的时间变化与温度的多年代~世纪尺度波动(图 2.13)可以看出,过去 500 年的冷暖阶段变化与极端寒冬的频率变化基本对应。其中,过去 500 年北半球与中国温度变化重建结果(图 2.13)均显示:16 世纪早期、16 世纪晚期至 17 世纪(约 1570—1700 年)、18 世纪末至 20 世纪初(约 1795—1920 年)是过去 500 年北半球最为明显的 3 个寒冷阶段,因而这些时段的极端寒冬事件也相对多发;而 18 世纪和 20 世纪后半叶,气候相对温暖,因而极端寒冬事件也较少发。

---

① 康熙《仙游县志》:冬,大雪四十余日,草木皆枯。【清】海外散人《榕城记闻》:冬,大霜连下五十余日,人畜冻死无算。广东的《东莞县志》(民国版)、《龙 36 门县志》(康熙六年版)、《高州府志》(康熙版)、《梅菉志》(光绪版)、《开建县志》(康熙三十一年版),以及广西的《南宁府全志》(康熙版)、《新宁州志》(光绪版)、《来宾县志》(民国版)等方志均记载该冬出现较为罕见的大雪,草木皆冻枯。

② 【清】叶梦珠《阅世编》:自顺治十一年甲午冬,严寒大冻;至春,橘、柚、橙、柑之类尽槁。

表 2.6　1500—1950 年我国南方地区极端寒冬年表（郑景云等提供）

时段	年份	东海冻结情况	河湖冻结情况								大范围持续性的严重雨雪冰冻灾害	亚热带及热带果蔬植物冻害
			太湖	洞庭湖	鄱阳湖	汉水下游河段	淮河下游河段	黄浦江下游河段	长江中下游干流部分河段	长江以南支流与其他河流		
1500—1549 年	1503		SF							SF	VS	VS
	1508							F		F	S	S
	1509		SF	F				SF		SF	VS	VS
	1513		SF	SF	SF			SF	F	SF	VS	VS
	1514		F							F	S	S
	1518					F				F	S	S
	1519					F				F	VS	VS
	1532									SF	VS	VS
1550—1599 年	1550							F		F	S	S
	1560							F		S	VS	VS
	1564							F		S	VS	VS
	1566									SF	VS	VS
	1568			F						F	VS	VS
	1569				F					F	S	S
	1578			F						F	VS	VS
	1580		SF							SF	S	VS
	1581		SF							SF	S	VS
	1594									SF	VS	VS
	1596									SF	VS	VS
1600—1649 年	1601									F	VS	S
	1615									F	VS	VS
	1620			F		SF	SF			SF	VS	VS
	1628									F	F	S
	1636							SF		SF	S	VS
	1639									SF	S	VS
	1640									F	S	VS
1650—1699 年	1653				F	F	F			F	VS	S
	1654	F	SF			SF	SF			SF	VS	VS
	1655							F		SF	S	VS
	1660				F	F				SF	VS	VS
	1665		SF							SF	VS	VS
	1670	F			F	SF	SF		F	SF	VS	VS
	1676							F			VS	VS
	1683		SF					SF		SF	VS	VS
	1689									SF	VS	VS
	1690		SF	F		SF	SF	SF		SF	VS	VS
	1694									SF	VS	VS

续表

时段	年份	东海冻结情况	河湖冻结情况								大范围持续性的严重雨雪冰冻灾害	亚热带及热带果蔬植物冻害
			太湖	洞庭湖	鄱阳湖	汉水下游河段	淮河下游河段	黄浦江下游河段	长江中下游干流河段	长江以南支流与其他河流		
1700—1749 年	1700									SF	VS	VS
	1714						F			SF	VS	VS
	1720						F			SF	VS	VS
	1740									F	S	S
	1742									F	S	S
1750—1799 年	1761		F					F		F	VS	VS
	1794									F	S	S
	1795									F	VS	S
	1796									F	VS	VS
	1799									SF	VS	VS
1800—1849 年	1809							F		F	VS	S
	1815									F	S	S
	1830									F	VS	VS
	1831						F			F	VS	S
	1833									F	VS	S
	1835									F	S	S
	1838									F	S	S
	1840				F					SF	VS	VS
	1841									SF	VS	VS
	1845						SF			SF	VS	VS
1850—1899 年	1855									F	S	S
	1861		SF	F				SF	SF	SF	VS	VS
	1864			F		F				SF	VS	S
	1871		F							SF	VS	S
	1873					F				F	S	S
	1877		SF			F				SF	VS	VS
	1880									F	S	VS
	1886					F	F			SF	VS	VS
	1887									SF	VS	VS
	1892	SF	SF			SF	SF	SF	SF	SF	VS	VS
	1899					F				F	VS	S
1900—1949 年	1904									F	S	S
	1916									F	S	S
	1917									F	S	S
	1929			F	F	SF	SF			SF	VS	VS
	1930			F						F	VS	VS
	1932									F	S	S
	1935	*								SF	S	VS
	1944									SF	S	VS

续表

时段	年份	东海冻结情况	河湖冻结情况								大范围持续性的严重雨雪冰冻灾害	亚热带及热带果蔬植物冻害
			太湖	洞庭湖	鄱阳湖	汉水下游河段	淮河下游河段	黄浦江下游河段	长江中下游干流部分河段	长江以南支流与其他河流		
1950—2010 年	1954		F	F		F	F			F	VS	VS
	1956									F	S	S
	1967				F					F	S	S
	1976		F							F	VS	VS
	1983									F	VS	VS
	2007			F						F	VS	S

注:F 表示冻结或封冻;SF 表示严重冻结或长时间封冻;S 表示严重;VS 表示非常严重。* 表示东海北部的连云港海域。

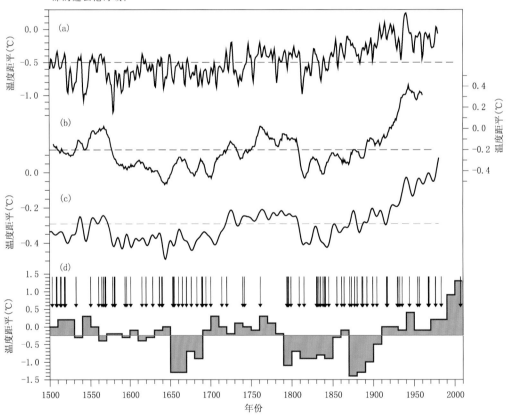

图 2.13 北半球及中国东部近 500 年温度与极端寒冬发生年份对比

(a)、(b)、(c)分别为 Moberg 等(2005)、Hegerl 等(2006)和 Mann 等(2003)重建的北半球气温距平(相对于 1961—1990 年均值)序列,图中虚线为各序列均值;(d)为中国东部冬半年(10 月至次年 4 月)气温变化序列,箭头代表 1500—2010 年间极端寒冬发生年份(郑景云、郝志新等提供)

统计每 50 年的极端寒冬事件发生次数(表 2.7)表明:1550—1599 年、1650—1699 年、1800—1849 年及 1850—1899 年是公元 1500 年以来发生极端寒冬事件最为频繁的 4 个 50 年,其出现次数达 20 世纪后半叶(1950—1999 年)的 2 倍;1500—1549 年、1600—1649 年及 1900—1949 年则较 20 世纪后半叶约多 50%;而 18 世纪上下半叶则与 20 世纪后半叶相当。

表 2.7　**1500—2000 年间每 50 年极端寒冬事件发生次数**(郑景云、郝志新等提供)

时段*	1500—1549	1550—1599	1600—1649	1650—1699	1700—1749	1750—1799	1800—1849	1850—1899	1900—1949	1950—2010
次数	8	11	7	11	5	5	10	11	8	6*

注:20 世纪后半叶(1950—1999 年)为 5 次。

此外,过去 500 年极端寒冬事件的发生还具有连发或隔年再发特征,如 1513—1514 年、1518—1519 年、1568—1569 年、1580—1581 年、1639—1640 年、1653—1655 年、1689—1690 年、1794—1796 年、1830—1831 年、1840—1841 年、1886—1887 年、1916—1917 年、1929—1930 年及 1967—1968 年等时段就出现过 2 或 3 年的极端寒冬连发事件;而 1564 年及 1566 年、1578 年及 1580 年、1594 年及 1596 年、1740 年及 1742 年、1831 年和 1833 年及 1835 年、1871 年及 1873 年、1954 年及 1956 年的极端寒冬事件则隔年再发。

2.6　百年冷暖阶段与极端事件变化

近几年,国际气候变化研究组织如 NRC(美国国家研究理事会)和 IPCC(政府间气候变化专门委员会)先后对北半球过去千年温度变化重建结果进行了综合评估,给出了可信度最高的温度变化信号。结果显示:虽然每条曲线反映的冷暖期在发生时间、持续长度和变化幅度上均存在一定的差异,但在百年际尺度上,所有序列揭示的温度变化阶段与趋势基本一致。其中 9 世纪以后转暖,10—12 世纪气候较为温暖,13 世纪以后温度逐步下降,14—19 世纪气候较为寒冷,进入 20 世纪以后温度迅速回升。而中世纪暖期(又称中世纪气候异常期)、小冰期和 20 世纪暖期的提法也得到多数古气候学家的认同。

2.6.1　中世纪温暖与类 La Niña 现象

Lamb(1965)将公元 1000—1200 年期间主要发生在欧洲和北大西洋地区的暖干气候称为中世纪温暖时代(Early Medieval Warm Epoch)。而后,随着更多温暖证据在世界范围内先后发现,科学家又将该时段称为中世纪温暖期(Medieval Warm Period),并将其结束时间向后延长 100 年。但是 1994 年 Stine 提出,在本时段内并不是所有区域都表现为气候温暖,建议使用 Medieval Climate Anomaly

（MCA）这个名词来替换。为此，2009 年 Mann 等在《科学》上发表了文章，提出了中世纪气候异常期（MCA）及同时存在的类 La Nina 现象（La Nina-like conditions）；PAGES 也于 2010 年在里斯本召开了针对 MCA 这一新名词的科学讨论会。如 Mann 等（2009）通过收集多源代用温度数据，利用正则期望最大化（Regularized Expectation-Maximization）的空间场重构方法重建了全球中世纪气候异常期（公元 950—1250 年）的温度空间格局（图 2.14a）。图 2.14 显示在 10—13 世纪全球气候相对温暖时，确有部分地区的温度超过了 1961—1990 年的水平，这些区域主要分布在北大西洋、格陵兰南部、欧亚大陆高纬度地区以及北美的部分地区；而欧亚大陆的腹地、北美的西北部、澳大利亚南部以及大部分海洋地区的温暖程度则比 1961—1990 年低；特别是在热带太平洋地区出现了类 La Nina 型（La Nina-like pattern），即东太平洋海温异常偏低，而西太平洋海温异常偏高。通常也将这种赤道东太平洋海温偏低、北美及欧亚大陆高纬地区温度偏高的现象称为类 La Nina 现象。

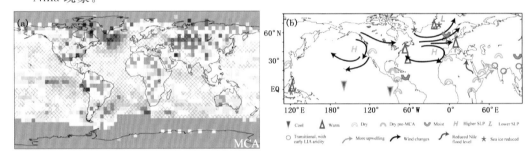

图 2.14   中世纪气候异常期的全球温度距平（a，Mann et al.，2009）及
中世纪气候异常期相对于小冰期气候特征的示意图（b，Graham et al.，2011）

Graham 等（2011）综合了各种代用资料给出了 MCA 的气候特征（图 2.14b），也发现赤道中东太平洋海温偏低，呈现了类 La Nina 型。另外，根据近代的观测资料分析及模拟研究结果，20 世纪 30 年代及 50 年代的北美持续干旱发生在热带太平洋为类 La Nina 型而北大西洋偏暖的时期，因此，Seager 等（2011）收集了 36 个点的代用资料，模拟了相当于 MCA 时期（1320—1462 年，北美干旱期）相对于现代土壤湿度变化情况，结果也显示类 La Nina 事件和 AMO 暖位相是北美大平原到北美西南部干旱形成的重要原因。

中国地域广泛，自然地理环境复杂多样，因此中世纪的气候异常在不同区域也表现出不同的特征（Ge et al.，2010）。如东北部地区，公元 941—1220 年的气候相对温暖，与全球的中世纪气候异常期出现时间基本对应，是过去 2000 年中持续时间最长的一个暖期，特别是公元 1101—1200 年的暖峰，其温暖程度已经超过 20 世纪的最后几十年；东中部地区，公元 931—1320 年的气候相对温暖，其中 1021—1110 和 1201—1290 两个时段的温暖程度最为明显，冬半年平均气温较今分别高 0.34℃和 0.54℃,但这一时段的气候并不是持续温暖,期间存在一个长达近百年(1111—1200 年)的相对寒冷时段,冬半年平均气温较现在低−0.16℃;西北地区,祁连山树轮宽度指数序列则指示 1061—1160 年的气候相对温暖,且温暖水平与 20 世纪相当(Liu et al.,2007);青藏高原区,中世纪气候异常期的表现以寒冷为主要特征,仅在公元 981—1010 年和 1161—1210 年气候出现过两次较为短暂的回暖期。另外,王绍武等(2007)根据冰芯、石笋、树轮、泥炭、湖泊沉积物、孢粉及史料等代用证据重建了全国 10 个区 1000 年温度变化序列,按照 11—13 世纪连续 5个 10 年平均气温距平超过近千年平均作为暖期的标准,选取了 1041—1140 年及1171—1270 年两个最暖的百年,并绘制了平均温度距平的分布图。结果显示,中世纪气候异常期中国温度的区域差异较为显著,其中 1041—1140 年中国 110°E 以东地区较为温暖,青藏高原和新疆地区相对寒冷;1171—1270 年东北、华北、西北地区东部及西南等地较温暖,而青藏高原相对寒冷。

2.6.2　百年际冷暖阶段与极端旱涝事件变化

从目前已收集到的过去 2000 年代用温度序列看,尽管各序列使用的重建手段及重建结果的时间分辨率不同,其在年代际尺度上的变化特征不尽一致,但百年际尺度的冷暖阶段性变化特征较为相似。若以中国东中部冬半年温度曲线为例统计过去 2000 年百年际冷暖阶段变化特征,结果显示:自汉以来,中国冷暖变化大致可划分为公元元年—180 年(两汉时期)、181—540 年(魏晋南北朝时期)、541—810年(隋唐时期)、811—930 年(唐后期)、931—1320 年(宋元时期)、1321—1920(明清时期)年及 1921 年以后等 7 个阶段。其中,公元元年—180 年、541—810 年、931—1320 年及 1921—2000 年等 4 个阶段相对温暖,东中部地区的冬半年平均气温分别较今(1951—1980 年)高 0.12℃、0.48℃、0.18℃和 0.27℃;181—540 年、811—930年及 1321—1920 年等 3 个阶段相对寒冷,东中部地区的冬半年平均气温分别较今低 0.30℃、0.28℃和 0.39℃。

本节选择了几个典型的冷期和暖期,统计了百年际冷暖变化与旱涝关系。其中冷期如魏晋南北朝时期、唐后期及明清小冰期;暖期如两汉、隋唐、宋元及 20 世纪最近 50 年(图 2.15)。总体上看,气候偏暖时,极端干旱事件的发生频率约为每百年 12 次,极端洪涝事件的发生频率约为每百年 10 次;气候偏冷时,极端气候事件的发生则与之相反,极端干旱和极端洪涝事件的发生频率分别为每百年 10 次和12 次。从细节上看,图 2.15 的冷暖阶段与极端旱涝关系对比显示:当气候处于冷阶段时,魏晋南北朝干旱事件多发,发生频率为 14 次/100a;明清小冰期中前半段(明代)的极端干旱事件多发,频率为 14 次/100a;而唐后期和明清小冰期的后半段(清代)极端洪涝事件多发,频率分别为 10 次/100a 和 23 次/100a。当气候处于暖阶段时,两汉时期极端洪涝事件多发,频率为 11%;隋唐、宋元和现代暖期均以极端干旱事件多发为主要特征,发生频率分别为 14％、13％ 和 16％。当然,旱涝与冷暖配置型较为复杂,这表现在不同的时间尺度上,如在年代际或百年际尺度上都可能具有不同的表现形式;同时由于中国的地理区域特征多样,又地处东亚季风区,从而造成不同区域的温湿配置也可能存在差异,未来我们还需要通过多种代用资料及模式模拟的结果深入机理方面的认识。

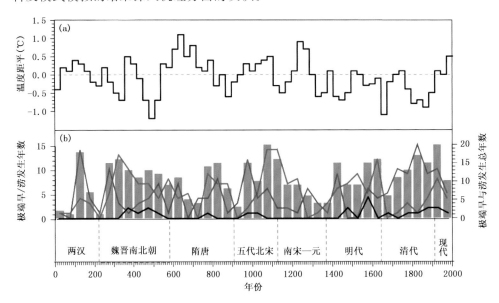

图 2.15　中国东部过去 2000 年冬半年温度变化(a)与极端旱涝事件发生年数(b)的关系对比（蓝线:极端洪涝年数;红线:极端干旱年数;黑线:旱涝并发的年数）(郑景云等提供)

参考文献

蔡新玲,刘宇,康岚,等. 2004. 陕西省雷暴的气候特征[J]. 高原气象,**23**(增刊 I):118-123.

曹祥村,袁群哲,杨继,等. 2007. 2005 年登陆我国热带气旋特征分析[J]. 应用气象学报,**18**(3):412-416.

陈峪,任国玉,王凌,等. 2009. 近 56 年我国暖冬气候事件变化[J]. 应用气象学报,**20**(5):539-545.

陈峪,陈鲜艳,任国玉.2010.中国主要河流流域极端降水变化特征[J].气候变化研究进展,**6**(4):265-269.

丁一汇,任国玉. 2008. 中国气候变化科学概论. 北京:气象出版社.

段炼,陈章. 2006. 近 42 年成都地区雷暴的气候统计特征[J]. 自然灾害学报,**15**(4):59-64.

高留喜,杨成芳,冯桂力,等. 2007. 山东省雷暴时空变化特征[J]. 气候变化研究进展,**3**(4):239-242.

李英,陈联寿,张胜军. 2004. 登陆我国热带气旋的统计特征[J]. 热带气象学报,**20**(1):14-23.

李兆元,吴素良,杨文峰,等. 1997. 西安地区旱涝气候的长期变化[J]. 气候与环境研究,**2**(4):

356-360.

林小红,任福民,刘爱鸣,等. 2008. 近 46 年影响福建的台风降水的气候特征分析[J]. 热带气象学报,**24**(4):411-415.

任福民,王小玲,陈联寿,等. 2008. 登陆中国大陆,海南和台湾的热带气旋及其相互关系[J]. 气象学报,**66**(2):224-235.

任国玉,封国林,严中伟. 2010a. 中国极端气候变化观测研究若干进展[J]. 气候与环境研究,**15**(4):337-353.

任国玉,陈峪,邹旭恺,等,2010b. 综合极端气候指数的定义和趋势分析[J]. 气候与环境研究,**15**(4):354-364.

唐国利,巢清尘. 2005. 中国近 49 年沙尘暴变化趋势的分析[J]. 气象,**31**(5):8-11.

王绍武. 2008. 中国冷冬的气候特征[J]. 气候变化研究进展,**4**(2):68-72.

王绍武,陈振华. 1993. 近两千年长江黄河大旱大涝的初步研究∥王绍武,黄朝迎. 长江黄河旱涝灾害发生规律及其经济影响的诊断研究[M]. 北京:气象出版社:67-75.

王绍武,闻新宇,罗勇,等. 2007. 近千年中国温度序列的建立[J]. 科学通报,**52**:958-964.

王秀萍,张永宁. 2006. 登陆中国热带气旋路径的年代际变化[J]. 大连海事大学学报,**32**(3):41-45.

王咏梅,任福民,李维京,等. 2008. 中国台风降水的气候特征[J]. 热带气象学报,**24**(3):233-238.

王遵娅,张强,陈峪,等. 2008. 2008 年初我国低温雨雪冰冻灾害的气候特征[J]. 气候变化研究进展,**4**(2):63-67.

杨金虎,江志红,王鹏祥,等. 2008. 中国年极端降水事件的时空分布特征[J]. 气候与环境研究,**13**(1):75-83.

叶殿秀,张强,邹旭恺. 2005. 三峡库区雷暴气候变化特征分析[J]. 长江流域资源与环境,**14**(3):381-385.

易燕明,杨兆礼,万齐林,等. 2006. 近 50 年广东省雷暴,闪电时空变化特征的研究[J]. 热带气象学报,**22**(6):539-546.

张德二. 2004. 中国历史气候记录揭示的千年干湿变化和重大干旱事件[J]. 科技导报,**22**(8):47-49.

张莉,任国玉. 2003. 中国北方沙尘暴频数演化及其气候成因分析[J]. 气象学报,**61**(6):744-750.

张丕远. 1996. 中国历史气候变化[M]. 济南:山东科学技术出版社:307-338.

张小曳,龚山陵. 2006. 2006 年春季的东北亚沙尘暴[M]. 北京:气象出版社:1-118.

中央气象局气象科学研究院. 1981. 中国近五百年旱涝分布图集[M]. 北京:地图出版社:1-332.

周雅清,任国玉. 2010. 中国大陆 1956—2008 年极端气温事件变化特征分析[J]. 气候与环境研究,**15**(4):406-417.

周自江,章国材. 2003. 中国北方的典型强沙尘暴事件(1954—2002 年)[J]. 科学通报,**48**(11):1224-1228.

邹旭恺,任国玉,张强. 2010. 基于综合气象干旱指数的中国干旱变化趋势研究[J]. 气候与环境研究,**15**(4):371-378.

Ge Q S,Zheng J Y,Fang X Q,et al. 2003. Winter half-year temperature reconstruction for the middle and lower reaches of the Yellow River and Yangtze River,China during the past 2000 years[J]. Holocene,**13**:933-940.

Ge Q S,Zheng J Y,Hao Z X,et al. 2010. Temperature variation through 2000 years in China:An uncertainty analysis of reconstruction and regional difference[J]. Geophys Res Lett,37,L03703,DOI:10.1029/2009GL041281.

Graham N,A mmann C M,Fleitmann D. 2011. Evidence for global climate reorganization during medieval times[J]. Pages News,**19**:9-10.

Hegerl G C,Crowley T J,Hyde W T,et al. 2006. Climate sensitivity constrained by temperature reconstructions over the past seven centuries[J]. Nature,**440**:1029-1031.

Lamb H H. 1965. The early medieval warm epoch and its sequel. Paleogeogr Paleoclimatol Paleoecol,**1**:13-37.

Liu X H,Shao X M,Zhao L J,et al. 2007. Dendroclimatic temperature record derived from tree-ring width and stable carbon isotope chronologies in the Middle Qilian Mountains,China[J]. Arct Antarct Alp Res,**39**:651-657.

Mann M E,Jones P D. 2003. Global surface temperatures over the past two millennia[J]. Geophys Res Lett,30:1820. DOI:10.1029/2003GL017814.

Mann R,Harding J M,Southworth M J. 2009. Reconstructing pre-colonial oyster demographics in the Chesapeake Bay,USA[J]. Estuarine Coastal and Shelf Science,**85**:217-222.

Moberg A,Sonechkin D M,Holmgren K,et al. 2005. Highly variable Northern Hemisphere temperatures reconstructed from low- and high-resolution proxy data[J]. Nature,**433**:613-617.

Qian W H,Lin X. 2004. Regional trends in recent temperature and indices in China[J]. Climate Res,2004,**27**(2):119-134.

Ren F M,Wang Y M,Wang X L. 2007. Estimating tropical cyclone precipitation from station observations[J]. Adv Atmos Sci,**24**(4):700-711.

Seager R,Burgman R. 2011. Medieval hydroclimate revisited. PAGES News,**19**:10-11.

Solomon S,Qin D,Manning M,et al. 2007. Climate Change 2007:The Physical Science Basis. Contribution of Working Group I to the Fourth Assessment Report of the Intergovernmental Panel on Climate Change [M]. Cambridge University Press,Cambridge,United Kingdom and New York,NY,USA,945-946.

Stine S. 1994. Extreme and persistent drought in California and Patagonia during medieval time [J]. Nature,**369**:546-549.

Wang X L,Swail V R. 2001. Changes of extreme wave heights in Northern Hemisphere oceans and related atmospheric circulation regimes[J]. J Clim,**14**:2204-2221.

Woodhouse C,Overpeck J. 1998. 2000 years of drought variability in the central United States [J]. Bull Amer Meteor Soc,**79**:2693-2714.

Zhai P M,Pan X H. 2003. Trends in temperature extremes during 1951-1999 in China[J]. Geophys Res Lett,30,DOI:10.1029/2003Gl018004.

Zheng J,Zhang P,Ge Q,et al. 2001. Centennial changes of drought/flood spatial pattern in eastern China for the last 2000 years[J]. Progress in Natural Science,**11**(4):280-287.

Zheng J Y,Wang W C,Ge Q S. 2006. Precipitation variability and extreme events in eastern China during the past 1500 years[J]. Terrestrial Atmospheric and Oceanic Sciences,**17**(3):579-592.

Zou X，Alexander L V，Parker D，et al. 2006. Variations in severe storms over China[J]. Geophys Res Lett,33(17):L17701,DOI:10. 1029/2006GL026131.

第3章　中国夏季降水的变化及成因

主　　笔：柳艳菊　丁一汇
贡献作者：司　东　王遵娅　宋亚芳　张　锦

随着气候变暖,一方面根据热力学中的定律(温度越高,大气的持水能力越强),全球和许多流域降水量可能增加;另一方面,在占全球面积70％的海洋上,蒸发量同时也在增加,这使大气水循环和气候变率增加,即有更强的降水和更多的干旱,从而使水循环加速。同时,大气中不断增加的水汽含量通过反馈作用进而会加剧人类活动造成的温室效应(Held et al.,2000,2006;Dessler et al.,2008)。此外,温度升高可使降水的季节分配发生变化,使一个季节(如冬季)降水增加,另一个季节(如夏季)降水减少,从而导致季节流量对全年流量的比例失调。因此,全球气候变化与全球和区域水循环密切相关,气候变化也会导致降水类型的变化,表现为全球性小雨和中雨减少,而大雨和暴雨增加,因而降水的强度向极端化发展,这也使旱涝加剧,并能明显影响生态系统。

中国地处东亚季风区,夏季降水的多寡和雨带的分布都受到东亚夏季风的控制。而东亚夏季风最重要的特点之一就是具有显著的多尺度变化,因而东亚夏季降水也表现出很大的变化,导致各种旱涝灾害频繁发生。近年来,关于东亚与中国降水的年代际研究再次成为人们关注的焦点问题,综合过去的研究(黄荣辉等,1999;Gong et al.,2002;陆日宇,2003;Ding et al.,2003)表明,过去50年中国夏季降水表现出明显的年代际变率,其主要特征为:(1)20世纪70年代末到21世纪初长江流域的洪涝和华北的长期干旱同时并存;(2)70年代中后期降水经历了明显的突变,这种变化与其他要素的变化是一致的。另有研究表明,亚洲季风从70年代末开始出现明显减弱(Wang,2001)。现在的问题是:中国东部夏季降水的年代际变化是否与亚洲季风的减弱密切相关?而青藏高原在亚洲季风的活动中究竟起了什么样的作用?中国东部夏季降水分布的这一异常变化周期从50年代初开始,是否即将结束?多雨带是否再回到北方?另外,全球气候变暖的影响在什么时期能更强地表现出来?因此,深入了解全球和区域水循环过程对气候变化的响应就显得尤为重要。为此,首先分析了东亚夏季可降水量及水汽输送和收支的特征,在此基础上重点对东亚夏季降水的年际和年代际特征进行分析研究,以期加深对东亚降水的变化规律及演变机制的进一步认识。

3.1　东亚夏季降水的气候学特征

东亚夏季降水的分布形式、降水带移动以及旱涝灾害在很大程度上受夏季风控制。夏季,澳大利亚季风区和低纬南印度洋为东偏南风水汽输送,它经过赤道偏转为西南风水汽输送,将大量的水汽经阿拉伯海—孟加拉湾—南海进入我国东部大陆地区。西北太平洋地区的水汽输送是一明显的独立系统,西太平洋副热带高压西北侧的西南风输送对我国中东部地区的降水也有重要作用。辐散水汽通量在全球水汽输送过程中是一个小量,但是它对水汽输送的源和汇具有重要的指示作用。夏季,辐合中心北抬,位于菲律宾以东的洋面上,其中心值达到了 300×10^6 kg/s。因而,阿拉伯海、印度洋和西北太平洋等热带海洋对维持东亚季风区的高水汽汇起十分重要的作用。对比图 3.1 可以看到,水汽通量的辐合区与降水的分布基本一致,降水和水汽通量辐合的最大值主要位于孟加拉湾、印度半岛西岸、南海和热带太平洋。

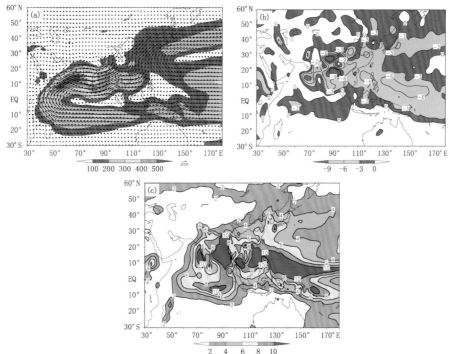

图 3.1　夏季整层垂直积分的水汽通量输送(a,单位:kg/(m·s))和整层积分的水汽通量辐合(b,单位:10^{-5}kg/(m²·s),正(负)表示辐合(辐散))以及降水的分布(c,单位:mm/d)(Ding et al.,2010)

区域水汽收支主要反映区域内水汽源汇情况,具体是通过流经各边界的水汽通量的总和决定。夏季受西南季风的影响,孟加拉湾和南海西、南边界一致地转变偏西风和偏南风水汽输送,赤道以北的区域净水汽通量几乎全部为正值,说明这些地区是水汽通量辐合区。这时,南印度洋水汽通量净支出最大,约达 890×10^6 kg/s,成为东亚及西北太平洋区的最大水汽源,是这些地区对流和降水系统发生发展的主要水汽供应者。虽然中纬度西风带的水汽输送对中国东部地区的水汽收支也有一定的贡献,但相对于来自孟加拉湾地区的偏西风水汽输送来说要小得多(图3.2)。从上面的分析也可以清楚地看出:夏季南印度洋是亚洲—印度洋—太平洋交汇区及邻近地区水汽来源的主要供应者。

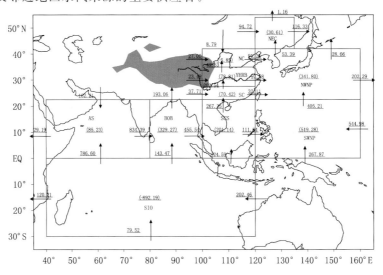

图 3.2　夏季亚洲太平洋地区水汽收支示意图(单位:10^6 kg/s)(Liu et al.,2009)

一般而言,东亚夏季风以阶段性的方式进行季节推进,其前沿和季风雨带相应地从低纬度移动到高纬度地区。从图 3.3 可以看到,最显著的特征是伴随着西南季风 5 月上旬在 $18° \sim 25°$N 之间的季风爆发,这些地区降水突然增加,这就是所谓的华南前汛期降水。6 月中旬,主雨带迅速移动到长江流域。雨带从 7 月中旬开始迅速移动到华北地区,8 月进一步移至夏季风的最北端——东北地区。

3.2　中国夏季降水的周期分析

中国降水具有显著的年际和年代际变化特征。在年际尺度上,主要有准两年、准四年和准七年周期,其中全国有 70% 的测站夏季降水含有准两年周期振荡信号,有 44% 的测站含有准四年周期振荡信号,这些振荡信号主要集中在江淮流域以及南部沿海地区,尤以江淮流域地区最为明显(图 3.4)(Si et al.,2012)。在年代

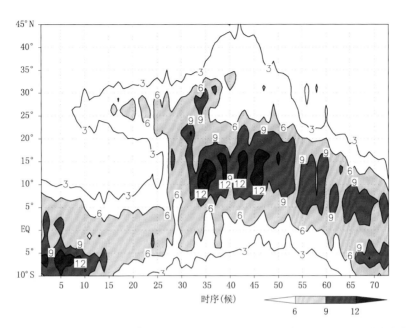

图 3.3　沿 110°～120°E 夏季降水的逐候的纬度-时间分布(单位:mm/d)(柳艳菊提供)

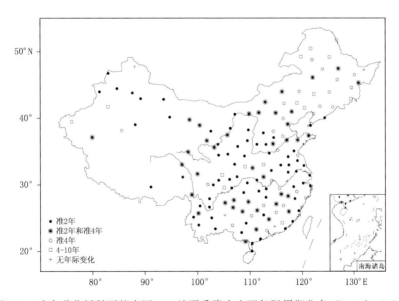

图 3.4　功率谱分析得到的中国 160 站夏季降水主要年际周期分布(Si et al.,2012)

际尺度上,主要集中在以下三个频带:10～20 年,30～40 年和准 80 年(表 3.1)。对中国东部夏季降水突变特征的检测分析表明:20 世纪 70 年代末的突变对于三个地区都是显著的。另外,除 70 年代末的突变外,华北地区在 60 年代中期、华南地区在 90 年代初还各出现了一次突变。对华南地区,夏季降水在 70 年代末由偏多突变为偏少,而在 90 年代初由偏少突变为偏多。对华北地区,两次突变都是使降水减少,第一次突变由降水偏多变为降水偏少,第二次突变由降水偏少突变为更少。正是降水的这种变化导了华北地区持续干旱的发生。长江中下游地区夏季降水只出现了一次突变,就是 70 年代中后期由偏少突变为偏多(表 3.2)。

表 3.1　中国东部三个区域夏季降水序列的主要周期(单位:a)

地区	A	B
华南地区	4,14,30,80＊＊	2＊,7,30＊＊
长江中下游地区	2,7,20,40	2＊,7,14,40＊＊
华北地区	3,9,18,40,80＊＊	3＊,9,18

注:1. ＊表示通过 0.05 显著性检验,＊＊表示因时间序列长度有限而信度不明的周期。

　　2. A 栏根据夏季降水长时间序列(120 年以上)而得,B 栏根据近 54 年(1951—2004)时间序列而得(王遵娅,2007)

表 3.2　各区夏季降水距平的突变点检测

方法	华南地区	长江中下游地区	华北地区
滑动 t 检验	1980 年,1992 年	1978 年	1965 年,1979 年
Yamamoto 方法	1980 年,1992 年	1979 年	1964 年,1980 年
Mann-Kendall 方法	1993 年	1982 年	1975 年

注:以上均都通过 0.05 显著性检验(王遵娅,2007)。

3.3　中国夏季降水的年际变化

3.3.1　中国夏季降水的准两年振荡(TBO)

准两年振荡是中国夏季降水的重要特征,对中国夏季降水的年际变化有很大影响,其主要特征表现为当年夏季(JJA0)江淮流域地区降水明显偏少,而华南和河套地区降水偏多。到了当年秋季(SON0),雨型表现为长江以南和华北部分地区降水偏多而其他地区降水偏少的形势。当年冬季(DJF0)我国东部大部分地区降水偏多而东北地区降水偏少。到了次年春季(MAM1)我国降水整体偏多,仅有的降水偏少的地区位于我国华南。次年夏季(JJA1)降水形势与当年夏季几乎完全相反,表现为我国东部江淮流域地区降水偏多,而华南和河套地区降水偏少的形势(图 3.5)。这样正好完成了中国降水 TBO 循环的前半个周期,而另外后半个周期与前半个周期相反。

图 3.6 为中国夏季降水 TBO 分量前两个主要模态的空间分布及其对应的时间系数。第一模态为我国东部大部分地区降水偏多(强雨带位于江淮流域),而华南部分地区和河套地区降水偏少的空间分布,解释方差为 18.2％。第二模态为长江以北降水和长江以南降水反位相变化的空间分布,解释方差为 11.6％。

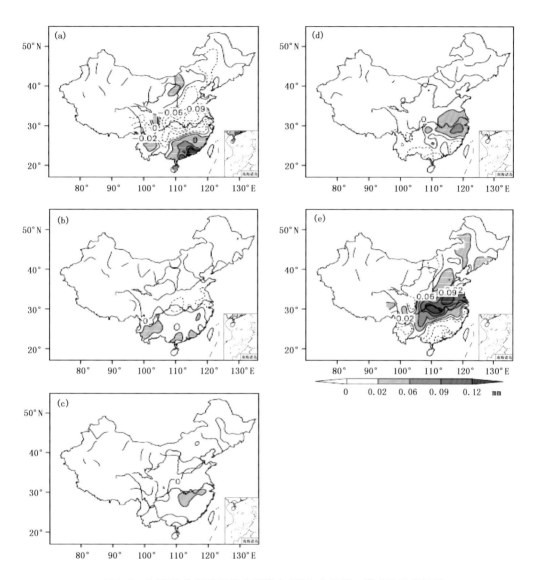

图 3.5　S-EOF 分析得到的中国降水 TBO 分量第一模态的季节循环

（当年夏季至次年夏季）(Si et al.,2012)

(a)JJA0；(b)SON0；(c)DJF0；(d)MAM1；(e)JJA1

　　从利用第一模态和第二模态时间系数回归的 850 hPa 水汽输送场(图 3.7)中可以看出，影响我国 TBO 降水第一模态的低纬度水汽路径主要有两个：一个是源自西太平洋经我国南海输送到我国内陆的水汽路径；另一个是源自西太平洋经孟加拉湾输送到我国的水汽路径。而影响我国 TBO 降水第二模态的低纬度水汽路径主要有一个，是从我国东海经我国南海输送到我国的反气旋式的水汽输送路径。

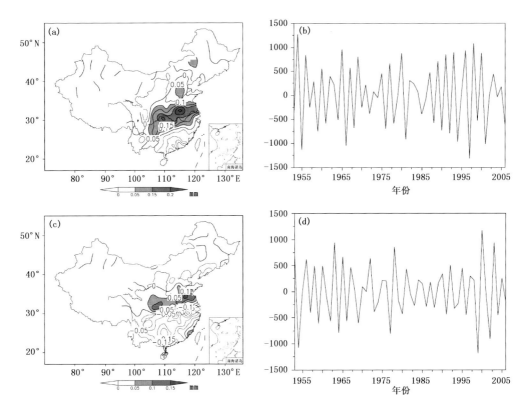

图 3.6   中国夏季降水 TBO 分量 EOF 分析得到第一和第二模态空间分布(a,c)及其
对应的时间系数(b,d)(Si et al.,2012)

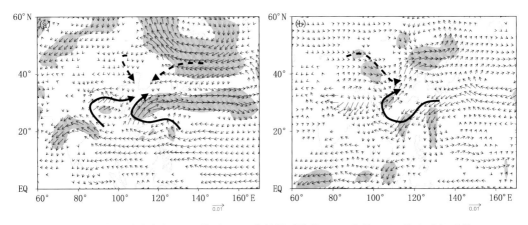

图 3.7   中国夏季降水 TBO 分量 EOF 分析得到的第一(a)和第二(b)模态时间系数
回归的 850 hPa 水汽输送场(单位:kg/(m·s))(阴影区表示通过 0.05 显著性检验)
(Si et al.,2012)

　　同时,影响我国 TBO 降水第一模态的中纬度水汽活动路径主要有两个:一个是源自东西伯利亚经我国河套地区向南输送的西北路径;另一个是源自鄂霍次克海经日本海入侵我国的东北路径。影响我国 TBO 降水第二模态的中纬度水汽活动路径主要有一个,就是从我国西北地区输送到我国的水汽路径。

　　就目前的研究看,中国夏季降水的准两年振荡可能机制为(图 3.8):海洋—季风系统的准两年振荡通过赤道西太平洋异常热状态产生了中国夏季降水的 TBO,而赤道西太平洋的异常热状态是通过激发异常波列影响低纬度和中高纬度环流特征。具体表述如下:当年夏季,西北太平洋夏季风偏强、对流活跃进而引起热源异常,激发东亚地区自南向北"—＋—"的遥相关波列,导致东亚夏季风偏弱,表现为中国东部江淮流域降水偏少而华南和河套地区降水偏多。同时偏强的西北太平洋夏季风激发北上的越赤道气流,异常南风致使东印度洋和海洋性大陆海温下降,导致此地区对流活动受到抑制而热带 Walker 环流圈偏弱。强度偏弱的 Walker 环流圈激发赤道太平洋西风异常,使得赤道中东太平洋海温升高而西太平洋海温下降,赤道太平洋出现 El Nino 型海温分布,这种海温分布反过来又减弱了 Walker 环流

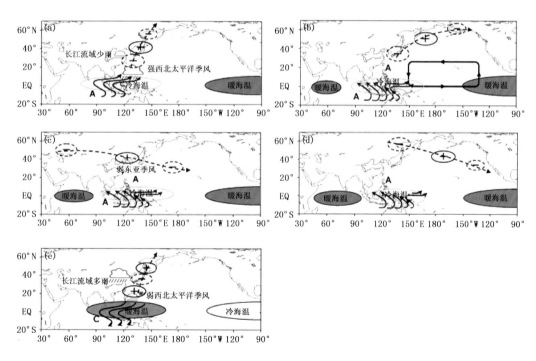

图 3.8　中国降水准两年周期循环机制示意图(Si et al.,2012)(深(浅)阴影区代表暖(冷)海温,矩形方框代表 Walker 环流圈,实线箭头代表越赤道气流,实(虚)线椭圆代表 500 hPa 高度正(负)异常,虚线箭头代表遥相关波列传播方向)

(a)JJA0;(b)SON0;(c)DJF0;(d)MAM1;(e)JJA1

圈的强度。以上热力海气反馈机制使得西太平洋冷海温的状态一直维持到次年的初夏,造成次年夏季西北太平洋夏季风偏弱而东亚夏季风偏强,东亚地区自南向北"＋－＋"的遥相关波列,我国东部降水转为江淮流域地区偏多而华南和河套地区偏少的形势。

3.3.2　中国夏季降水的准四年振荡(QFO)

除准两年周期外,准四年周期也是我国降水的一个主要年际周期,其主要出现在长江流域以及南部沿海地区,此外四川盆地、华北地区准四年周期振荡也比较明显。

图3.9为S-EOF分析得到的中国降水准四年分量第一模态(方差贡献率为26.3%)的前半个周期(当年夏季至第三年夏季)季节循环图。由图可见,当年夏季(JJA0)我国降水主要表现为长江以南地区降水偏多而长江以北地区降水偏少的形势,主雨带位于长江以南。到了当年冬季(DJF0),雨带略有北移,但雨带主体仍位于长江以南,而华南沿海部分地区降水开始减少。次年夏季(JJA1)雨带移到了长江流域,而雨量和当年夏季相比明显减少。到了次年冬季(DJF1)雨带继续北移至长江以北。第三年夏季(JJA2)降水形势与当年夏季几乎相反,表现为我国长江以北地区降水偏多而长江以南地区降水偏少的形势。这样正好完成了中国降水准四年周期循环的前半个周期,而另外后半个周期与前半个周期相反。

图3.10为S-EOF分析得到的中国降水准四年周期分量第一模态整周期(当年夏季至第五年夏季)沿108°~118°E纬向平均的时间—纬度剖面图。由图可见,从当年夏季(JJA0)至第三年夏季(JJA2),雨带正好从长江以南北移到了长江以北,完成了由当年夏季(JJA0)北少南多的偶极型降水分布向第三年夏季(JJA2)北多南少的偶极型降水分布的转换。而第四年夏季(JJA3)长江流域降水开始偏少,同时我国华南地区出现了一条雨带,到了第五年夏季(JJA4)这条雨带北移到了当年夏季(JJA0)雨带出现的位置,我国东部降水又出现了北少南多的偶极型降水分布型。

关于中国夏季降水准四年振荡的产生机制,目前的研究还比较少,初步认为热带太平洋El Nino和La Nina事件可以通过遥相关作用影响东亚地区大气环流和中高纬度Rossby波列对我国夏季降水准四年周期振荡的产生起重要作用。

3.3.3　长江中下游地区降水的年际变化分析

(1)长江中下游地区旱涝年的分析

中国夏季降水具有显著的年际变化,但这种年际振荡并非是全区一致的,而是表现出很强的区域性特征。长江中下游地区作为中国夏季降水最集中的区域之一,也是洪涝灾害最频发的地区,这里以长江中下游地区作为个例对中国东部夏季

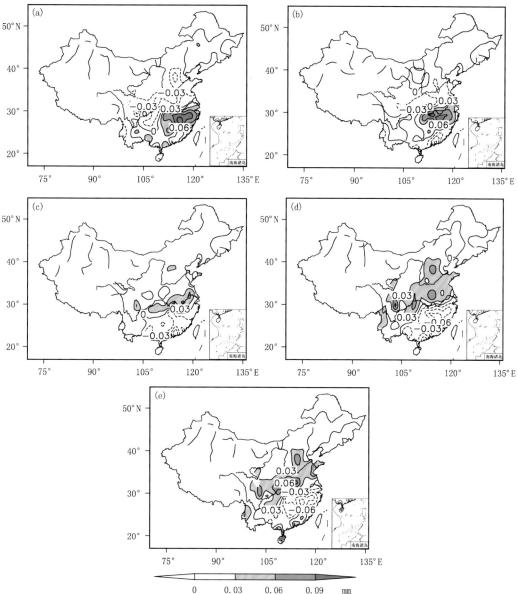

图 3.9 S-EOF 分析得到的中国降水准四年周期分量第一模态的季节循环的前
半个周期(单位:mm)(当年夏季 JJA0 至第三年夏季 JJA2)(司东,2010)
(a)JJA0;(b)DJF0;(c)JJA1;(d)DJF1;(e)JJA2

降水的年际特征进行研究。图 3.11 为近 50 年长江中下游地区夏季降水的标准化
时间序列,可以看到年际变化非常显著,呈准两年振荡的形势,即正异常年和负异
常年基本是相间出现的。以±0.7 个标准差作为涝年和旱年的分界,可以得到 7
个涝年:1954 年、1969 年、1980 年、1983 年、1996 年、1998 年、1999 年;7 个旱年:

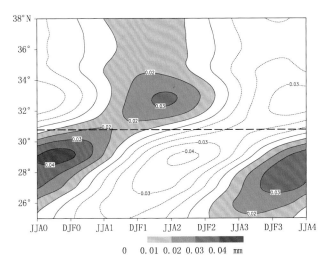

图 3.10　S-EOF 分析得到的中国降水准四年周期分量第一模态沿 108°～118°E 纬向平均的
时间—纬度剖面图(当年夏季 JJA0 至第五年夏季 JJA4)(司东,2010)

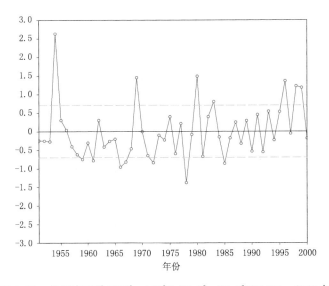

图 3.11　长江中下游(110°～120°E,27.5°～32.5°N)1951—2000 年
夏季(6—8 月)降水的标准化时间序列(Liu et al.,2009)

1959 年、1961 年、1966 年、1967 年、1972 年、1978 年、1985 年,然后对这些旱涝年
进行合成分析。图 3.12 给出了长江中下游地区涝年和旱年我国夏季降水距平及
整层积分的水汽通量输送距平及其差值的合成分布。涝年我国东部降水距平由北
向南主要呈现"—+—"相间分布,其中长江中下游及其以南地区为降水正异常显
著的区域(图 3.12a)。此时,在南海—西北太平洋上空存在反气旋性环流的水汽输
送差异(图 3.12d),而在华北—西北太平洋上空则是气旋性环流的水汽输送差异,

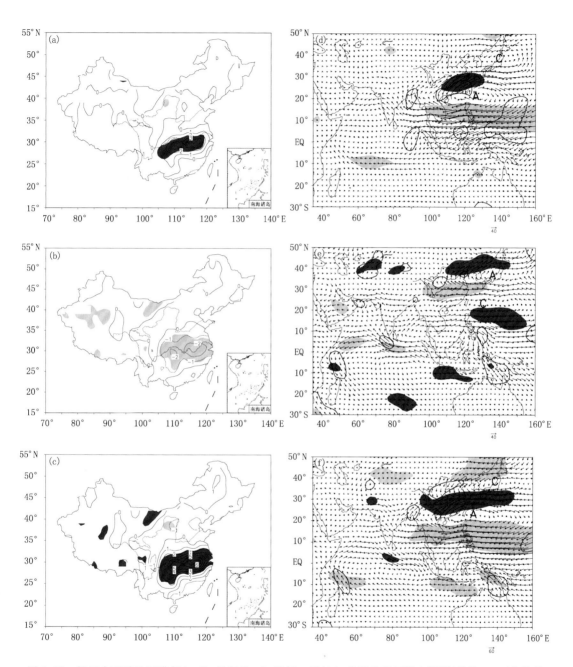

图 3.12 长江中下游地区涝年(a,d)、旱年(b,e)、涝年—旱年(c,f)夏季我国降水距平(单位:mm/d)及整层积分的水汽通量输送距平(单位:kg/(m·s))及其差值的合成分布(阴影区为通过降水和纬向水汽通量输送通过 0.05 显著性检验,左栏图上等值线表示降水距平,在右栏图上矢量表示水汽通量输送距平,等值线表示经向水汽通量输送显著的区域)(Liu et al.,2009)

来自西北太平洋经南海和孟加拉湾的异常显著的西南风水汽输送和来自高纬度地区的异常西北风水汽输送在长江中下游及其以南地区交汇,从而造成这些地区降水异常偏多。涝年这种反气旋—气旋性环流的异常水汽输送结构与最近的一些研究结论基本一致(朱玮等,2007;施小英等,2008)。从收支示意图(图 3.13a)可以更清楚地看出,涝年主要有偏北风、偏西风和偏南风三支异常水汽输入我国东部地区(东北除外),其中来自西北太平洋南部区域经南海—华南抵达江淮地区的异常偏南风水汽是来自高纬度地区的异常偏北风水汽的两倍。尽管输入我国东部地区的异常水汽也有一部分异常的偏西风水汽来自孟加拉湾,但其值是三支中最弱,而且究其源头也主要是来自西北太平洋南区,与阿拉伯海及南印度洋无关。旱年降水分布与涝年完全相反(图 3.12b),主要表现为"+-+"型结构,长江中下游及其以南地区为降水负异常显著的区域。在南海—西北太平洋上空具有气旋性环流的水汽输送差异,在该气旋性水汽输送的北侧是一反气旋性水汽输送差异,说明副热带高压位置偏北。因而在中印半岛的南部有着很强的向东的水汽输送偏差,最大中心轴沿 100°E,长江中下游及其以南地区处在显著的偏东北和偏东南异常的下沉辐散水汽控制下,水汽输入明显偏少,因而长江中下游及其以南地区为降水显著偏少区。对比水汽收支示意图(图 3.13b)可以看到,旱年进入我国东部的水汽异常主要是来自热带西北太平洋北区的异常偏东风水汽输送,经南海北边界进入到华南地区的偏南风异常水汽输送也比较弱,仅为涝年 1/7 左右,而且也主要是维持华南的降水。另外,江淮地区还不断地向华北地区输送异常的偏南风水汽,正是这两方面的原因造成了江淮地区为明显的水汽收支负偏差区。从涝年和旱年的差值图上(图 3.12f),可以更清楚地说明,当西太平洋副热带高压异常偏南时,长江中下游及其以南地区显著辐合,对应着降水显著偏多。可见,无论是长江中下游涝年还是旱年,源自西北太平洋地区的异常水汽输送是我国东部异常降水分布的主要水汽源,这与西太平洋副热带高压位置的南北变化密切相关。当西太平洋地区副热带

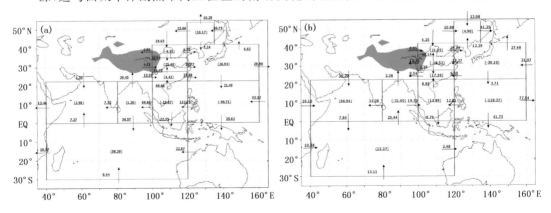

图 3.13　长江中下游地区涝年(a)和旱年(b)夏季水汽收支示意图(单位:10⁶ kg/s)(Liu et al.,2009)

高压偏北时,来自中纬度西北太平洋地区的异常偏东风水汽输送是华北地区降水异常偏多的主要供应源;反之,当西太平洋地区副热带高压偏南时,来自西太平洋地区西侧转向的西南风异常水汽输送则是江淮地区降水异常的主要水汽源。上述研究也再次说明,西太平洋副热带高压对我国东部夏季降水的分布有着决定性的影响(吴国雄等,2002;施小英等,2008)。

(2)ENSO 对长江中下游地区降水的影响

El Nino 作为最强的年际气候信号之一,对我国的气候有显著影响(刘永强等,1995;姚辉等,1995)。综合以往的研究成果(龚道溢等,1999;翟盘茂等,2003;Wang et al.,2003),确定近 50 年来 12 次 El Nino 发生时间为 1951 年、1957 年、1963 年、1965 年、1969 年、1972 年、1976 年、1982 年、1987 年、1991 年、1994 年和1997 年,并将 El Nino 结束的第二年作为 El Nino 次年。然后,根据这 12 次 El Nino 事件分别进行 El Nino 当年和次年的合成分析。El Nino 当年我国大陆降水北方以偏少为主,江淮流域及东南沿海降水偏多,降水负异常显著的地区主要在华北的河套地区,这说明 El Nino 年我国华北地区的夏季降水具有显著的负异常特征(图 3.14),这与张人禾(1999)的结论基本一致。El Nino 次年,全国大部分地区的降水异常偏多,长江中下游至江淮地区降水异常偏少,其中河套地区降水正异常及江淮地区降水负异常均通过 0.05 显著性检验(图 3.14b)。从图 3.14d 可以看出 El Nino 当年,从华南地区到长江流域盛行显著的偏南风异常水汽输送,而华北地区为偏北风异常水汽输送,这与江淮地区涝年的异常水汽输送十分相似,即来自西北太平洋经南海的偏南风水汽输送和来自高纬度地区的偏北风异常水汽输送在江淮地区交汇,造成江淮地区水汽异常辐合,降水异常偏多。不同的是 El Nino 当年水汽辐合强度明显偏弱,西太平洋地区异常的反气旋性水汽输送的位置明显偏北偏东,因而造成降水的位置偏北,降水异常偏多区主要位于长江与淮河之间。从水汽收支图上(图 3.15a)也可以清楚看到进入我国东部区域的异常水汽输送方向与长江中下游地区涝年是一致的,但经南海北部的异常偏南风水汽输送明显偏弱,可见 El Nino 当年影响我国的异常水汽输送源主要与西北太平洋地区密切相关。El Nino 次年,最明显的特征就是菲律宾海附近存在较明显的反气旋性水汽偏差(Wang et al.,2000)。西太平洋副热带高压南侧的异常偏东风水汽主要分两支,一支经南海—中南半岛—孟加拉湾向西输送,另一支经南海地区偏转为西南风向我国输送,偏南风水汽输送一直从华南伸展到华北地区,但是异常的水汽输送并不显著(图 3.14e)。对比图 3.14b,不难看出经南海北边界进入我国东部地区的异常偏南风水汽输送是 El Nino 次年影响我国降水的主要供应源,而南海地区异常偏多的净水汽通量主要来自西北太平洋南区的异常偏东风水汽输送有关。可见,不论 El Nino 事件当年还是次年,影响我国东部降水异常的异常水汽输送源主要还是源自西北太平洋地区,只是位置和强度不同而已。

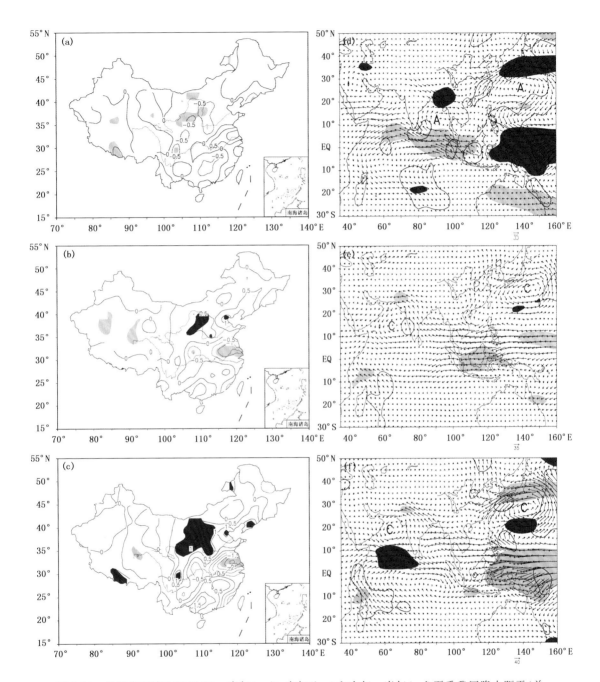

图 3.14   长江中下游地区 El Nino 当年(a,d)、次年(b,e)和次年－当年(c,f)夏季我国降水距平(单位:mm/d)及整层积分的水汽通量输送距平(单位:kg/(m·s))及其差值的合成分布(阴影区为降水和纬向水汽通量输送通过 0.05 显著性检验,左栏图上等值线表示降水距平,在右栏图上矢量表示水汽通量输送距平,等值线表示经向水汽通量输送显著的区域)(Liu et al.,2009)

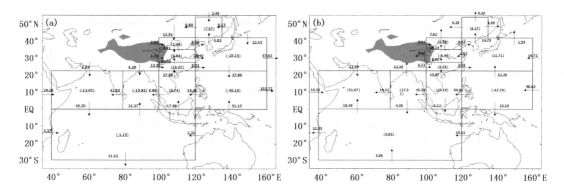

图 3.15　长江中下游地区 El Nino 当年(a)及次年(b)夏季水汽收支示意图(单位:10⁶ kg/s)(Liu et al.,2009)

（3）西北太平洋热带气旋对长江中下游地区降水的影响

西北太平洋是全球范围内热带气旋活动最频繁的海域,也是热带气旋生成的主要源地之一(陈联寿等,1979)。从能量与水分平衡的观点看,热带气旋一旦生成,必将造成其生成区周围大范围地区水汽和能量的重新分配(丁一汇等,1985;1986;何诗秀等,1992;Kang et al,1992),从而对气旋生成区域以外的一些敏感地区的水汽输送和收支产生重要的影响,进而影响这些地区降水的发生与否或多寡。何诗秀等(1992)很早就注意到梅雨期江淮梅雨与盛夏西北太平洋及南海地区的台风频数为反相关关系。Kang 等(1992)研究表明,85%的热带气旋对梅雨有显著影响,35%的热带气旋会导致梅雨的结束。此外,我国学者也注意到活跃的热带气旋往往会吸收从孟加拉湾输送来的水汽,从而截断季风对梅雨锋区的水汽输送和能量转换,使梅雨减弱甚至中断和结束;而在梅雨活跃期,中国近海甚至西太平洋很少有热带气旋活动(雷小途等,2001)。数值研究进一步表明,台风的扰动在对流层低层激发出的水平流场,减弱了西南季风,因而减弱了其向江淮地区的水汽输送,造成江淮地区水汽通量辐合减弱(徐海明等,1994;梁玉清等,2000)。陈永林等(2006)对 1996 年和 1999 年上海地区强梅雨的研究表明,在强梅雨年的梅雨期内 140°E 以西的西北太平洋上无热带气旋活动。

热带气旋的形成和发展与大尺度环流密切相关(Ding et al.,1981;丁一汇等,1984)。图 3.16 和图 3.17 分别为西北太平洋热带气旋生成频数偏少年和偏多年江淮梅雨期我国降水距平和 850 hPa 流场异常的合成分布及其差值场分布。可以看出,热带气旋生成频数偏少年(图 3.17a),季风槽明显偏弱,只在印度半岛地区出现。南海及西北太平洋南区存在一强大的闭合反气旋性异常环流,该异常反气旋的中心分别位于 20°N,130°E 和 25°N,165°E,这表明热带气旋生成频数偏少年,西太平洋热带季风低压环流明显偏弱。在该反气旋以北的亚洲大陆东部及其以东地区则为异常的气旋性环流。在这种配置下,南海及西北太平洋南区主要以下沉辐

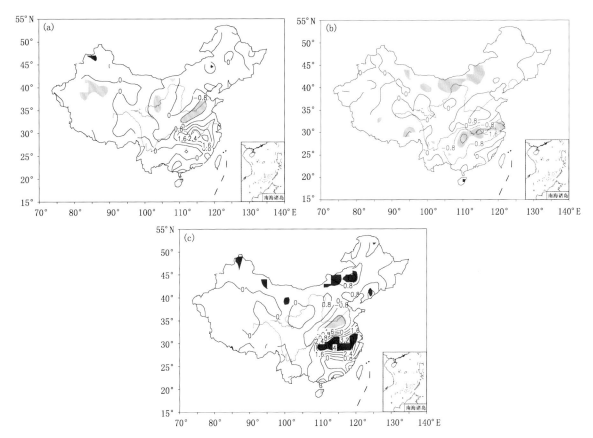

图 3.16　西北太平洋热带气旋生成频数偏少年和偏多年江淮梅雨期(6—7 月)我国降水距平及其
偏差场分布(单位:mm/d)(阴影区为通过 0.05 显著性检验的区域)(Liu et al.,2011)

(a)偏少年;(b)偏多年;(c)偏少年—偏多年差值场

散气流为主,不利于热带气旋的生成和发展。而江淮流域,由于西太平洋异常反气
旋西侧强偏南风使冷暖空气在江淮地区交汇,从而有利于降水的发生(图 3.16a)。
相反,热带气旋生成频数偏多年(图 3.17b),热带季风槽异常强大,槽线向东一直
延伸到日界线附近,南海及西北太平洋南区为异常的气旋性环流所控制,非常有助
于热带气旋的生成和发展,而江淮流域则处在高低气压之间的疏散气流控制下,降
水异常偏少(图 3.16b)。对比其差值图,不难看出,当南海及西北太平洋南区为显
著的异常反气旋性环流控制,亚洲大陆东部及其以东地区为显著的气旋性环流时,
西北太平洋地区热带气旋生成频数异常偏少,江淮流域降水异常偏多(图 3.16c)。
这个结果表明,西北太平洋热带气旋生成频数的多寡直接与热带季风环流强弱密
切相关,同时影响着江淮地区季风气流分布和强度以及降水的多寡(王慧等,2006;
刘芸芸,2009)。

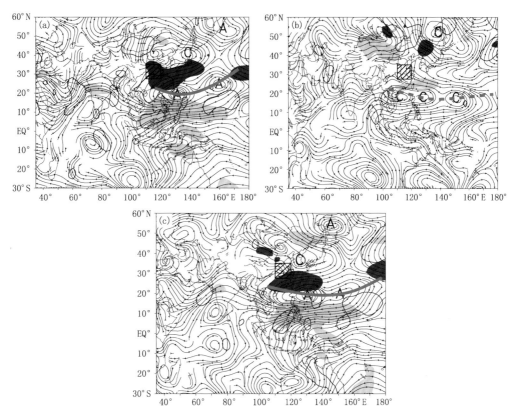

图 3.17　西北太平洋热带气旋生成频数偏少年和偏多年江淮梅雨期(6—7月)850 hPa流场异常的合成分布及其偏差场分布(阴影区为通过 0.05 显著性检验的区域,粗实线为异常反气旋脊线,粗虚线为异常 ITCZ,方框区为梅雨区)(Liu et al.,2011)

(a)偏少年;(b)偏多年;(c)偏少年—偏多年差值场

　　图 3.18 为西北太平洋热带气旋生成频数偏少年和偏多年江淮梅雨期水汽输送距平以及其差值的合成分布。从图 3.18a 可以看出,在西北太平洋热带气旋生成频数偏少年与 850 hPa流场相似,在西北太平洋地区存在一显著的反气旋性偏差,反气旋性偏差的中心位于菲律宾附近。受其影响,从菲律宾经中印半岛—孟加拉湾到印度半岛地区主要盛行异常强的东南风水汽输送。而来自该反气旋西北侧转向的异常西南风水汽输送与来自中高纬度的异常西北风水汽输送在长江中下游地区显著辐合,对应着该地区梅雨期降水异常偏多(图 3.16a)。西北太平洋热带气旋生成频数偏多年,江淮流域降水显著偏少,对应着该地异常的偏东风和东南风水汽辐散场。而西北太平洋地区则为异常强的气旋性偏差,水汽辐合异常增强。对比异常年水汽异常的输送方向,可以发现当热带气旋生成频数偏多时,由于热带气旋扰动在对流层激发出的异常的水平辐合型流场,从而减弱了西南季风向江淮流域的水汽输送,使江淮流域的水汽通量辐合明显减弱。对比热带气旋生成频数偏

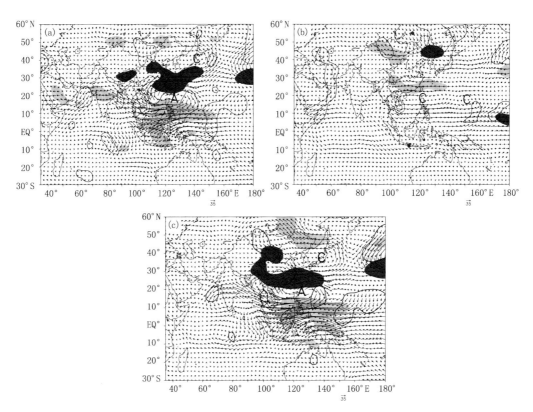

图 3.18　西北太平洋热带气旋生成频数偏少年和偏多年江淮梅雨期(6—7月)整层积分的水汽
通量输送距平(单位:kg/(m·s))及其差值的合成分布(阴影区为降水和纬向水汽
通量输送通过0.05显著性检验的区域,图上矢量表示水汽通量输送距平,
等值线表示经向水汽通量输送显著的区域)(Liu et al.,2009)
(a)偏少年;(b)偏多年;(c)偏少年—偏多年差值场

少年和偏多年水汽输送异常差值场,可以更清楚看出,当江淮流域降水显著偏多
时,西北太平洋地区存在一明显异常的反气旋性水汽输送场,其中心位于 20°N,
130°E(图 3.18c)。

　　从水汽收支异常(图 3.19)可以更清楚地看出,西北太平洋热带气旋生成频数
偏少年,西北太平洋南区是明显的水汽辐散区,而江淮流域则是明显的水汽辐合
区。主要是由偏南风异常水汽输入至我国东部地区(东北地区除外),它来自西北
太平洋南部区域经南海—华南抵达长江中下游地区,这支异常偏南风水汽是来自
高纬地区的异常偏北风水汽输送的六倍左右。尽管也有一部分异常的偏西风水汽
输入到长江中下游地区,但其强度是三支水汽输送中最弱的。西北太平洋热带气
旋生成频数偏多年,西太平洋南区则是明显的水汽辐合区,而江淮流域则变成明显
的水汽辐散区。从水汽的输送方向看,来自南印度洋的异常的热带季风水汽经孟

加拉湾和南海一直向东输送到西北太平洋南区,从而补充那里异常偏多的热带气旋生成和发展所需的水汽,正好与热带气旋频数偏少年输送方向相反。另外,还可以看到,梅雨区的偏南风水汽输送明显减少,约为热带气旋频数偏少年的 1/8。

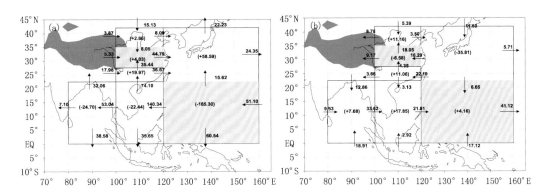

图 3.19　西北太平洋热带气旋生成频数偏少年(a)和偏多年(b)江淮梅雨期水汽收支异常示意图(单位:10^6 kg/s,中心区域正值表示大气得到水汽,负值表示大气失去水汽,图中深阴影区表示青藏高原地区,浅阴影区域为江淮流域梅雨区和西北太平洋热带气旋主要生成区)(Liu et al.,2009)

3.4　中国夏季降水的年代际变化

3.4.1　中国东部夏季降水的年代际变化

　　根据前面对中国东部夏季降水序列突变点和异常特征的分析,可以大致将近 50 年分为以下三段降雨异常态比较稳定的时段:1951—1978 年、1979—1992 年和 1993—2004 年。图 3.20 显示了中国夏季降水异常在各时段的时空分布。可以看到, 1951—1978 年主要为华北和华南多雨而长江中下游少雨的"+—+"分布型。在这段时期,中国西部降水总体偏少。1979—1992 年多雨带主要维持于黄河和长江流域之间,大值中心位于甘肃和陕西一带。华北和华南都为负值带,华南降水偏少显著, 华北的负距平值较小。另外,东北北部在该时段也为降水正距平。1993—2004 年中国东部夏季降水的异常型为大致以长江为界的"南涝北旱"型,华中、华北到东北降水普遍偏少,长江及其以南地区的降水偏多非常显著。同时,中国西部的大范围地区降水偏多。对比三阶段的异常形态可以发现,多雨带经历了从北向南移动的过程,从华北和东北地区多雨到华中地区多雨再到长江以南地区多雨。

　　此外,最近的研究表明 20 世纪 90 年代末中国梅雨雨带发生了年代际尺度上的北移,1999 年以前梅雨雨带主要位于长江及其以南地区,1999 年以后雨带明显北移到了长江以北的淮河流域(图 3.21)。

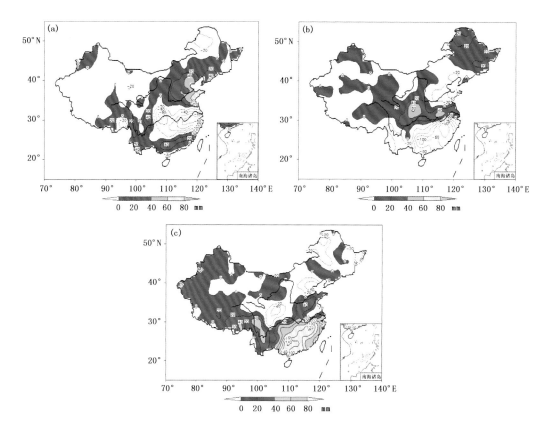

图 3.20　1951—1978 年(a)、1979—1992 年(b)和 1993—2004 年(c)夏季降水距平
(阴影区表示正值,图中粗实线分别为黄河和长江)(Ding et al.,2008)

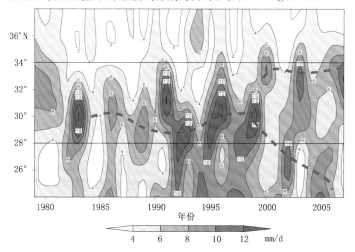

图 3.21　1990—2007 年梅雨期 110°~122°E 纬向平均的观测降水量
时间-纬度剖面(Si et al.,2009)

3.4.2　中国东部夏季降水年代际变化的原因

（1）中国东部夏季降水"南涝北旱"格局的原因

最近的研究表明：造成近 50 年我国夏季降水分布格局（南涝北旱）的变化主要与亚洲和东亚的夏季风减弱密切相关（图 3.22）。首先，太平洋海表温度的变化是一个主要原因，即热带中东太平洋海温自 1978 年末以来，明显增温使厄尔尼诺事件更频繁发生。其中 1978 年与 1992 年有两次强烈增温事件，这恰好对应于我国雨带的两次南移（图 3.23）。其次，1978 年前后青藏高原冬春积雪明显增加使高原的加热（热源）减弱（图 3.24，图 3.25）。这两个因素都减小了夏季海陆温差，从而减弱了亚洲夏季风的驱动力，使得东亚季风明显减弱。由上可看出：近 50 年我国

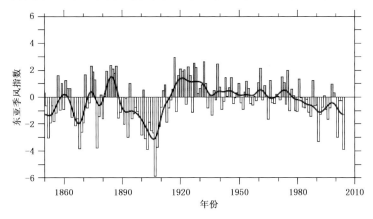

图 3.22　1870—2003 年东亚季风指数长期变化（IPCC，2007）

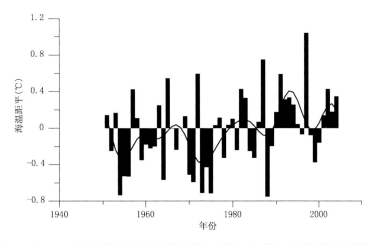

图 3.23　1951—2004 年热带中东太平洋（10°S～10°N，160°E～100°W）海表温度异常的
时间序列（实线表示线性趋势）（Ding et al.，2009）

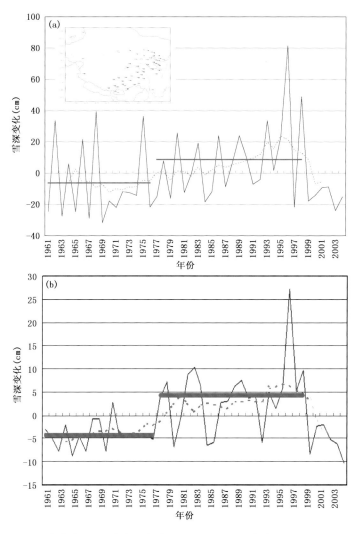

图 3.24   青藏高原 50 个台站冬春季雪深时间变化曲线(Ding et al. ,2009)

(a)冬季;(b)春季

东部降水格局的明显变化,直接原因是海洋与陆面过程或青藏高原积雪的变化,这并不反映全球气候变暖的直接作用,因而在我国降水由南旱北涝转为南涝北旱的大格局变化中,自然的气候脉动可能起主导作用(Ding et al. ,2009)。另有分析表明,60~80 a 周期循环是一个主要的自然因素。现在的问题是:这个循环从 20 世纪 50 年代初开始是否即将结束,到 2010—2020 年或以后多雨带是否再回到北方。关于这个问题需要进一步加强研究和预测,另外,全球气候变暖的影响在什么时期能更强地表现出来,如果两者在 2010—2020 年同位相叠加,则可大大增加未来降水预测的信度。

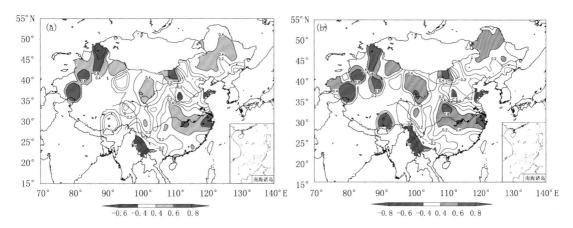

图 3.25　青藏高原冬春雪深与中国夏季降水的相关分布(Ding et al.，2009)
(a)冬季；(b)春季

　　除了热带地区的海温以外，北太平洋海温的年代际变化对我国东部夏季降水的年代际变化也会产生重要影响：夏季太平洋年代际振荡(PDO)可能是影响降水第三模态(主要反映华北和长江中下游地区降水相反的变化，对华北降水的反映尤其明显)变化的重要因子(顾薇，2008)。当 PDO 处于暖位相时，东亚夏季风偏弱，副热带高压偏强，夏季长江中下游地区降水异常偏多；反之，PDO 处于冷位相时，东亚夏季风偏强，华北降水偏多，长江流域降水偏少(朱益民和杨修群，2003；朱益民，2004；顾薇，2008)。

　　另外，也有研究表明北大西洋海温与东亚夏季风降水之间在年代际尺度上也存在着密切的关系，主要表现在准 24 a 和准 10 a 两个时间尺度上。在准 24 a 的时间尺度上，夏季北大西洋格陵兰岛以南的海温异常与东亚夏季降水第一模态关系密切。当格陵兰岛以南海温为正异常时，夏季东亚高空急流和副热带高压都偏南偏强，长江中下游地区降水偏多而华南地区降水偏少；反之，当格陵兰岛以南海温为负异常时，长江中下游地区降水偏少而华南地区降水偏多。在准 10 a 尺度上，冬季北大西洋海温异常"三极子"分布型与梅雨雨量和雨季持续时间都有着密切的关系。当冬季北大西洋海温自格陵兰岛以南至副热带地区为"＋－＋"的海温异常分布型时，夏季东亚东部产生偏北风异常，梅雨雨季偏长，雨量偏大；反之，当海温异常为"－＋－"的分布时，夏季东亚东部产生偏南风异常，梅雨雨季则会偏短，雨量偏小(顾薇，2008)。

　　(2)中国梅雨雨带年代际尺度上北移的原因

　　研究表明：20 年世纪 90 年代末中国梅雨雨带年代际北移的重要原因是全球变暖背景下东亚副热带大气的扩张。在全球变暖影响下，江淮梅雨期东亚中纬度地区对流层明显增暖，平流层明显冷却，使得东亚副热带对流层高层等压面向上突起，对流层顶升高，从而导致东亚副热带大气的扩张(图 3.26)。伴随副热带地区大气扩张出现的是东亚副热带急流北移,Hadley 环流圈拓宽北伸和中纬度西风带北移,东亚副热带大气扩张使得梅雨雨带向北移动,导致长江以南地区降水减少,长江以北地区降水增多。

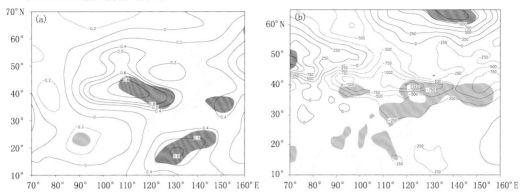

图 3.26   2000—2007 年平均与 1990—1999 年平均的梅雨期对流层顶(200～400 hPa 平均)
温度场(a,单位:K)和对流层顶气压场(b,单位:Pa)的差值(Si et al.,2009)

3.5   结论

中国夏季降水具有显著的年际变化,但这种年际振荡并非是全区一致的,而是表现出很强的区域性特征。对长江中下游地区年际变化分析表明:长江中下游地区年际变化非常显著,主要呈准两年振荡的形势,即正异常年和负异常年基本是相间出现的。此外,中国夏季降水的年际变化明显受到 El Nino 事件的影响:El Nino 当年中国大陆降水北方以偏少为主,江淮流域及东南沿海地区降水偏多,降水负异常显著的地区主要在华北的河套地区;El Nino 次年,全国大部分地区的降水异常偏多,长江中下游至江淮地区降水异常偏少。

中国东部夏季降水具有明显的年代际变化,主要表现为准 10 a 周期、30～40 a 周期和准 80 a 周期。近 50 年,中国东部的三个地区都在 20 世纪 70 年代末出现了突变,而华北地区还在 60 年代中期、华南地区在 90 年代初出现了突变。相应于这三次突变,中国东部夏季出现了雨季转型,多雨带从北向南移动,从 70 年代末以前的华北多雨而长江中下游地区少雨变为 70 年代末至 90 年代初的华中至淮河流域多雨而其他地区少雨,再到 90 年代初以后典型的"南涝北旱"。

近 50 a 中国东部降水格局的明显变化主要与东亚夏季风减弱密切相关。首先,太平洋海表温度的变化是一个主要原因,即热带中东太平洋海温自 1978 年末以来出现明显增温;其次,1978 年后青藏高原冬春积雪明显增加使高原的加热(热源)减弱,这两个因素都减小了夏季海陆温差,从而减弱了亚洲夏季风的驱动力,使得东亚季风明显减弱。海洋与陆面过程或高原积雪的变化,并不反映全球气候变暖的直接作用,因而在中国降水由南旱北涝转为南涝北旱的大格局变化中,自然的气候脉动可能起主导作用。

参考文献

陈联寿,丁一汇. 1979. 西太平洋台风概论[M]. 北京:科学出版社.

陈永林,曹晓岗. 2006. 热带气旋及相关天气系统对上海强梅雨的影响分析[J]. 热带气象学报, **22**(4):326-330.

丁一汇,莱特 E R. 1984. 影响西太平洋和北大西洋热带气旋发生频数相关的大尺度环流分析[J]. 海洋学报,**6**(4):542-552.

丁一汇,刘月贞. 1985. 台风中动能收支的研究 I:总动能和涡动能收支[J]. 中国科学 B 辑,**10**:956-996.

丁一汇,刘月贞. 1986. 7507 号台风中水汽收支的研究[J]. 海洋学报,**8**:291-301.

龚道溢,王绍武. 1999. 近百年 ENSO 对全球陆地及中国降水的影响[J]. 科学通报,**44**(3):315-320.

顾薇. 2008. 中国东部夏季降水的年代际变化及可能机制研究[D]. 博士学位论文:中国科学院大气物理研究所.

何诗秀,傅秀琴. 1992. 梅雨和台风年际变化及其关系的研究[J]. 气象,**18**(3):8-12.

黄荣辉,徐予红,周连童. 1999. 中国夏季降水的年代际变化及华北干旱化趋势[J]. 高原气象,**18**(4):465-476.

雷小途,陈联寿. 2001. 热带气旋的登陆及其与中纬度环流系统相互作用的研究[J]. 气象学报,**59**(5):602-615.

梁玉清,陈文玉. 2000. 梅雨与热带气旋活动的关系[J]. 海洋预报,**17**(4):76-80.

刘永强,丁一汇. 1995. El Nino 事件对中国季节降水和温度的影响[J]. 大气科学,**19**(2):200-208.

刘芸芸. 2009. 亚洲-太平洋夏季风的遥相关及对中国夏季降水的影响[D]. 中国气象科学研究院博士论文.

陆日宇. 2003. 华北汛期降水量年代际和年际变化之间的线性关系[J]. 科学通报,**48**(7):718-722.

施小英,徐祥德,王浩,等. 2008. 长江中下游地区旱涝年的水汽输送结构特征及其变化趋势[J]. 水利学报,**39**(5):596-603.

司东. 2010. 中国降水的年代和年际尺度变化及其模拟检验的研究[D]. 博士学位论文:南京信息工程大学.

王慧,丁一汇,何金海. 2006. 西北太平洋夏季风的变化对台风生成的影响[J]. 气象学报,**64**(3):345-356.

王遵娅. 2007. 中国夏季降水的气候变率及其可能机制研究[D]. 博士学位论文:中国气象科学研究院.

吴国雄,丑纪范,刘屹岷. 2002. 副热带高压形成和变异的动力学问题[M]. 北京:科学出版社.

徐海明,王谦谦,葛朝霞. 1994. 9106 号台风的热力作用对出梅雨影响的数值研究[J]. 热带气象学报,**10**(3):231-237.

姚辉,李栋梁. 1995. 厄尔尼诺事件与中国降水及历史旱涝[J]. 应用气象学报,**3**(2):228-234.

翟盘茂,李晓燕,任福民. 2003. 厄尔尼诺[M]. 北京:气象出版社.

张人禾. 1999. El Nino 盛期印度夏季风水汽输送在中国华北地区夏季降水异常中的作用[J].
高原气象,**18**(4):567-574.

朱玮,刘芸芸,何金海. 2007. 我国江淮地区平均场水汽输送与扰动场水汽输送的不同特征[J].
气象科学,**27**(2):155-161.

朱益民,杨修群. 2003. 太平洋年代际振荡与中国气候变率的联系[J]. 气象学报,**61**(6):
641-654.

朱益民. 2004. 太平洋年代际变率的时空结构及其与中国气候变率的联系[D]. 博士论文:南京
大学.

Dessler A E,Zhang Z,Yang P. 2008. Water-vapor climate feedback inferred from climate fluctua-
tions[J]. Geophys Res Lett,**35**,L20704,DOI:10. 1029/2008GL035333.

Ding Y H,Liu Y J,Sun Y,et al. 2010. Weakening of the Asian summer monsoon and its impact
on the precipitation pattern in China[J]. Water Resources Development,**26**(3):423-439.

Ding Y H,Sun Y,Wang Z Y. 2008. Inter-decadal variation of summer precipitation in East China
and its association with decreasing Asian summer monsoon. Part I:Observed evidences[J].
Int J Climatology,**28**:1139-1161.

Ding Y H,Reiter E R. 1981. Some conditions influencing the variability of typhoon formation o-
ver the West Pacific ocean[J]. Arch Met Geoph Biokl(A),**30**:327-342.

Ding Y H,Sun Y. 2003. Inter-decadal Variability of the Temperature and Precipitation Patterns
in the East-Asian Monsoon Region[J]. International Symposium on Climate Change.

Ding Y H,Sun Y,Wang Z Y,et al. 2009. Inter-decadal variation of the summer precipitation in
East China and its association with decreasing Asian summer monsoon. Part II:Possible cau-
ses[J]. Int J Climatology,**29**:1926-1944.

Gong D Y,Ho C H. 2002. Shift in the summer rainfall over the Yangtze River valley in the late
1970's[J]. Geophys Res Lett,**29**(10):10. 1029/2001GL014523.

Held I M,Soden B J. 2000. Water vapor feedback and global warming[J]. Ann Rev Energy En-
viron,**25**:441-475.

Held I M,Soden B J. 2006. Robust responses of the hydrological cycle to global warming[J]. J
Climate,**19**:5686-5699.

IPCC. 2007. Summary for Policymakers of Climate Change 2007:The Physical Science Basis.
Contribution of Working Group I to the Fourth Assessment Report of the Intergovernmental
Panel on Climate Change. Cambridge:Cambridge University Press.

Kang D,Li W H,Chen L S. 1992. Typhoon 9106's Effect on Meiyu's Ending in Jianghuai Val-
leys// International Symposium Torrential Rain and Flood,Huangshan,China:259-260.

Liu Y J,Ding Y H,Song Y F,et al. 2009. Climatological characteristics of the moisture budget
and their anomalies over the joining area of Asia and Indian-Pacific Ocean[J]. Adv Atmos
Sci,**126**(4):642-655.

Si D,Ding Y H. 2012. The tropospheric biennial oscillation in the East Asian monsoon region and its influence on the precipitation in China and large-scale atmospheric circulation in East Asia[J]. Int J Climatology,**32**:1697-1716.

Si D,Ding Y H,Liu Y J. 2009. Decadal northward shift of the Meiyu belt and the possible cause [J]. Chinese Sci Bull,**54**:4742-4748.

Wang B,Wu R,Fu X. 2000. Pacific-East Asian teleconnection:How does ENSO affect East Asia climate? [J]. J Clim,**13**:1517-1536.

Wang B,Clemens S,Liu P. 2003. Contrasting the Indian and East Asian monsoons:Implications on geologic timescales[J]. Marine Geology,**201**:5-21.

Wang H. 2001. The weakening of the Asian monsoon circulation after the end of 1970s[J]. Adv Atmos Sci,**18**(3):376-386.

第4章　中国主要地区的水循环变化特征

主　　笔：丁一汇　林朝晖　姜　彤

主要作者：李巧萍　李伟平

贡献作者：李　莹　孙赫敏　李修仓　苏布达

4.1　全球水循环变化

4.1.1　全球水循环的概念

全球水循环是指自然界的水以液态、固态和水汽形态在整个气候系统中的连续运行，以及在海洋、冰雪圈、陆面和大气中的储存状况。大气中的水主要以气态或水汽形式存在，但在云中也作为冰晶和液态水出现。海洋主要是液态水，但在极区，海洋部分为冰所覆盖。陆地的液态水主要存在于地表（湖泊、河流等）、土壤和地下水中，而陆地的固态水主要存在于冰盖、冰川和表层的冰雪以及冻土层中。水在气候系统中的运动过程表现为：水主要在洋面上蒸发变成水汽，以后由大气输送到陆地，其中大部分水汽作为降水降落到陆地上。首先可供应土壤中的水汽与河流中的径流，部分作为冰雪和冰川，其余部分变成地下水和地下径流。前者可储存起来，后者与地面径流（如河流）一起作为淡水又流向大海。同时，海洋上蒸发的水汽也会变成海洋降水又降落在海洋上，主要在海洋地区循环流动。另外，大气和海洋淡水的运动也能影响海洋的盐度，海洋盐度是海洋密度和环流的一种重要驱动力。大气水汽中包含的潜热在驱动从小尺度到全球尺度大气环流中是十分关键的。由上可见，全球水循环是一个涉及多圈层相互作用，并具有相变和复杂物理过程的研究领域。

在大气环流和天气学研究中，区域和全球水循环的计算方法如下所述：

$$\vec{Q}(\lambda,\varphi,t) = \int_{p_t}^{p_s} \vec{F}\,\mathrm{d}p = \int_{p_t}^{p_s} q\,\vec{v}\,\frac{\mathrm{d}p}{g} = Q_\lambda\,\vec{I} + Q_\varphi\,\vec{J} \tag{4.1}$$

式中

$$Q_\lambda = \int_{p_t}^{p_s} qu \frac{\mathrm{d}p}{g} = \hat{qu} \frac{p_s - p_t}{g}$$

$$Q_\varphi = \int_{p_t}^{p_s} qv \frac{\mathrm{d}p}{g} = \hat{qv} \frac{p_s - p_t}{g}$$

其中（∧）代表垂直平均算子：

$$(\wedge) = \int_{p_t}^{p_s} (\,)\mathrm{d}p / (p_s - p_t)$$

向量 $\vec{Q}$ 代表总的瞬时水汽输送向量，可看作"大气径流"。W，Q_λ 和 Q_φ 分别是单位面积大气气柱中水汽含量、水汽输送的纬向分量与经向分量。它们对时间（符号—）和纬向（符号[ ]）求平均，得

$$|\overline{W}| = \frac{1}{g} \int_{p_t}^{p_s} [\overline{q}] \mathrm{d}p$$

$$|\overline{Q_\lambda}| = \frac{1}{g} \int_{p_t}^{p_s} [\overline{qu}] \mathrm{d}p$$

$$|\overline{Q_\varphi}| = \frac{1}{g} \int_{p_t}^{p_s} [\overline{qv}] \mathrm{d}p$$

大气中水汽收支方程：

$$\frac{\partial q}{\partial t} + \nabla \cdot q\vec{v} + \frac{\partial qW}{\partial p} = s(q) \tag{4.2}$$

式中 $s(q)$ 是由相变造成的单位质量空气中水汽的产生或转化。这主要由蒸发（c）、凝结（e）和扩散过程引起。即 $s(q) = e - c$（忽略扩散作用）。对上面水汽收支方程垂直积分，再求时间平均可得：

$$\partial \overline{W}/\partial t + \nabla \cdot \vec{\overline{Q}} = \overline{E} - \overline{P} \tag{4.3}$$

　　这是大气中水汽收支方程，它表明降水和蒸发等于水汽储存的局地变率与水汽流入和流出之和，如将上式用于一有限区 A 则有：

$$<\frac{\partial \overline{W}}{\partial t}> + < \nabla \cdot \vec{\overline{Q}} > = < \overline{E} - \overline{P} > \tag{4.4}$$

$$或 <\frac{\partial \overline{W}}{\partial t}> + (1/A)\oint(\vec{\overline{Q}} \cdot \vec{n_\sigma})\mathrm{d}\sigma = < \overline{E} - \overline{P} >$$

式中 $< >$ 代表区域 A 平均，$\vec{n_\sigma}$ 是垂直于边界的法向向量（向外为正），σ 是垂直壁上的面元。上面两个方程实际是水圈循环大气部分的水汽或水文方程。另外，经典的水文方程为

$$-<\overline{E} - \overline{P}> = <\overline{R_{of}}> + <\partial \overline{s}/\partial t> \tag{4.5}$$

式中 $<\overline{R_{of}}>$ 是单位面积的平均径流，$<\partial \overline{s}/\partial t>$ 是地表和地下水总储存的变化率。由方程（4.4）和（4.5）消去 $<\overline{E} - \overline{P}>$ 项，得

$$<\overline{R_{of}}> + <\frac{\partial \overline{s}}{\partial t}> = -< \nabla \cdot \vec{\overline{Q}} > - <\frac{\partial \overline{W}}{\partial t}> \tag{4.6}$$

这个方程把水圈循环的大气分支和地面分支联系了起来。由上面的方程可计算地面水储存的平均变率$<\frac{\partial \bar{s}}{\partial t}>$和平均蒸发$<\bar{E}>$。

对全球和气候状态求平均,式(4.3)就变成:

$$< \overline{E} - \overline{P} > \approx 0$$

这个公式不但可用于全球水循环变化的研究(偏离上述平衡态),而且也可用于大范围地区水循环的异常变化研究。而对于区域的水循环收支必须考虑另外一项即水汽输送的影响,而水汽输送又决定于大气环流型的变化。所以,区域水循环的研究比全球水循环的研究要复杂得多。

4.1.2 气候变暖影响水循环的原理

前面已经指出,水循环由储存于地球上各种相态的水构成,并且通过地球气候系统不停地运转着。在全球气候变化影响下,由于气候变暖,最明显的是温度变化。温度上升,可导致蒸发增加,大气水汽增加,尤其是在占全球面积70%的海洋上。温度上升,同时导致大气持水能力增加,按克劳修斯—克拉珀龙(C—C)定律,温度每增加1℃,水分含量可增加7%。如果说相对湿度等于常数,实际大气的水汽也是这样增加的。

下面给出C—C关系或定律。

因为273 K时,$e_s = 6.11$ hPa,$L_v = 2.500 \times 10^6$ JKg,$M_w = 18.016$,$R^* = 8.3145$ J/(K·mol),故温度T(K)下,水面饱和水汽压

$$e_s(\text{hPa}) = \ln \frac{e_s(T)}{6.11} = \frac{L_v M_w}{1000R^*}\left(\frac{1}{273} - \frac{1}{T}\right) \approx 5.42 \times 10^3 \left(\frac{1}{273} - \frac{1}{T}\right) \quad (4.7)$$

以后由饱和水汽压公式$e_s(T)$可求出饱和比湿q_s,它随温度呈非线性对数曲线增加。

另一方面,由于温度增加使蒸发增加,大气中实际水汽量增加,因而T_d或q增加。将T_d代入(4.7)式,同样可求出大气的实际比湿q。

由(4.7)式得到q_s与q后,可得到相对湿度$RH = q/q_s$。由于q_s与q增加的比例近似相同,在气候增暖条件下,RH近于保持常数。

为了实际计算,许多研究多采用简化的C—C公式。饱和水汽压$e_s(T)$为

$$e_s(T) = 6.11\exp[a(T - 273.16)/(T - b)] \quad (4.8)$$

式中$a = 17.56$与$b = 35.86$为冰面饱和条件。

$a = 21.87$与$b = 7.66$代表水面饱和条件,T是温度,则有

$$q_s(T) = 0.622e_s(T)/(p - 0.378e_s(T)) \quad (4.9)$$

上式中p是气压,比湿表达式为

$$q(T_d) = 6.22e(T_d)/(p - 0.378e(T_d)) \quad (4.10)$$

式中 T_d 与 $e(T_d)$ 分别代表露点温度和实际水汽压。

同样可求相对湿度 $RH = q/q_s \times 100\%$

根据最近的计算(Song et al,2012),中国所有地区的 q_s 在近 20 年不到 7%/K,约在 4%/K~6%/K 之间,只有东北地区在 7.2%/K。就全国平均而言,约为 6%/K。对于近 50 年的全国平均值,只有 5.1%/K。这可能是最近 20 年气候明显干燥的加速,更显著地受气候变暖影响的结果。

气候变暖可以通过四个方面影响水循环:

(1)由于气候变暖后大气可容纳更多的水汽,q 与 q_s 都增加,所以 RH 基本上保持不变。但是如果 T 上升十分明显,此时如果 q 增大不多,则 RH 减小,降水的可能性减小,所以,气候变暖后也易出现干旱,这是因为把水汽封存在大气中的结果。如果由于气候变暖进入大气的水分增加,q 增大,则 RH 增大,更易出现降水,所以降水的强度会增加,但 q 只代表一个气柱的已存水汽,要形成暴雨必须有水汽不断地辐合。这要求大气环流向暴雨区有连续的水汽输送。

(2)大气环流也发生着变化,这导致水汽辐合和降水发生变化。大气环流的变化十分重要,它与水汽通量和水汽通量的散度有关。水汽通量的散度要出现辐合,才能造成连续的降水增加,而水汽通量是 q 与风矢量的乘积,并且风的分量起更重要的作用。所以,环流场的改变是另一个使降水强度和总量变化的重要因子。大气环流在气候变化下也存在异常变化。区域的环流不断在改变。如果出现更多异常的环流型,如由纬向型变成经向性(如北极涛动 AO 变负值),则气流的流动受阻,改变方向,并产生水汽辐合;而另一些地区产生更强的质量辐散和水汽辐散,前者可能会造成持续性大暴雨,后者可能会造成持续干旱甚至高温热浪。

(3)辐射强迫改变着加热,在地表直接影响蒸发和感热加热。后者可以向上输送热量和水汽,并造成层结的稳定度增加。气候变暖条件下,从短的时间尺度看,它可使地表蒸发和感热增加,其结果使以后的降水减少。因而,蒸发和感热的垂直输送对降水是负反馈作用。

上面三个原因共同引起了水循环的变化,尤其降水特征(降水量、频率、强度、时段长度)、极端值和极端事件的变化。这是由于降水主要发生在天气系统中,增加的水汽与环流的变化产生的水汽辐合量值更大,从而使降水更强,但如果降水总量变化不大,其降水期和频率会减少。

(4)气溶胶的存在可使整个降水量变化复杂化,增强和减弱降水的作用因条件而异。如气溶胶可以减少到达地表的太阳辐射,因而地面加热减少,这导致地面蒸发减少,降水也减少。大气中的某些含碳气溶胶可直接加热气溶胶层,以此降低水循环强度。这与由蒸发造成的潜热释放加热大气层使稳定度增加的效应是相同的。气溶胶影响是区域性的,目前对大范围陆地降水的净作用还不清楚。

4.1.3　近百年全球水循环的变化

如上两节指出,饱和水汽压是随着气温而增加。这意味着在暖气候下大气有更高的持水能力,因而可以预期大气中的水汽量随气候变化将增加。各种大气温度的实际观测(地面站、探空、全球定位系统(GPS)和卫星测量)也显示,在大范围地区地表和对流层水汽是增加的(图4.1a)。从20世纪70年代,对流层比湿很可能也增加。在过去40年,观测到的全球对流层水汽变化约为3.5%,这个变化量与同时期观测到的温度变化(约0.5℃)是一致的。在上一节已经指出,根据C—C公式,大气温度每增加1℃,大气中的水汽持水量将增加7%,即更暖的空气能够更为潮湿。相对湿度近于是常数,但从20世纪90年代开始,全球陆地地区和中国在近地面都呈现下降趋势(IPCC,2014)。

对全球水循环而言,降水与蒸发的观测是十分重要的,尤其是对长期平均的状况而言。但直接从全球尺度观测蒸发与降水是困难的,这是因为大部分大气与地表的淡水交换发生在占地球面积70%左右的海洋上,只有在陆地上才有长期的降水记录,在海洋上没有长期的蒸发观测。另一个困难是由于随着气候变暖,降水的变化比大气的水汽含量的变化更不易检测,并且降水与温度不完全相同,在趋势上具有更大的区域差异。如某些地区的降水显出显著的增加,而另外地区则显示显著减少,某些地区和时段有更多的极端降水事件,或更多的洪水(如北半球高纬度地区由更早的融雪造成),有些地区则显示长期的降水减少。因而很难构建比较合理均一的全球集成的降水时间序列和分布。在求取全球陆地平均的长期降水时间序列时,不得不多采用代用资料或内插方法,由于资料不足,所得到的结果表明自1900年以来检测不出什么变化。因而IPCC(2014)指出,人类活动对全球降水型的显著性影响程度自1951年后只具有中等的信度,而之前是低信度。

但是应该指出,降水检测和归因分析表明,主要在全球尺度和纬向带具有一定的显著性和信度,对于区域尺度及区域尺度以下的地区一般难以检测与归因。但在区域尺度上,某些地区的降水显示显著性的趋势变化。如北半球中高纬度地区,这个地区可能发生整体的降水增加,在1951年之前可达中等程度,而之后是高信度。但对其他纬度地区趋势为正或为负,甚至信度低。因而全球纬向平均的陆地降水和北极地区的降水,人类活动的影响是可检测的,而对全球尺度的降水变化,人类活动的显著影响只达到中等信度。

由于海表盐度与降水和蒸发密切相关,而海洋地区获得直接测量降水和蒸发的记录又有困难,所以可以用海表盐度的测量估算$E-P$的变化。海洋的盐度其作用可看成是海洋上敏感而有效的雨量计。这个量可天然地反映和平滑掉海洋由降水得到的水量与由蒸发损失的水量间的差别,而这种海水量的变化由于在区域上是分散的、在事件上是间断的而难以估算。海洋盐度也受到源自大陆的径流以

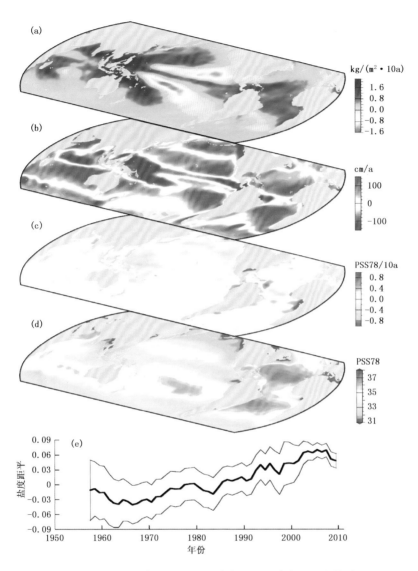

图 4.1　海表盐度与蒸发减降水（$E-P$）的分布型及可降水总量趋势关系（IPCC,2014）

(a)1988—2010 年卫星观测得到的可降水总量线性趋势（从地面对整个大气层对水汽积分）；(b)1979—2005 年由气象再分析资料得到的 $E-P$ 气候平均值分布；(c)1950—2000 年每 10 年海表盐度趋势分布；(d)气候平均的海表盐度分布；(e)高盐度区（大于全球平均的海表盐度）与低盐度区（小于全球平均海表盐度）平均的全球差值时间序列

及海冰或漂浮的冰川融化和冻结的影响。由陆地融冰加入的淡水可改变全球平均的盐度，但至今这种变化大小还观测不出来。过去 50 年的资料表明，海洋上的盐度发生的大范围变化指示出降水与径流之和减去蒸发 $[(P+R)-E]$ 的系统性变化。图 4.1 表明，观测的海表盐度显示出显著的趋势（图 4.1c），自 1950 年海表盐度趋势的空间分布非常类似平均盐度变化和 $E-P$ 的平均分布(图 4.1d)。蒸发为主的高盐度区(中纬度)变得更咸(图 4.1c),而降水为主的低盐度区(热带和极区)变得更淡。1950—2008 年高低盐度区的高低差别为 0.13。很可能海盆间淡水含量的差异变大,大西洋变得更咸,太平洋变得更淡。这个结论信度比过去(如 IPCC AR4)要高。这个结果也间接说明,$E-P$ 的分布型自 20 世纪 50 年代以后是增强的。这种由海洋盐度推出的 $E-P$ 变化也与更暖大气中水汽含量增加的观测事实一致,海表和次表层盐度的观测变化部分非常可能是由于人类的气候强迫造成(IPCC,2014)(图 4.1e)

在大多数研究地区的观测表明,降雪事件数随温度的增加而减少。在过去 90 年间,卫星和地面观测都表明北半球雪盖范围有显著减少,尤其是在 20 世纪 80 年代以后。在 1967—2012 年期间,6 月的雪盖减少最明显,这使平均范围很可能减少 53%(40%~66%)。1922—2012 年间,只有 3 月和 4 月的观测资料可用,分析结果表明,减少很可能为 7%(4.5%~9.5%)。因为春季融雪更早,故北半球雪季的时段从 1972/1973 冬季以来减少了 5.3 天,可能自 1970 年以来这些观测到的雪盖减少事件受到了人类产生的影响(IPCC,2014)

对于全球的径流,最近进行的最全面的江河分析表明,其结果并不支持在 IPCC AR4 得出的在 20 世纪径流增加的结论。全球 900 多条河流百年以上记录的分析表明,入海淡水量有三分之二呈下降趋势,只有三分之一是增加的,并未完全反映气候变暖的影响(部分反映人类活动本身对水资源利用的影响)。由于降水的季节特征发生了变化,即冬春降水增加以及冰川的融化使径流最大值出现的时间移到春季,因而夏季干旱的风险增大,水资源更为脆弱。冰川退却与融化以及积雪更早融化使最大流量由夏季移向春季,或由春季移向冬季,使夏秋出现更低的流量,或使已存在的低流量更低,明显增加了流域的水资源脆弱性。

根据上述比湿、陆地降水、海表盐度与相关的 $E-P$ 的观测分析,以及对水循环的物理学的知识,表明人类的作用可能已经影响了自 1960 年以来的全球水循环,这个结果是自 IPCC AR4 以来的重大进展(IPCC,2014)。

近 20~30 年观测显示全球暴雨频率和强度增加。大气水汽增加,凝结加热增加,降水系统更强,导致降水强度增加,天气系统收集水汽的面积更大(大于 10 倍以上本身面积),因而洪涝/暴雨加强。降水的类型和性质也发生了变化,小到中雨频率普遍减少,暴雨强度和频率增加,降水的时间分配更不均匀,这对生态系统有明显影响。

冬季的降雪事件有减少趋势,而以降雨或冻雨(称"冰风暴")形式的降水事件有增加趋势。由频率和强度增加的极端降水事件引起的降水强度增加,在许多地区可导致洪水风险增加,从全球看,1996—2005 年这 10 年严重内陆洪水灾害是 1950—1980 年 10 年平均的 2 倍,经济损失则达 5 倍。

近年来的研究表明,气候变化影响下 Hadley 环流存在变宽的趋势(Hu et al.,2007),其明显的气候效应是热带地区扩大,向中纬度扩展(约 2°纬度),从而导致与副热带相邻的中纬度地区降水减少。这个结果也说明全球变暖会出现干者更干、湿者更湿的现象。古气候暖期水循环的研究也揭示出类似 Hadley 环流向极地移动、副热带干旱区扩展的现象。

热带是全球水循环的发动机。热带大气的水汽含量比中纬度地区高得多,这是由于温度和饱和水汽压间是非线性关系的结果(C-C 关系)。在这种情况下,(高水汽含量),通过热带大气的水循环比通过中高纬地区的水循环快 1 倍。这主要是由于位于热带大气的 Hadley 环流圈的上升支和下沉支内有更高的降水和蒸发。在这个环流圈的热带上升支中发展的深对流通过向对流层上层输送水汽在控制大气能量与水汽收支中起重要作用。水汽输送到高层后,可大大增加温室效应。对于中高纬度地区,热带也是主要的水汽源(所谓热带水汽泵)。模式计算表明,在暖气候下,会有更多的水汽从热带向外输送出去。古气候研究表明,与冰室时期相比,温室时期与 Hadley 环流下沉支相关联的副热带半干旱区向极地膨胀,热带降水和热带蒸发率皆增加。因而,全球水循环发生了明显变化。

4.1.4　未来百年全球水循环的可能变化

水循环变化问题的复杂性一方面是人类引起的变化叠加于复杂的自然变化的气候模态之上,另一方面是由于它与能量循环和大气环流的变化又相互交织在一起,所以,预测其未来的变化是十分困难的,比温度具有更大的不确定性。

全球变暖条件下,水循环将加强,导致降水、地面蒸发和植物蒸散得到全面增加。预计 21 世纪末其变化将可能超过自然变率。在有些地区,更强的水循环将使水分在陆地上累积,而在另一些地区由于区域性变干和冰雪覆盖的丧失而使水量减少。

过去和现在都有人认为,随着将来的气候变暖,水循环将加速。但这可能会产生误解,很易被认为是在所有地点水循环过程会随时间愈来愈快。事实上,全球水循环的加快是全球性平均的状态,但时间和空间变化上并不均匀,其中只有一部分地区会经历水循环的加强,即有更多的水分输送,更快地进出储水库,而其他地区某些储水库可能消失。平均而言,全球水循环确实在加速。

根据气候变暖对水循环影响的一般原理,以下进一步讨论全球水循环的未来变化。首先根据 IPCC AR4 的预测讨论气候模式预测的将来水循环的变化,这可作为对全球水循环预测的起点。

(1)降水与 $E-P$ 变化

模式集合预测表明:全球平均降水稳定地随温度增加,全球变暖每升高 1℃,全球降水增加 1%~3%,大气中水汽含量增加 7.5%。水汽的增加主要是 C-C 关系的结果,主要由对流层下部升温造成(大部分水汽处于对流层下部)。将来降水的增加主要是大气能量平衡的结果,大气的辐射收支为潜热加热(降水造成)和感热加热所平衡。但如果有小的辐射通量变化,则可能造成大气环流和水循环的变化。

降水变化可分解为快速和缓慢响应两类。对于短时间尺度,温室气体强迫的变化可改变辐射收支,以引起全球降水快速的负响应。对于长时间尺度,更高的气温上升增加水汽含量,大气水汽含量又引起辐射收支的变化,随之可引起全球降水的缓慢正响应。对于 CO_2 强迫,降水相对变化(dp/p)与温度变化之比$((dp/p)/dT)$为 $2\%/K \sim 3\%/K$。吸收性气溶胶的增加会使降水迅速减少,但对全球平均温度影响比对温室气体小,因而对全球降水的缓慢变化影响也较小。

气候变暖一般会导致大气环流的变慢和 $E-P$ 的增加,许多干旱和半干旱地区将有更少的降水,而许多温润地区将有更多的降水,因而在一个变暖的世界里,平均降水将呈现增加、减少或根本无大变化地区共同存在。总体看,热带降水增加、副热带降水减少和高纬降水增加,呈现"＋　－　＋"的经向分布。在热带和副热带,上述变化主要由大气环流的变化造成(Hadley 环流的加强和副热带地区向极地扩张约 2°纬度)致使热带降水增加,而副热带降水减少。由于副热带主要是沙漠和干旱区,这意味着原本干燥的地区会变得更干,沙漠和干旱区可能扩大,因而出现前面所述的湿者更湿、干者更干的局面。中高纬地区的降水增加主要是温度增加造成,可使大气有更多的水分,因而可产生更多的降水。高纬地区降水的增加在冬季更明显

(2)地表蒸发和植物蒸散(蒸散发)的变化

因为更暖的大气能包含或容纳更多的水汽,所以在有广阔陆地和充足水源的地区蒸散发会变得更大。在热带,增加的蒸散发趋于减弱降水增加的效应,而在副热带地区土壤湿度本来很低,因而蒸散发变化甚小。在中高纬地区,降水的增加一般会超过蒸散发的增加(所谓蒸发悖论),因而径流增加。土壤湿度的变化则有增有减。

全球陆地蒸散发的直接观测十分稀少,时段也很短,其格点资料是据大气强迫和热力遥感计算得到,有时也包括直接观测资料(FLUXNET,全球通量塔网)。但蒸发皿记录有几十年长,它可提供大气干燥能力趋势的宝贵信息。但据蒸发皿环境得到的蒸散发和蒸发皿蒸发之间的联系并不清楚。后者表现为近于全球性减少,但这种减少趋势能够指示实际蒸散发增加(所谓蒸发悖论),也可以是减少,这取决于辐射变化、水汽耗损、该区风速的共同作用。

(3)降水特征的变化

降水变得更强,这是由于大气中有更多的水汽存在和降水事件频率减少的结果。雨日频率减少可造成两种相反的变化:更强的暴雨/洪涝和更长的无雨或少雨

期。后者会带来更多的干旱。

（4）大气湿度的变化

大气水汽的变化影响水循环的各个方面，但水汽量并不直接受控于人类活动的排放，它取决于自然发生的过程。对气候尺度和行星空间尺度，相对湿度（RH）近于保持不变，这意味着 C—C 方程对于比湿变化有强烈的约束力。在这个背景之上，如果相对湿度发生了变化（较短时间尺度和更小的空间尺度），则能影响云盖和大气对流的变化。其中在暖背景下温度变化的海陆差异是造成相对湿度变化的突出因子。起源于比较缓慢增暖的海洋的水汽其比湿值由洋面空气的饱和温度决定。当这种空气移入陆地并增暖时，其相对湿度下降，这是由于陆面空气的任何湿润化过程所提供的水汽量增加都不足以维持相对湿度不变。因而海陆不同的加热促使了大气环流和水汽输送的变化。这也可以解释降水向两个极端发展的趋势，即暴雨更强，弱降水更少或区域性干旱增加。

模式预测在 21 世纪副热带高压向极地扩张，这可以解释水汽在大气中的存留时间显著增加（大约 2 天），这是由于虽然水汽含量增加，但温度的增加使其相对湿度下降，从而使降水可能性减少，水汽无法凝结而存留在大气中。这进一步说明了将来"干者愈干"的趋势。

（5）高纬度或高山地区冻结水（雪、冰、冻土）将减少。

暖气候下，雪常在秋末累积，而在春天融化。春天更早来临使冰雪更早融化，这会改变（提早）河流中春季洪峰出现的时间。其结果使以后的流速减少，影响水资源管理。冻土的损失或融化使水分更快地深入到地下，也使地表更易增暖。以后又导致蒸散发的增加。另外，随着冰川的不断后退和融化，它们在夏天为河流输入的水量会逐渐减少甚至消失。它们也会使春季流量减少。

（6）水循环中的极端事件变化

降水事件的分布很可能会发生深刻变化，如预测表明，在短时间尺度个别风暴可能会更强，弱的风暴可能会更少。在长时间尺度，陆地蒸散发增加可导致更频繁和更强的农业干旱期。总降水和极端降水变化间的这一关系有两种解释：①当大部分可利用的大气水汽在单一的风暴中迅速以雨的形式降下时，就可以发生强的极端降水事件。这是因为空气具有的最大水汽量由 C—C 公式控制，随着气温升高，这种水汽量也增加。②极端降水事件由对流上升运动控制，它在暖气流下将以更复杂的方式变化。

（7）水循环的年代际变化与气候变暖

决定一个地区年代尺度或年代际变化的机理是困难的，这是因为它涉及一系列影响因子的共同作用，这包括：气候强迫，如温室气体和气溶胶的作用及水汽与温度趋势的关系（C—C 关系）；环流变化和大尺度动力学，如 NAO、AO 等；以及水汽、云和陆面过程的反馈作用，如潜热和感热释放影响大气稳定度。

因而必须使用区域模式到完全耦合的全球模式才能较好地研究影响区域水循环的机理。

前面已经指出,气候变暖下,全球水循环的各分量都呈现了不同程度的变化或响应,同时气候变化也检测到人类活动对这些变化的贡献和信度。因而,全球水循环的变化无论在分布趋势和量级上已经超出单纯由自然因素引起的变化。在未来100年,全球气候变暖将继续下去,因而可以预期,降水、地表蒸发和植物蒸腾将进一步增加。但是模式预估结果也表明,全球水循环对21世纪变暖的响应是不均匀的,干区和湿区之间、湿季和干季之间的降水差异将更显著。在后几十年,预测的全球水循环变化在大尺度型式上与20世纪的情况相似,只是变化的量值要小。并且近期和区域尺度的变化将强烈地受到自然的内部变率的影响,同时也可能受到气溶胶排放的影响。区域之间这种很大的差异表现为有些地区将有更多的降水,并且水在陆地积累,而在另一些地区,由于区域性的干燥化与冰雪面积缩小,水量减少。

水循环过程能够发生在几小时到几天的时间尺度、几千米到数百千米的空间尺度内,但它们引起的变率一般比温度大。因而在这些尺度上检测降水的气候变化比温度要难。虽然存在着这种困难和复杂性,但气候模式对水循环的预测仍表现出它们对气候强迫因子(如温室气体增加)具有共同变化特征。虽然模式结果之间差别比温度大,但仍可反映出其内在的响应机理。

在IPCC AR5中对全球水循环的预测,除了进一步肯定上述IPCC AR4的结果外,还进一步增加了新的认识与扩大了预测范围。总体上可总结如下:

(1)热带和极区的降水一般增加,到21世纪末,在最高排放情景下可能增加50%;反之,副热带地区降水减少30%或更多。在热带地区,降水的增加是由于大气中水汽的增加和大气环流的变化,后者可以把增加的水汽集中在热带地区,以此促进产生更多的降水。在副热带,环流的变化一方面使气候变暖,但同时促使降水减少,即增加副热带干区的干燥度,进一步促使干旱区扩展。另一方面,在中高纬度地区,增暖较大,降水也增加。同时暖气候也使温带的风暴系统输送的水汽到达高纬地区,使高纬的极区在冷季的降水增加。上述结果是符合干者愈干、湿者愈湿的基本原则的。

(2)关于蒸发以及 $P-E$ 的预测,在热带、副热带和中高纬地区是不同的。在热带,蒸散发的增加趋于抵消增加的降水对土壤湿度的增湿作用。热带陆地地区的 $E-P\approx0$,而在副热带陆地地区,原本已经很低的土壤湿度不会造成蒸散发的多大变化。在中高纬地区,增加的降水一般不超过蒸散发的增加量,因而有 $E-P<0$,这使径流增加,而土壤湿度的变化并不确定。另外,如图4.2中环流变化所示,高低纬度水汽区边界也可能会移动。

(3)水循环预测也表明,降水特征在将来也继续发生变化,即在一般情况下,降

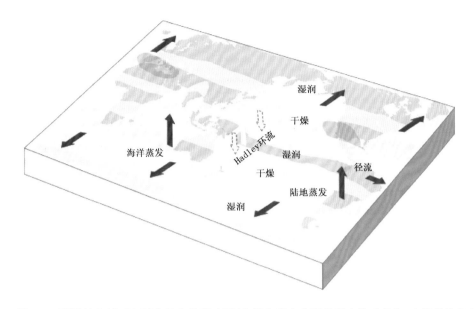

图 4.2　预测的水循环主要分量变化概略图(蓝箭头代表主要类型水移动变化:由温带风产生的向极地水汽输送,从地面的蒸发和从陆地向海洋的径流。阴影区代表可能变干或变湿的地区。黄色箭头是由 Hadley 环流引起的重要大气环流变化,其上升运动使热带降水增加,而副热带的下沉运动使该区降水减小。模式预测表明,Hadley 环流的下沉支与相关的干区在南北半球向极地方向移动。在高纬度地区降水预测将增加,这是因为增暖的大气将允许有更多的降水,因而水向这些地区有更强的输送)(IPCC,2014)

水变得更强,这部分是由于大气中存在着更多的水汽。因而在许多陆地地区,现在平均 20 年一遇的 1 天降水事件到 21 世纪末将变成 10 年一遇,甚至更为频繁。预测也表明,降水事件整体来说,其频率是减少的,对这两种看似矛盾的变化所造成的结果是:将有更强的暴雨,因而将发生更多的洪水,但降水事件的干期将更长,从而干旱也更多。预测表明,极端降水事件主要在大部分中纬陆地地区和热带多雨区。到 21 世纪末,这些地区随全球温度增加将有更强、更频繁的降雨。

(4)另外,季风区的面积也将增加。虽然季风的强度可能减弱,但由于大气湿度增加,季风降水强度可能增加。季风爆发日可能更早或变化不大,季风撤退日将可能变晚,因而许多地区的季风季长度将变长。

(5)预测还以高信度得到 ENSO 将仍是 21 世纪具有全球影响的热带太平洋年际变率的主要模态。由于水汽的增加,与 ENSO 相关的降水变率在区域尺度上将增强。但由于 ENSO 振幅和空间型的自然变异较大,因而对 21 世纪任何关于具体变化和相关区域现象的预测其信度仍然是低的。

(6)由于冻结水的损失,在高纬环绕高海拔区降水会发生进一步的变化,但由于冰川等在模式中不可分辨,一般不包括在模式中,其结果主要靠推论。但有些现象是可以分辨的。气候变暖会使降雪在秋季累积时间延后,而春季融雪时间更早。预测表明,3—4月北半球雪盖到21世纪末平均减少约$10\%\sim30\%$,这取决于排放情景的不同。更早的春季融雪将改变由融雪引起的出现在春季的河流流量峰值。结果,后期的流量将减少,可能会影响水资源管理。

(7)冻土的消融将使水分更深地渗入地面,但同时使地面变暖,能增加蒸散发。土壤冻结分析和用GCM模式驱动陆面模式的研究都表明,到21世纪末,冻土将有大幅度消融,同时将继续退却,随着这些冰川的消失,它们在夏季可为河流提供的水量在某些地点将减少。冰川的损失也使春季河流流量减少,因此,这使得在将来即使年平均降水增加,也不一定意味着年平均流量会增加(IPCC,2014)

4.2　中国大气—陆地水文循环要素变化

水圈、大气圈、岩石圈、冰雪圈和生物圈各个圈层之间的相互作用构成了地球系统的基本物理过程,而水循环则是海洋、陆地、大气之间相互作用中一种最活跃且最重要的枢纽,在全球气候变化中发挥着至关重要的作用。从区域上看,水循环包括两个主要分支,即大气分支和陆地分支。大气中水汽的输送不断改变着全球水汽的时空分布特征,在大气中产生水汽源区和汇区,并通过相变产生的潜热交换反过来影响大气环流的形态。陆地分支中地表径流、地下水等使得水分及其携带的热量在陆地上发生改变,调节着全球能量和水分的分布。而降水和蒸发,则将大气分支和陆地分支联系在一起,使得它们互为水分和热量的源汇,成为一个整体。

20世纪60年代以来,在世界面临资源与环境等全球问题的背景下,联合国教科文组织(UNESCO)和世界气象组织(WMO)等国际机构,组织和实施了一系列重大国际科学计划。在这些科学计划中,水循环在全球气候和生态环境变化中所起的作用,受到极大重视,成为各项科学计划共同关注的科学问题(陆桂华等,2006;储开凤等,2007)。在国际上,世界气候研究计划(WCRP)于1988年实施一项集观测、试验、研究为一体的科学计划——全球能量与水循环试验(GEWEX)计划,目的在于观测、理解、模拟大气、地表及表层海洋的水分循环和能量交换过程,并将研究成果用于指导全球、区域和流域气候、水文预测和水资源管理(Stewart et al.,1998;Trenberth et al.,2014)。Oki等(2006)以及Trenberth等(2007)综合了多种观测资料,对全球水循环过程进行了定量评估,形成了全球水循环框架。它对区域水循环研究是十分重要的背景与前提。

近百年来随着气温升高,全球尺度降水、蒸发、水汽及土壤湿度和径流的分布、强度和极值都发生了变化,显示出气候变暖已对全球尺度水循环产生了一定程度的影响,研究表明气候变暖使水循环加速(丁一汇,2008)。由于较大的区域差异,并且由于监测网络在空间和时间覆盖范围方面的限制,水文变量的趋势仍然存在相当大的不确定性(Huntington,2006)。

　　中国地处欧亚大陆东部,西倚青藏高原,东临太平洋,地形多变,海陆分布复杂,南北纬跨度约为50°,跨越了热带、亚热带、温带以及寒带等多个气候带,季风性气候十分明显。分为珠江、长江、黄河、淮河、海河、辽河、松花江以及东南诸河、西北诸河和西南诸河等 10 个一级水资源分区(图 4.3)。下面分别从水汽、降水、蒸发、径流等方面来分析十大流域 1961—2013 年水循环的时空变化过程。

4.2.1　大气水汽的时空变化特征

　　水文循环的大气过程主要包括水汽输送、水汽辐合与辐散、水汽收支与水分平衡。中国对水循环中大气分支的科学研究始于 20 世纪 50 年代后期。徐淑英(1958)利用 1956 年中国 33 个探空站资料首次给出了中国东部地区水汽总输送场的空间分布,受数据的空间精度的限制,部分数据采用简化处理,与实际情况有差别。刘国纬等利用 1961—1975 年全国 100 多个探空站的资料,分析了我国大陆上空可降水量的时空分布,指出中国可降水量总的分布形势由东南沿海向华北和西北递减,其垂直分布很不均匀,约有 90% 集中在 500 hPa 以下,并结合水资源评价将中国大陆划分为 6 个水文气候条件不同的区域,系统地计算分析了各区域水汽输送通量散度场及其季节变化等特点以及区域的水汽收支和水文循环大气过程的基本特征(刘国纬,1985,1997;刘国纬等,1985,1991,1997)。

　　20 世纪 90 年代后,各种再分析资料不断涌现,时空精度和时空范围都较以往有很大提高,涌现了大量的相关研究。如,丁一汇等(2003a,2003b)计算了 1991 年江淮暴雨时期的水汽收支和水分循环系数,并对 1998 年大洪水时期全球范围的水汽背景和中国各分区降水过程的水汽收支进行了分析;柳艳菊等(2005)分析了 1998 年南海夏季风爆发前后大尺度水汽输送的主要特征,表明大尺度水汽条件与季风活动密切相关;刘波等(2012)对长江上游水汽含量以及各边界水汽通量、水汽收支的变化特征进行分析,建立了长江上游水文循环概念模型;秦育婧等(2013)分析了 2011 年夏季江淮区域水汽汇的演变及各项的贡献,研究了与水汽辐合项有关的水汽输送及相应的月平均环流和天气尺度扰动等等。但尚缺少对中国大陆上空水汽时空变化特征的系统性研究。

　　(1)大气可降水量

　　中国面积辽阔,地形复杂,受到海陆分布与大气环流的影响,其上空的大气可降水量空间差异较大,为便于分析,可以将中国大陆地区及各个流域按再分析数据的格点描述为多边形(图 4.3)。

　　根据美国国家环境预报中心(National Centers for Environmental Prediction,NCEP)与美国国家大气研究中心(National Centre For Atmospheric Research,NCAR)共同研制的 NCEP/NCAR 再分析资料得到中国大陆 1961—2013 年多年

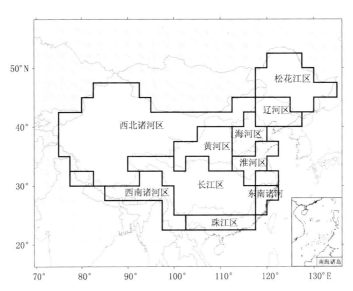

图 4.3   中国大陆地区十大流域 NCEP/NCAR 计算边界（姜彤等提供）

平均的大气可降水量的空间分布基本特征。108°E 以东,大气可降水量的等值线基本呈纬向分布,大气可降水量由东南部沿海的 40 mm 向西北递减,到中国北部边界只有不到 10 mm;青藏高原和西北地区东部为极小值区,约 5 mm 左右;在西北地区西部有个相对高值区,约 10 mm 以上,且该湿区常年存在,只是不同季节其范围和强度有所变化。受到青藏高原的影响,中国西南地区大气可降水量空间分布不均匀,等值线沿着云贵高原东侧的地势分布,在 100°～108°E 之间,大气可降水量等值线由纬向分布转换为经向分布,且较为密集,表明东西方向大气可降水量梯度较大;在四川盆地,大气可降水量存在一个相对高值区,反映出大地形对大气可降水量的显著影响。大气可降水量的空间分布与中国降水量的空间分布格局总体较为吻合,均由东南向西北逐渐减小。

中国 1961—2013 年多年平均的年大气可降水量为 131.2 km³,折合平均水深14.3 mm。北方各大流域大气可降水量相对较少(松花江流域为 12 mm,辽河流域为 13.1 mm,海河流域为 16.2 mm,黄河流域为 11.9 mm);向南逐渐增加(淮河流域为 24.7 mm,长江流域为 21.5 mm);至东南诸河(32 mm)和珠江流域(35 mm)有最大值;西南诸河(8.9 mm)和位于内陆的西北诸河(7.5 mm)有最小值。全国十大流域大气可降水量的极大值处于 7—8 月,体现出中国显著的东亚季风区特点。

中国大陆地区的年平均大气可降水量在 1961—2013 年呈显著下降趋势。20世纪 50—60 年代为正距平,但正距平百分率随时间明显减小,这与 1965 年以后中国北方大气明显变干的趋势有关;至 70—80 年代,中国大部分区域由正距平百分率转向负距平百分率,80 年代较 70 年代出现负距平百分率的区域扩大;90 年代的年际波动幅度逐渐增大。对中国大部分地区而言,大气可降水量存在一个 50 年代末到 70 年代明显减少、90 年代以后波动幅度增大的年代际变化过程。

1961—2013 年十大流域的大气可降水量除西南诸河有弱上升趋势以外,其余流域都呈下降的趋势。20 世纪 60—70 年代,除南方的西南诸河、东南诸河及珠江流域变化趋势不明显外,其余 7 个流域都呈显著的下降趋势;北部三个流域松花江、辽河、西北诸河流域变化趋势较为一致,在 90 年代有弱增加趋势,2000 年以后开始减少,但在 2010 年以后又略有增加,但 1961—2013 年总的趋势仍然是显著下降的;淮河和黄河流域在 1961—2013 年均呈下降趋势,但下降速度淮河流域由慢变快,黄河流域由快变慢;长江流域在 80—90 年代有上升趋势,但总体而言仍为下降趋势;东南诸河和珠江流域在 2000 年前变化趋势不明显,在 2000 年后开始出现显著下降趋势。

（2）水汽收支

中国大陆地区 1961—2013 年水汽输入的多年平均值为 16.2 万亿 m^3/a,输出为 12.5 万亿 m^3/a,净收支为 3.7 万亿 m^3/a,为多年平均的水汽汇区。中国大陆地区 1961—2013 年的水汽输入、输出和净收支量都呈显著的下降趋势,其中输入减少略大于输出减少的值,净收支量的下降趋势低于输入、输出量的下降趋势。

由于中国位于东亚季风区,故各个边界的水汽输出体现出明显的季节变化特征。中国大陆地区东边界为主要输出边界,但在夏季也有东风输入,1961—2013 年多年平均为西风输出量大于东风输入量,边界水汽净收支量为 -8.9 万亿 m^3/a;西边界为主要的输入边界,1961—2013 年主要为西风输入,东风输出较小,多年平均边界水汽净收支量为 5.6 万亿 m^3/a;南边界也是主要的输入边界,有明显的季节变化特征,冬季至夏季南边界的南风输入量逐渐增多,夏季到冬季北风的输出量逐渐增多,多年平均为南风输入量大于北风输出量,边界水汽净收支量为 6.0 万亿 m^3/a;北边界在冬季有北风输入,在夏季有南风输出,1961—2013 年主要为北风输入量大于南风输出量,只有在个别年份（1960 年、1961 年、1963 年）南风输出量大于北风输入量,边界水汽净收支量约为 1.0 万亿 m^3/a。中国大陆地区的纬向水汽输送决定于东边界的水汽输出,1961—2013 各年纬向净收支均为输出大于输入;经向水汽输送决定于南边界的水汽输入,1961—2013 各年经向净收支均为输入大于输出。

中国大陆地区 1961—2013 年水汽东、西和南边界水汽净收支都呈显著下降趋势,北边界自 1964 年开始由水汽净输出转变为水汽净输入,且变化趋势并不显著。纬向水汽净收支（输出）的减小趋势主要决定于东边界水汽输出的显著减少;经向水汽净收支（输入）的下降趋势主要决定于南边界水汽输入的显著减少。2001—2013 年多年平均的东边界净收支（输出）较 1961—2013 年均值减少 17%;西边界净收支(输入)较 1961—2013 年均值减少 2%;北边界净收支(输入)较 1961—2013 年均值减少 12%;南边界净收支(输入)较 1961—2013 年均值减少 25%。

十大流域水汽净收支除西北诸河、东南诸河流域有显著上升趋势和长江流域有微弱上升趋势外,其他 7 个流域均呈下降的趋势。

1961—2013 年北方松花江、辽河和海河流域水汽收支均呈显著减少趋势。松花江、海河流域多年平均为弱水汽汇,辽河流域为弱水汽源,松花江流域多年平均的区域水汽收支的净值为 0.016 万亿 m³/a,辽河为 −0.147 万亿 m³/a,海河为 0.065 万亿 m³/a。由于北方流域全年位于西风输送带,西边界输入量最多,由冬季到夏季逐渐增大;冬半年,北边界也有输入,与西边界的输入值相近;夏半年,南边界的输入增多,在 7 月南边界的输入值增大到 3 万亿 m³/a 以上,与西边界水汽输入值的大小相近。东边界在全年都为水汽输出边界;北边界夏季输出增大;南部边界夏季输出减小,冬季输出量级与东边界相近。松花江和海河流域水汽收支在 1980 年前下降速度较快,1980 年以后下降趋势变缓,但净收支年际波动较大。松花江流域进入 21 世纪后多为水汽源区,而在 21 世纪前多为水汽汇区,1961—2000 年和 2001—2013 年多年平均的流域净输入输出水汽量相当;海河流域 20 世纪 60—70 年代多为水汽汇区,70 年代末至 21 世纪初多为水汽源区,2001—2013 年流域多年平均净收支为水汽汇,相对于 21 世纪前 40 年的多年均值减少了约 22%。辽河流域只有在 60 年代有少数年为水汽汇区,其余大多数年都为水汽源区,21 世纪前 13 年流域净输出水汽量较 1961—2013 年均值增加了 65% 左右,约 0.095 万亿 m³/a。

西北诸河流域为多年平均弱水汽源区,1961—2013 年多年平均水汽输出为 0.047 万亿 m³/a。总体看,西边界为水汽的输入边界,北边界和南边界在全年也都有水汽输入,但南边界的输入值较小。东边界为主要的输出边界,夏半年的输出大于冬半年;南边界全年也有输出,次于东边界,冬半年的输出要比夏半年大;北边界的输出量较小,在 8 月达到最大值;西边界在 8 月也有弱的输出。21 世纪前 13 年流域净收支由水汽源区转变为水汽汇区,2001—2013 年较 1961—2013 年均值增加了约 0.21 万亿 m³/a。

黄河流域为多年平均水汽汇区,其水汽净入量呈显著减小的趋势,在 1978 年前下降速度较快,1978 年以后趋势变缓。1961—2013 年多年平均水汽辐散值为 2.066 万亿 m³/a。总体来看,黄河流域的西边界也为最大输入边界,夏秋季的输入要比冬春季的输入值大两倍左右;北边界和南边界也常年有输入,但北边界输入较小;南边界在夏季输入增多,在 7 月要超过西边界的输入值。东边界为主要的输出边界,北边界在夏季也有弱的输出,南边界冬、春、夏三个季节均有输出,但输出值较小。21 世纪前 13 年净输入水汽量较 1961—2013 年均值减少了 28% 左右,约 0.573 万亿 m³/a。

　　淮河流域为多年的水汽汇,仅在 2000 年左右有几年为水汽源地,且在 2002 年以后与海河流域类似,流域的水汽净入量有增加的趋势,多年趋势略微下降但不显著。1961—2013 年多年平均水汽辐散值为 0.062 万亿 m³/a。总体来看,淮河流域的西边界也为最大输入边界;北边界和南边界也常年有输入,但北边界输入较小;南边界在夏季输入增多。东边界为主要的输出边界,数值与西边界输入量相当,北边界在夏季也有弱的输出。21 世纪前 13 年净输入水汽量较 1961—2013 年均值增加了 23% 左右,约 0.015 万亿 m³/a。

　　长江流域为多年平均水汽汇区,水汽净收支为 1.245 万亿 m³/a,是十大流域水汽收支绝对值中最大的,1961—2013 年水汽净收支量的趋势略有增加。总体来看,长江流域南部边界为主要的输入边界;西部边界在冬半年输入占主导地位;并且由于副热带高压西南的偏东气流以及部分台风带来的水汽,在夏末秋初东部边界有水汽的输入。东部边界仍为主要的输出边界;北部边界的输出也较大,在 7 月甚至超过东部边界的输出值;南部边界的输出值全年都较小;西部边界在 8 月有微弱的输出。21 世纪前 13 年净输入水汽量较 1961—2013 年均值增加了 1.4% 左右,约 0.017 万亿 m³/a。

　　西南诸河流域为多年平均水汽汇区,1961—2013 年多年平均水汽辐散值为 1.634 万亿 m³/a。总体看,南边界在夏季为主要的输入边界,西边界在 5—6 月的输入最大,北边界有弱的水汽输入,东边界在 8—9 月有弱的水汽输入。东边界为主要的输出边界;北边界和南边界全年也都有输出,但是输出值较小,其中南边界小于北边界;西边界在 7—9 月有弱的水汽输出。21 世纪的前 13 年净输入水汽量较 1961—2013 年均值减少了 10% 左右,约 0.171 万亿 m³/a。

　　珠江、东南诸河流域除在 1961 年为水汽汇之外,其余年份均为水汽源地。1985 年以前流域内水汽输出迅速增加,1986 年之后流域内输出水汽量减少。东南诸河流域多年平均为水汽源区,1961—2013 年多年平均水汽辐合值为 −0.783 万亿 m³/a。总的来看,东南诸河流域的西部边界全年都有水汽的输入;南部边界在夏季的水汽输入量能达到西部边界输入量的两倍,但在秋季没有水汽输入;北部边界在冬半年有弱的水汽输入,在夏半年没有水汽输入;东部边界在夏末秋初有水汽的输入。东部边界在 8 月净输出量为 0,但在西部边界 8—9 月有弱的水汽输出,南部边界在春夏季的输出也为 0。21 世纪前 13 年净输入水汽量较 1961—2013 年均值增加了 26% 左右,约 0.204 万亿 m³/a。珠江流域多年平均为水汽源区,1961—2013 年多年平均水汽辐合值为 −0.558 万亿 m³/a。南边界为主要的输入边界,西边界夏季输入较小,东边界在夏末秋初三个月有水汽输入,北边界在秋、冬两季有弱的水汽输入。水汽的输出以北边界为主,东部边界次之,西部边界在夏末秋初有水汽输出。21 世纪前 13 年净输入水汽量较 1961—2013 年均值增加了 21% 左右,约 0.118 万亿 m³/a。

（3）降水转化率

气柱中的可降水量仅仅表示降水的潜力。一般情况下，某地的气柱可降水量只有一部分能转化为实际降水。降水转化率为降水量与整层大气可降水量之比，表明整层大气可降水总量能够转化成降水的比率，可以大致衡量一个地区一段时间整层水汽转化为降水的效率高低。

1961—2013 年大气可降水量的变化趋势除西南诸河流域有不显著的增加趋势外，其余都为减小趋势。但中国十大流域平均的整层降水转化率都呈微弱上升趋势，以东南诸河和长江流域的上升趋势较明显，其余流域没有显著性的变化。辽河、海河、淮河三流域大气可降水量减小趋势最大，辽河和淮河降水变化趋势不明显，海河略有下降，但三个流域的降水转化率并没有减小，并且都有微弱的上升趋势，这可能说明大气中低层的主要转化为降水的大气可降水量并未减小或略有增加，这与气温升高、大气中大气可降水量增加的结论是一致的。

4.2.2　降水的时空变化特征

在气候变化背景下，近百年来，全球降水分布发生了变化，大陆地区尤其是中高纬度地区降水增加，但也有不少地区降水减少。总体来讲，全球降水存在一定的上升趋势，存在显著的年代际变化：20 世纪前 50 年，整体增长；50—80 年代，相对多雨期；90 年代早期呈下降趋势；21 世纪初开始回升。近百年来，中国年均降水量变化趋势不显著，但区域降水变化波动较大。中国年平均降水量在 20 世纪 50 年代以后开始逐渐减少，平均每 10 年减少 2.9 mm，但 1991 年到 2000 年略有增加（缪启龙，2010）。降水量变化表现出明显的区域特征，研究表明，1951—2002 年华北、华中、东北南部降水量有减少趋势，而西北和长江以南地区的降水增加；新疆北部、东北北部和青藏高原西部 60—70 年代下降，80 年代后期有所回升。这与东亚夏季风的减弱密切相关（王英等，2006）。长江及其以南地区极端降水事件的发生频率增大、强度增强，长江以北地区干旱事件的发生频率逐年增加，尤其以华北地区最为严重（翟盘茂等，1999；秦大河等，2005a；2005b）。

观测资料显示，中国大陆地区 1961—2013 年平均降水量为 612.4 mm。各大流域差别较大，从东南向西北递减，北部和内陆降水量相对较少。降水量最小为西北诸河流域（161.9 mm），其次为黄河流域（452.3 mm）、松花江流域（508.3 mm）、海河流域（531.3 mm）和辽河流域（617.7）；江淮流域的降水量较大，淮河流域为 811.4 mm，长江流域更是达到了 1151.6 mm；最大的为东南诸河流域（1469.7 mm）和珠江流域（1583.4 mm）。

1961—2013 年中国区域年降水量呈弱增加趋势，倾向率为 1.1 mm/10a。但在年代际尺度上变化较大，20 世纪 60 年代、70 年代和 21 世纪前 13 年的年降水量较 1961—2013 年均值分别偏少 3.1 mm、4.2 mm 和 3.7 mm，而 20 世纪 80 年代和 90 年代降水分别偏多 3.6 mm 和 11.0 mm,其中降水最少的年份是 2011 年(546.8 mm),最多的年份是 1998 年(697.3 mm)。季节尺度上,冬季、春季降水量呈增加趋势,夏季、秋季趋势性变化不明显,但是近 30 年冬春季降水量增加速率有所加快,秋季降水量也显现出增加的趋势。

1961—2013 年十大流域中西北诸河流域的年降水量显著上升,松花江、珠江、东南和西南诸河流域有弱上升趋势,其余为下降趋势。21 世纪以来相对于前 40 年,松花江流域的降水量由弱上升转变为明显上升趋势;辽河、淮河流域由下降趋势转变为弱上升趋势;海河流域由弱下降趋势转变为明显上升趋势;黄河流域由显著下降趋势转变为明显上升趋势;长江流域由弱上升趋势转变为弱下降趋势;珠江流域上升趋势略有减少,总体上不显著;东南和西北诸河流域由显著上升趋势转变为弱上升趋势;西南诸河流域由显著上升趋势转变为明显下降趋势。

中国接近 57% 的台站夏季降水平均持续时间最长,约 27% 的台站秋季降水平均持续时间最长,春冬季节降水平均持续时间最长的台站比例均低于 10%。最长降水平均持续时间出现在夏季的区域主要分布在东南沿海地区、华北北部、东北地区、内蒙古东部、西南地区的西南部和青藏高原地区,对应了这些地区的雨季;江淮和黄淮流域、关中盆地、汉水谷地、长江中游地区以及海南省秋季降水平均持续时间最长;江南地区春季降水持续时间最长,对应江南春雨。其中,江淮和黄淮流域以及长江中游地区的降水平均持续时间最长季节(秋季)与主雨季时间(夏季)不一致,秋季持续时间较长的降水事件发生的比例高于夏季,而这些区域降水量和降水频率则均是夏季值最高。

4.2.3　地表径流的时空变化特征

气候变化对径流的影响主要体现在两个方面:一个是降水变化直接影响产汇流;另一个是气温升高导致冰川融雪的增加和蒸散发的变化,进而影响径流。近年来,受气候变化和人类活动共同的影响,中国水资源情势和格局发生了较大演变,1950 年以来中国六大流域(长江、黄河、珠江、松花江、海河、淮河流域)19 个主要水文控制站年径流观测资料研究表明,中国六大江河实测径流量都呈下降趋势(张建云等,2008;王金星等,2008)。

不考虑人类活动的影响,则中国大陆地区 1961—2013 年多年平均的天然径流量为 24454 km³,径流深为 237.7 mm。由于中国地域辽阔,地形复杂,降水分布不均,故各大流域的径流差别较大,松花江流域径流深为 106.8 mm,径流量为 998.1 km³;辽河流域径流深为 130 mm,径流量为 408.2 km³;海河流域径流深为 37.2 mm,径流量为 118.9 km³;淮河流域径流深为 243.4 mm,径流量为 803.1 km³;黄河流域径流深为 58.7 mm,径流量为 466.9 km³;长江流域径流深为 564.1 mm,径流量为 10154 km³;珠江流域径流深为 792.1 mm,径流量为 4586.2 km³;东南诸河径流深为 661.9 mm,径流量为 1621.6 km³;西南诸河径流深为 595.5 mm,径流量为 5025.6 km³;西北诸河径流深为 8.1 mm,径流量为 271.4 km³。

1961—2013 年天然径流量十大流域除西北诸河显著上升,其余流域的天然径流量均没有明显变化趋势。分别计算 1961—2000 年和 2001—2013 年两个时段十大流域径流量的多年平均值,仅有淮河流域、东南诸河流域和西北内陆河流域 2001—2013 年多年平均径流量较 1961—2000 年多年平均径流量有所增加,分别较 1961—2013 年多年平均径流量增加 0.9%、0.5% 和 9.3%;其余七大流域的多年均值都有所减小,其中海河和长江流域径流量减小较高,分别达 6.2% 和 4%。

松花江流域表现出年代际变化特征,1980 年前为径流量减少阶段,1980—2000 年期间径流量则有较为明显的增加,1999 年迅速下降,2001—2013 年又开始显著增加,由于 1999—2000 年下降到 1961—2013 年间的最小值,故虽然 21 世纪后松花江流域径流量显著上升,但多年均值仍较 1961—2000 年小 2% 左右;辽河流域径流量总体上呈弱的下降趋势,60—80 年代呈下降趋势,80—90 年代年际变动较大,2000 年后径流呈弱上升趋势;海河及黄河流域 1961—2000 年径流量则呈现出一直减少的趋势,2000 年以后有显著增加的趋势,但增加的值小于 21 世纪前 40 年减小的值,故 2001—2013 年的均值仍较 1961—2000 年小;淮河流域在 60 年代初径流量值较大,但 60 年代中期迅速减少,其后又呈弱增加趋势;长江流域在 60—80 年代初,径流量年际波动较大,80 年代中期至 90 年代中期年际波动明显减小,2000 年以后呈弱下降趋势;珠江流域 1961—2013 年径流量没有明显的变化趋势;东南诸河和西北内陆河流域年径流量呈增加趋势,西北内陆河流域增加趋势显著,但 2001—2013 年的上升趋势都比 1961—2000 年减缓。西南诸河径流量呈现弱增加趋势,但 2000 年以后呈显著下降趋势。

进入 21 世纪来,松花江流域大部径流深小于 1961—2000 年径流深均值,一般减少 1~10 mm,仅有少部地区径流深表现为增加;辽河流域大部径流深减少 1~10 mm;海河流域、黄河流域大部分径流深减少了 1~10 mm;淮河流域山东半岛径流深减少 10~30 mm;长江流域上游和下游径流深都在增加,而中游大部地区径流深在减少,且大部减少 30 mm 以上,部分地区在 50 mm 以上;珠江流域东部径流深大都表现为减少,大部减少 10 mm 以上,部分地区减少 50 mm;而东南诸河和西北内陆河流域径流深则表现为增加,尤其东南诸河流域大部径流深增加在 10 mm 以上,东北部地区增加 30 mm 以上。

4.2.4　蒸散发的时空变化特征

水面蒸发、陆面蒸发和植被蒸腾等共同构成陆面实际蒸散发。蒸散发过程将气候系统中的水循环、能量收支及碳循环等紧密联系起来,是气候系统的核心过程。实际蒸散发研究方面,由于很难通过仪器测定足够数量的、可靠的实际蒸散发量的数据,目前多依赖模型计算方式获取具有一定时空尺度的实际蒸散发量。采用改进的水量平衡模型计算的结果表明,中国 100°E 以东的大部分地区实际蒸散发量呈现下降趋势,100°E 以西以及东北的北部区域其实际蒸散发量为增加趋势(Gao et al.,2007)。在区域/流域尺度上,蒸散发互补相关理论模型计算的结果表明,中国东南半部的鄱阳湖流域及整个长江流域、海河流域、珠江流域实际蒸散发量在过去 50 a 间都呈现下降趋势(王艳君等,2010;Wang et al.,2011;Gao et al.,2012;Li et al.,2013;李修仓等,2014),而中国西北半部的松花江流域、黄河流域、塔里木河流域及青藏高原地区等在过去 40~50 a 间都呈现增加趋势(温姗姗等,2014;曾燕,2004;李修仓,2013;Zhang et al.,2007;Yin et al.,2013)。

蒸散发互补相关理论模型计算结果表明,中国大陆地区 1961—2013 年多年平均的年实际蒸散发量为 426.5 mm。西北诸河位于内陆地区,常年降水量较少,故西北诸河流域的年蒸散发量为十大流域最小值,约为 288.6 mm,但要注意的是,西北诸河的年蒸散发量要远大于降水量;东北地区的松花江流域(423.4 mm)和辽河流域(426.2 mm),与全国平均蒸散发量相近;华北地区的海河流域(397.4 mm)和黄河流域(381.1 mm)略少于全国平均值;江淮地区的淮河流域(539.1 mm)和长江流域(572.9 mm)蒸散发量较大,远高于全国均值;中国东南沿海的东南诸河流域(529.8 mm)和珠江流域(660.6 mm),虽然流域面积小,但温度高,降水充沛,故蒸散发量较大,甚至超过长江流域;西南诸河流域(571.6 mm)位于西南季风区,其蒸散发量也较大。

中国大陆地区 1961—2000 年蒸散发量变化不明显,但比较 1961—2000 年,21世纪以来整个中国的多年蒸散发量由显著上升趋势转变为明显下降趋势,2001—2013 年多年平均值较 1961—2000 年减少了 5%。其中,淮河流域、西南诸河和西北诸河流域 21 世纪以来也发生了趋势转变,淮河流域由显著下降趋势转变为弱的上升趋势,但 2001—2013 年的多年平均值仍比 1961—2000 年小 8%左右,总体上1961—2013 年蒸散发量则呈现显著减少的趋势;西南诸河流域由上升趋势转变为明显的下降趋势,2001—2013 年的多年平均值比 1961—2000 年减少了 2%;西北诸河流域由显著上升趋势转变为明显下降趋势,2001—2013 年的多年平均值比1961—2000 年减少了 5%。部分流域下降趋势减缓,如珠江、海河、长江和东南诸河流域,但总体上 1961—2013 年蒸散发量仍呈显著减少的趋势,其中东南诸河流域的下降趋势减缓最多,2001—2013 年的多年平均值比 1961—2000 年减少了19%;珠江、海河和长江 2001—2013 年的多年平均值比 1961—2000 年分别减少了12%、17%和 7%。黄河流域上升趋势减缓,但年际波动增大,使得 2001—2013 年的多年平均值比 1961—2000 年减少了 4%;松花江流域变化趋势不明显,只是增加略有减缓,2001—2013 年的多年平均值比 1961—2000 年增加量了 4%。辽河流域上升趋势增加,2001—2013 年的多年平均值比 1961—2000 年增加了 4%。

在实际蒸散发的归因方面,研究结果都表明温度不是影响实际蒸散发时空变异的唯一要素,各种气象要素的综合作用最终造成了实际蒸散发的时间变化和空间格局。以珠江、海河等流域作为中国湿润、半湿润半干旱两个气候区的代表流域,研究发现 1961—2010 年间这两个区域日照时数(表征能量条件)是引起实际蒸散发变化的主要贡献量,其他气象要素的贡献量相对较低。降水(表征下垫面供水条件)的变化对实际蒸散发的变化在湿润地区贡献较低,在半湿润半干旱地区贡献相对较大,如海河流域降水的下降对实际蒸散发的下降趋势有较大的贡献。

4.2.5　陆地水量平衡

在任意给定的时域和空间内,水的运动(包括相变)是连续的,遵循物质守恒,保持数量上的平衡。一个地区的水循环可分解为大气分支与陆地分支两个部分(丁一汇,2005)。其中,陆地分支由降水量(P)、出入本区的径流量(R)、蒸散发量(ET)及下垫面蓄水变量(ΔS)等组成:

$$\Delta S = P - ET - R$$

大气分支由输出($Q_\circ$)及输入(Q_i)本区上空的水汽量、蒸散发量(ET)、降水量(P)和本区上空气柱水汽含量的变化(ΔW)组成:

$$\Delta W = ET - P + Q_i - Q_\circ$$

刘国纬等(1997)利用探空站点资料计算了中国大陆地区 1972—1982 年多年平均的水量平衡,得出:中国大陆上空大气可降水量为 0.14 万亿 m^3,折合平均水深 15.1 mm;水汽年总输入量为 18.2 万亿 m^3,折合平均水深 1909.4 mm(大陆概化面积 954 万 km^2),输出量为 15.5 万亿 m^3,折合平均水深 1625.3 mm,净收支为 2.7 万亿 m^3,折合平均水深 284.1 mm;中国大陆年总蒸发量 3.5 万亿 m^3,折合平均水深 364 mm;中国大陆年降水量 6.2 万亿 m^3,折合平均水深 648.4 mm;中国大陆年径流量为 2.7 万亿 m^3,径流深为 284.1 mm。由于刘国纬的计算结果是由少数探空站插值计算得到,且其蒸发量为降水减去径流量得到的结果,其计算值可能存在一定的误差。

根据 NCEP/NCAR 再分析资料和地面观测数据,1961—2013 年中国大陆上空大气可降水量为 0.13 万亿 m^3,折合平均水深 14.3 mm;水汽年总输入量为 16.2 万亿 m^3,折合平均水深 1698.5 mm,输出量为 12.5 万亿 m^3,折合平均水深 1310.3 mm,净收支为 3.7 万亿 m^3,折合平均水深 388.2 mm;中国大陆年总蒸发量 4.1 万亿 m^3,折合平均水深 426.5 mm;中国大陆年降水量 5.9 万亿 m^3,折合平均水深 612.4 mm;中国大陆年径流量为 2.3 万亿 m^3,径流深为 237.7 mm;地下水资源储量 0.5 万亿 m^3,折合平均水深 51.9 mm(图 4.4)。

与 20 世纪后 40 a(1961—2000)相比,21 世纪以来(2001—2013 年)水量平衡各要素的变化情况见表 4.1 所示。

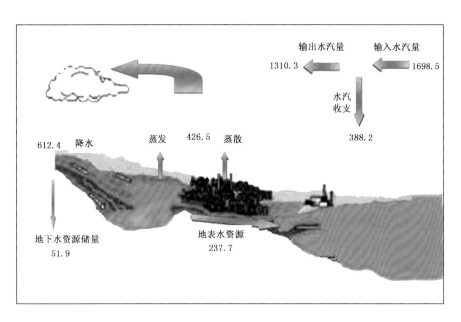

图 4.4　中国大陆 1961—2013 年多年平均水分循环概念模型(单位:mm/a)

表 4.1　十大流域前后期水量平衡各要素(单位:mm/a)(姜彤等提供)

流域	降水		径流深		蒸散发		水汽净收支		蓄水变量	
	1961—2000 年	2001—2013 年	1961—2000 年	2001—2013 年	1961—2000 年	2001—2013 年	1961—2000 年	2001—2013 年	1961—2000 年	2001—2013 年
松花江	510.2	502.3	107.2	105.4	419.6	435.1	39.2	−44.6	−16.6	−38.2
辽河	619.2	613.1	130.1	129.6	422.2	438.5	−341.7	−618.1	66.9	45.0
海河	538.6	509.0	37.7	35.4	413.9	346.3	245.0	163.4	87.0	127.3
黄河	451.9	453.2	58.8	58.5	384.4	370.7	−860.4	−622.0	8.7	24.0
淮河	808.6	819.9	242.8	245.0	550.1	505.3	185.7	231.0	15.7	69.6
长江	1161.7	1120.5	569.6	547.2	582.4	543.7	736.2	746.5	9.7	29.6
珠江	1586.8	1572.7	793.5	787.8	679.9	600.9	−1127.1	−897.7	113.4	184.0
东南诸河	1468.2	1474.4	661.1	664.4	554.2	454.9	−3725.1	−2795.8	252.9	355.1
西南诸河	947.0	932.3	597.6	589.0	574.8	561.8	2154.8	1934.2	−225.4	−218.5
西北诸河	157.6	175.1	7.9	8.6	291.8	278.6	−29.0	31.9	−142.1	−112.1
全国平均	613.8	608.3	238.9	234.1	431.8	410.1	396.9	372.0	−56.9	−35.9

降水：前后两个时段中国各大流域年平均降水量大都呈现减小的特点，分别为松花江流域（－7.9 mm/a）、辽河流域（－6.1 mm/a）、海河流域（－29.6 mm/a）、长江流域（－41.2 mm/a）、珠江流域（－14.1 mm/a）、西南诸河流域（－14.7 mm/a），呈现增加的为黄河流域（1.3 mm/a）、淮河流域（11.3 mm/a）、西北诸河流域（17.5 mm/a）和东南诸河流域（6.2 mm/a），全国平均的结果为减小（－5.5 mm/a）。

径流深：前后两个时段各大流域年径流深大都呈现减小的特点，分别为黄河流域（－0.3 mm/a）、松花江流域（－1.8 mm/a）、辽河流域（－0.5 mm/a）、海河流域（－2.3 mm/a）、长江流域（－22.4 mm/a）、珠江流域（－5.7 mm/a）、西南诸河流域（－8.6 mm/a），呈现增加的为淮河流域（2.2 mm/a）、西北诸河流域（0.7 mm/a）和东南诸河流域（3.3 mm/a），全国平均的结果为减小（－4.8 mm/a）。

蒸散发：前后两个时段各大流域年蒸散发量大都呈现减小的特点，分别为海河流域（－67.6 mm/a）、黄河流域（－13.7 mm/a）、淮河流域（－44.8 mm/a）、长江流域（－38.7 mm/a）、珠江流域（－79.0 mm/a）、东南诸河流域（－99.3 mm/a）、西南诸河流域（－13.0 mm/a）和西北诸河流域（－13.2 mm/a），呈现增加的有辽河流域（16.3 mm/a）、松花江流域（15.5 mm/a），全国平均的结果为减小（－21.7 mm/a）。

大气水汽输入：前后两个时段各大流域的年平均大气水汽输入量都呈减小的特点，分别为松花江流域（－315.4 mm/a）、辽河流域（－1491.1 mm/a）、海河流域（－2286.4 mm/a）、黄河流域（－785.5 mm/a）、淮河流域（－2594.1 mm/a）、长江流域（－804 mm/a）、珠江流域（－2493.8 mm/a）、东南诸河流域（－735.2 mm/a）、西南诸河流域（－520.1 mm/a）和西北诸河流域（－116.9 mm/a），全国平均的结果为减小（－199.9 mm/a）。

大气水汽输出：前后两个时段各大流域的年平均大气水汽输出量都呈减小的特点，分别为松花江流域（－231.6 mm/a）、辽河流域（－1214.7 mm/a）、海河流域（－2204.8 mm/a）、黄河流域（－1024 mm/a）、淮河流域（－2639.4 mm/a）、长江流域（－814.3 mm/a）、珠江流域（－2723.2 mm/a）、东南诸河流域（－1664.6 mm/a）、西南诸河流域（－299.6 mm/a）和西北诸河流域（－177.8 mm/a），全国平均的结果为减小（－175 mm/a）。

大气水汽净收支：前后两个时段部分流域的年平均大气水汽净收支量呈减小的特点，分别为松花江流域（－83.8 mm/a）、辽河流域（－276.4 mm/a）、海河流域（－81.6 mm/a）、西南诸河流域（－220.6 mm/a）；部分流域年平均大气水汽净收支量呈增加的特点，分别为淮河流域（45.3 mm/a）、长江流域（10.3 mm/a）、黄河流域（238.4 mm/a）、珠江流域（229.4 mm/a）、东南诸河流域（929.3 mm/a）和西北诸河流域（60.9 mm/a），全国平均的结果为减小（－24.9 mm/a）

蓄水变量：这部分水量包括土壤水分变量、地下水变量以及人类活动引起的蓄排水变量等。较之降水量、径流量及蒸散发量等水循环要素，是很小的量，因此，常假设其多年平均值为 0。但近年来随着人类活动对水资源的开发利用、河道兴修水利工程,会使其发生相应的变化。蓄水变量正值表示下垫面蓄水的盈余,负值表示下垫面蓄水的亏缺。前后两个时段比较,年均蓄水变量下降的流域有松花江流域(-21.6 mm/a)、辽河流域(-21.9 mm/a),上升的有长江流域(20 mm/a)、黄河流域(15.3 mm/a)、淮河流域(53.9 mm/a)、珠江流域(70.5 mm/a)、海河流域(40.3 mm/a)、西北诸河流域(30 mm/a)、西南诸河流域(6.9 mm/a)、东南诸河流域(102.1 mm/a),全国平均的结果为增加(21 mm/a)。

水循环陆地分支的水量平衡各要素的变化直接与陆地水资源量的变化息息相关。同时也应注意到,水与具有分水岭意义的流域边界不同,水循环大气分支的大气可降水量要素存在相邻流域间的交换。尽管中国各流域空中大气可降水量的变化并不明显,但空中水汽的交换对陆地水循环及整个区域水量平衡的影响作用仍不容忽视。

4.2.6　小结

受气候变化和人类活动的共同影响,中国各大流域水循环要素的变化非常复杂。1961—2013 年间,中国大陆地区的年平均大气可降水量呈显著下降趋势;水汽净收支量呈显著的下降趋势;年降水量有微弱的上升趋势,降水转化率也有微弱上升的趋势;径流量、蒸散发和降水趋势类似,也呈微弱上升趋势。21 世纪以来,较 1961—2000 年整个中国的多年可降水量的下降趋势减缓;水汽输入由显著下降趋势转变为上升趋势,输出的下降趋势也减缓,水汽净收支由显著下降转变为显著上升趋势;年降水量也由显著上升趋势减缓;径流量的变化与降水类似;年蒸发量由显著上升趋势,转变为显著下降趋势。这说明 21 世纪以来降水的减少主要是由于蒸发量减少造成的。

1961—2013 年大气可降水量除西南诸河流域有微弱上升趋势外,其余流域都呈显著下降趋势;年水汽收支量在东南诸河流域和西北诸河流域显著上升,长江流域也有微弱的上升趋势,淮河、珠江流域为微弱的下降趋势,其余流域都为显著下降趋势;年降水量在西北诸河流域为显著上升趋势,松花江、珠江、东南诸河、西南诸河流域为微弱上升趋势,其余流域为微弱下降趋势;径流量变化与降水类似;年蒸发量在松花江流域、辽河和西北诸河流域有显著上升趋势,其余流域均为下降趋势。

2001—2013 年较 1961—2000 年,松花江流域的大气可降水量减少趋势减缓;水汽收支也由显著下降减缓为微弱下降趋势;降水量和径流量增加为显著上升趋势;蒸发的增加趋势减缓。这说明 21 世纪以来松花江流域降水的下降趋势减缓是由于空气中含水量和水汽净收支的减少量小于降水减少量造成的。辽河流域大气可降水量减少趋势增加;水汽收支也由显著下降减缓为无明显趋势;降水量和径流量由微弱减少趋势增加为上升趋势;蒸发的增加趋势加剧。这说明 21 世纪以来辽河流域降水变化趋势增加是由于水汽收支的增加和蒸发的增加共同造成的。海河流域大气可降水量减少趋势减缓;水汽收支也由显著下降转变为微弱上升趋势;降水量和径流量转变为显著上升趋势;蒸发的下降趋势减缓。这说明 21 世纪以来海河流域降水变化趋势增加是由于水汽净收支增加,以及空气中含水量和蒸发的减少量小于 21 世纪之前的 40 a 造成的。黄河流域大气可降水量减少趋势减缓;水汽收支也由微弱下降转变为显著上升趋势;降水量和径流量转变为显著上升趋势;蒸发的显著上升趋势减缓。这说明 21 世纪以来黄河流域降水的增加是由于水汽净收支增加,以及空气中含水量小于 21 世纪之前的 40 a 造成的。淮河流域大气可降水量减少趋势增加;水汽收支也由显著下降转变为上升趋势;降水量和径流量转变为上升趋势;蒸发的显著下降趋势转变为微弱上升趋势。这说明 21 世纪以来淮河流域降水的增加是由于水汽净收支和蒸发增加造成的。长江流域大气可降水量减少趋势增加;水汽收支由微弱下降趋势转变为显著上升趋势;降水量由微弱上升趋势转变为微弱下降趋势;蒸发的下降趋势减缓。珠江流域和东南诸河流域大气可降水量由微弱上升趋势转变为微弱下降趋势;珠江流域的水汽收支下降趋势减缓,东南诸河流域由显著下降趋势转变为微弱的上升趋势;降水量和径流上升趋势减缓;蒸发的下降趋势减缓。西南诸河流域大气可降水量由微弱减少趋势转变为显著上升趋势;水汽收支也由显著下降转变为显著上升趋势;降水量和径流量由显著上升转变为显著下降趋势;蒸发的上升趋势转变为显著下降趋势。这说明 21 世纪以来西南诸河流域降水的减少是由于蒸发的下降造成的。西北诸河流域大气可降水量减少趋势减缓;水汽收支也由显著上升减缓为微弱上升趋势;降水量和径流量由显著上升趋势减缓;蒸发由显著上升转变为显著下降趋势。这说明 21 世纪以来西北诸河降水的增加减缓是由于空气中含水量和水汽净收支增加量减少以及蒸发的减少造成的。

4.3　海河流域水循环与华北干旱

海河流域位于华北平原,是我国七大流域之一。海河流域历史上就是旱灾高发地区,1469—1948 年 480 年间,全流域各级旱灾共发生 192 次,平均 2.5 年一遇(《海河流域水旱灾害》编写技术组,2001)。流域降水时空分布不均且变率大,常出现季节性干旱。春旱、夏旱频繁发生,部分地区甚至有春夏秋连季旱、连年旱。海河流域的水资源与华北地区干旱密不可分。20 世纪 60 年代中期以后特别是 80 年代以来,我国华北地区出现了连续干旱现象:1972 年长江以北大旱,黄河开始断流,旱期从春季持续到夏季;1986 年长江以北地区出现夏秋冬连旱和大旱;1987 年内蒙古、西北、华北地区出现严重旱情;1994 年江淮、黄淮流域大范围严重干旱;

1997 年 1—3 月初黄河源头第一次出现断流现象;1999—2000 年华北出现持续的严重干旱气候灾害(张庆云,1999;张庆云等,2003)。华北地区频繁的干旱及高温使海河流域水资源的短缺状况越来越严重。20 世纪 50 年代,海河流域年平均径流量为 324 亿 m³,2006 年已经锐减至 111 亿 m³,下降了约 66%(海河水利委员会,2006)。过去的 20 a,海河流域浅层地下水年均降低 1 m 左右,深层水位年均降低 2 m 多(王金霞等,2008)。另外,过去的 50 多年,海河流域的总用水量增加了 4.4 倍多,人均用水量增加了 1.5 倍多。水需求的快速增长使得水资源短缺状况更为严重。同时,地表水和地下水的污染形势日益严峻,从而进一步加剧了水资源短缺的状况,这对华北地区工农业生产及人民生活都产生了重要影响。

4.3.1　华北地区气候变化特征

中国台站观测资料分析结果显示,近 50 a 华北地区年降水量呈减少趋势,年代际变化特征明显。1951 年以来,该区降水量变化大致分为三个阶段:1965 年以前相对湿润的年份较多;20 世纪 60 年代中期—70 年代中后期,由湿润阶段向干旱时段过渡,旱涝气候灾害特征不明显;从 70 年代后期开始,华北地区处于年代际干旱期,特别是近十年来,降水减少尤为明显。如 1972 年华北春夏连旱,1980 年、1997 年及 2002 年华北地区也发生严重的干旱事件,降水量最少的 1997 年和 2002 年与气候平均值(1971—2000 年平均)相比,减少幅度高达 28%以上(图 4.5a)。值得一提的是,在年代际干旱的背景下,若叠加年际干旱的环流形势,如 1999—2003 年,会造成非常严重的干旱气候灾害。华北地区降水主要集中在夏季,因此夏季降水量演变特征与年变化一致(图略)。从年平均地面气温的演变来看(图 4.5b),20 世纪 70 年代初期以前为相对冷期,80 年代中期为过渡期,80 年代后期至今温度持续上升。

根据华北地区降水距平百分率的量级来判别,华北地区夏季典型多雨年有:1956 年、1959 年、1964 年、1973 年、1990 年、1995 年和 1996 年,其中大部分年份的降水距平百分率达 20%以上,1956 年和 1959 年更是高达 38.9%和 39.8%。典型少雨年有 1951 年、1952 年、1965 年、1968 年、1980 年、1983 年、1986 年、1989 年、1997 年、1999 年、2001 年、2002 年和 2005 年,特别是 1965 年、1997 年、1999 年、2002 年降水减少百分率也超过了 30%。可见,华北地区夏季严重旱年多于涝年,旱或涝出现的频率较高。有研究指出,在 1951—1997 年期间,黄河河套地区有 24 a,河北平原西区和黄河下游有 21 a 出现了旱或涝,频率在 45%以上,平均每 2 年左右就有 1 年是旱年或涝年。而河北、黄土高原的旱涝频率在 38%左右,平均每 2.5 a 一遇,也是旱涝多发地区(陈烈庭,1999)。

从表 4.2 给出的年平均和夏季平均的降水和温度十年变化值可见,20 世纪 70 年代至 80 年代是华北地区气候变化的突变期,70 年代以前为相对湿冷期,80 年代以后为干暖期,特别是 90 年代以来,降水减少更为明显,而平均气温升高幅度增大,

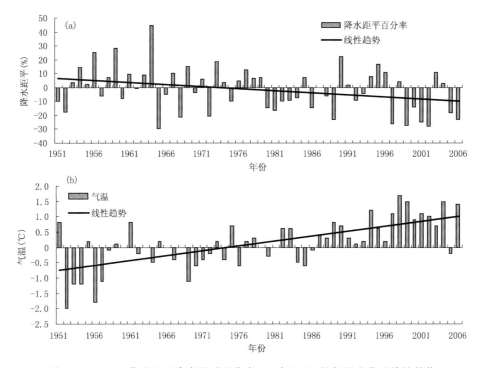

图 4.5 近 50 a 华北地区降水距平百分率(a)、气温(b)的年际变化及线性趋势
(相对于 1961—1990 年平均)(Li et al.,2012)

表 4.2 降水距平和温度距平的年代际变化(相对于 1961—1990 年平均)(Li et al.,2012)

时期	降水距平(mm)		温度距平(℃)	
	年平均	夏季平均	年平均	夏季平均
20 世纪 50 年代	0.02	0.18	−0.63	−0.04
20 世纪 60 年代	0.04	0.13	−0.18	0.14
20 世纪 70 年代	0.04	0.10	−0.05	−0.13
20 世纪 80 年代	−0.09	−0.30	0.22	0.06
20 世纪 90 年代	−0.12	−0.27	0.78	0.60
2001—2006 年	−0.23	−0.73	0.92	0.63

2001—2006 年平均气温更是升高了约 0.9℃,使得近十年华北地区干旱气候灾害
较为严重。关于海河流域气温和降水的年代际突变点,郝春沛等(2010)指出,近
50 a 来海河流域年降水量(尤其是夏季降水量)呈显著减少趋势,突变点为 1979
年,主要周期为 2 a 和 13 a;而年平均气温(特别是冬季和春季气温)呈明显升高趋
势,突变点为 1986 年,主要周期为 5 a 和 14 a。刘敏等(2010)的研究也指出海河流
域降水量和蒸发皿蒸发量变化趋势均为先减少后增加,降水量减少变点一般出现
在 1978—1980 年左右,而增加变点则在 1987—1989 年左右。蒸发皿蒸发量的减
少变点一般出现在 70 年代末 80 年代初,而 1992 年左右又开始进入增加时期。这

些结果基本一致。李聪等(2012)研究指出,我国华北地区当前正处于一个干旱化
过程,干旱面积扩大,干旱化趋势的产生与降水的持续减少密切相关,这和通过降
水量距平百分率计算得到的该区降水变化趋势一致,并且增暖是干旱化加剧的另
外一个重要原因。

4.3.2　海河流域地区水汽收支特征

进入中国大陆的水汽主要来自孟加拉湾、南海、西太平洋和中纬度西风带的输
送。图 4.6 分别给出了东亚地区夏季平均可降水量和水汽输送,可以清楚地看到
海河流域地区水汽的来源和输送路径。大气可降水量与地形和纬度密切相关:随
着纬度的增加大气可降水量减少,基本呈南高北低态势,华北地区可降水量从西向
东呈增加趋势,等值线呈西南—东北走向。夏季西太平洋副热带高压北跳,索马里
和 105°E 附近的两支越赤道气流通过中国东部将水汽北输到中高纬度地区,与副
热带高压西北侧的西南水汽输送一起维持华北至东北南部到朝鲜半岛和日本一带
的水汽输送高值带。

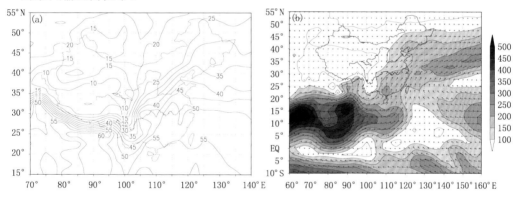

图 4.6　东亚地区夏季平均可降水量(a,单位:mm)和水汽输送(b,单位:kg/(m·s))

(李巧萍提供)

与降水变化年代际特征相对应,海河流域地区的水汽收支也表现出一致的变
化(表 4.3)。海河流域地区西边界输入水汽小于东边界输出的水汽,因此纬向净
输送为负;南边界输入水汽大于北边界输入的水汽,经向净输送量为正。20 世纪
60 年代海河流域内水汽净收支达 8.09 g/(hPa·cm·s),70 年代开始显著减少,
净水汽收支的减小主要以经向水汽输送减小为主,即由南边界向海河流域地区输
送的水汽明显减小。从表 4.3 也可看到,20 世纪 90 年代,从北边界进入海河流域
地区的水汽有所增多。马京津等(2006)指出,50 年代和 60 年代夏季的水汽主要
来自正南方或西南方,到 70 年代,水汽多来自偏西方向,而 80 年代至今,到达华北
地区的水汽则主要来自西北方向,与表 4.3 给出的结果完全一致。

表 4.3　夏季海河地区水汽收支年代际变化(单位:g/(hPa·cm·s))(Li et al.,2012)

时段	西边界	东边界	南边界	北边界	净收支
20 世纪 60 年代	66.92	107.05	45.71	−2.51	8.09
20 世纪 70 年代	67.78	101.07	35.19	0.61	1.29
20 世纪 80 年代	81.14	101.55	32.35	8.63	3.31
20 世纪 90 年代	53.76	85.79	27.66	−5.88	1.51

4.3.3　海河流域地区未来降水及水汽收支变化趋势

利用 IPCC AR4 提供的在 SRES B1、A1B、A2 三种排放情景下 2001—2099 年的月平均资料,对海河流域地区未来气候变化趋势进行了分析,该资料由国家气候中心整编和发布(模式的更多详细信息可参见 http://www-pcmdi.llnl.gov/ipcc/about_ipcc.php)。关于 IPCC AR4 中采用的全球模式对中国降水、东亚季风等的模拟性能已有较多的检验和分析(Sun et al.,2006;张莉等,2008;孙颖等,2008;江志红等,2009),认为大部分模式基本上能够模拟出中国东部地区降水的季节进退,但不同模式对东亚季风降水的空间分布模拟差异较大,多模式集合一般优于大部分单个模式的结果。模式对于海河流域的平均气候也有较好的模拟能力(Li et al.,2012)

图 4.7 给出了 21 世纪全国平均和海河流域地区平均年降水量变化的时间序列,可见,相对于平均气候场,三种排放情景下 21 世纪海河流域地区年降水量呈增加趋势,2050 年前增加趋势不明显,后 50 年增幅逐渐增大。B1 情景下,海河流域地区年降水量增加幅度不大,平均约 7%,A1B 和 A2 情景下年降水量在 2050 年之后增幅明显,到 21 世纪末期最高可增加约 20%,最后 10 a B1、A1B 和 A2 三种排放情景下年降水量增加幅度分别为 10.2%、14.7%和 18%。降水量变化具有明显的年际波动特征,与全国平均相比,海河流域地区降水量增加幅度明显高于全国平均。孙颖等(2008)的研究指出,中国东部地区降水变化以 21 世纪 40 年代末为分界点,在此之间降水的增加量较小,并有明显的振荡特征,之后降水明显增加,中国东部地区进入全面的多雨期。由此看来,海河流域地区未来降水变化趋势与中国东部地区是完全一致的,2050 年开始也将进入降水较多的时期。

从季节变化趋势来看,21 世纪三种不同情景下海河地区冬季降水量总体呈增加趋势,2020 年之后降水量基本呈持续正距平,到 21 世纪末期,增幅相对最小(0.2 mm/d 以内),A1B 和 A2 情景下的增幅接近,均超过了 0.2 mm/d,少数年份的最大增幅达到 0.3 mm/d。海河流域未来降水变化存在明显的季节差异(图4.8)。冬季降水增加幅度最大,在 A2 情景下 21 世纪 90 年代可达 48%,B1 情景下增幅最小,约为 21%,A1B 情景介于其中,三种不同的排放情景下降水量变化在 21 世纪 20—40 年代之间基本相近,在 21 世纪后期差异明显增大,高、低排放情景

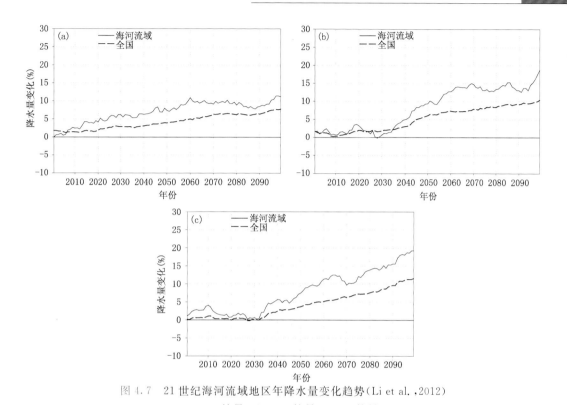

图 4.7 21 世纪海河流域地区年降水量变化趋势(Li et al.,2012)

(a)B1 情景;(b)A1B 情景;(c)A2 情景

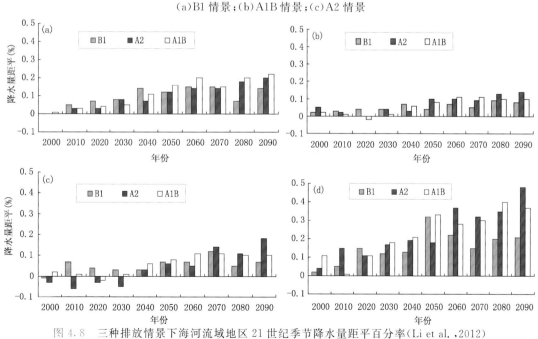

图 4.8 三种排放情景下海河流域地区 21 世纪季节降水量距平百分率(Li et al.,2012)

(a)春季;(b)夏季;(c)秋季;(d)冬季

之间的差异达 2 倍以上。春季降水增幅仅次于冬季,21 世纪末可达约 20%;夏季降水增幅较小,平均增幅不足 10%,21 世纪 40 年代前降水量没有明显变化,40 年代后增幅开始加大,三种不同排放情景下降水增量间的差异较小;秋季比较特殊,21 世纪 40 年代前降水变化趋势不明显,甚至在 A2 情景下降水量表现为一致的减少,40 年代之后开始稳定增加,最高可达 18%。需要指出的是,21 世纪中前期,三种情景之间降水量变化差异不明显,特别是春季和夏季,低排放情景 B1 下海河流域降水量增幅反而大于其他两种较高排放情景,但从 2050 年以后,高排放情景 A2 下海河流域降水量增加幅度开始增大,明显高于另两种较低排放情景。

21 世纪,三种不同排放情景下海河流域地表气温都将继续升高(图略),其中,B1 情景下 2065 年前后升温幅度可达到 2℃以上,A1B 和 A2 情景下升温值达到 2℃的时间分别为 2045 年和 2050 年前后,但 21 世纪后半叶,A2 情景下升温速度加快,到 2100 年升温值接近 5℃,这一升温幅度非常值得关注。海河流域平均的升温幅度与中国区域平均比较一致,A1B 和 A2 情景下在 21 世纪后 30 年略高于全国平均。

图 4.9 给出了 21 世纪海河流域地区大气可降水量、气温及降水量的变化趋势。可见,相对于 1980—1999 年,该区域大气可降水量未来呈现稳定增加的趋势,与地面气温的增加趋势完全一致,而降水量在 2040 年主要呈年际波动,2040 年以后突然增加。从夏季大气可降水量的空间分布图也可看出(图略),21 世纪大气可降水量在中国均呈增加趋势,低纬度地区增加幅度高于较高纬度地区,21 世纪末

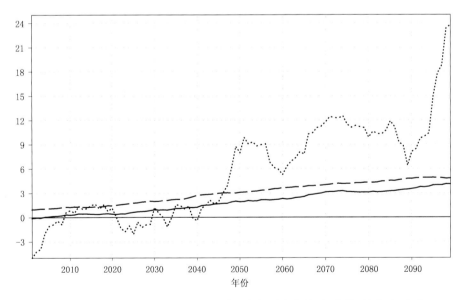

图 4.9　A1B 情景下海河流域地区 21 世纪大气可降水量(长虚线,单位:kg/m²)、
地表气温(实线,单位:℃)和降水量(点虚线,单位:%)的变化(Li et al.,2012)

期增加幅度更加显著。海河流域地区水汽收支的计算结果表明,尽管未来从南边界进入海河流域地区的水汽呈显著增加趋势,但该区域的净水汽收支增加不明显。

　　图 4.10a～d 分别给出了华北地区 1980—1999 年年平均降水－蒸发($P-E$)、A1B 情景下 21 世纪 40 年代年平均蒸发量变化(相对于 1980—1999 年)、年平均 $P-E$ 以及年平均 $P-E$ 变化(相对于 1980—1999 年)。可见,1980—1999 年期间,河套以东地区,特别是东部沿海地区 $P-E$ 为负值,也就是说,该区降水量明显小于蒸发量。21 世纪 40 年代,蒸发呈明显的增加趋势(图 4.10b),降水与蒸发的差值在华北地区变化不明显,在东部沿海地区为负。夏季该区降水、蒸发及 $P-E$ 的变化与年平均特征一致。由气候模式结果可见,尽管 21 世纪前期海河流域地区降水可能有所增加,但地面气温增加更为明显,因此华北地区的水资源状况不容乐观,仍需采取有效的适应措施。许崇海等(2010)基于 IPCC AR4 多模式对中国地区干旱变化的研究也指出,2011—2050 年在 SRES A1B 情景下,中国地区表现为持续的干旱化趋势,总体干旱面积和干旱频率持续增加,其中极度干旱的持续增加

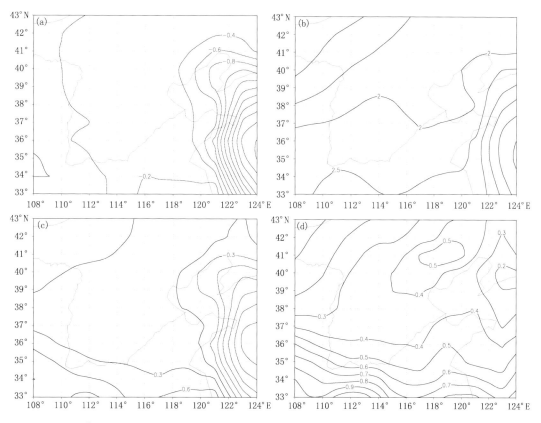

图 4.10　华北地区 1980—1999 年平均降水－蒸发(a)以及 A1B 情景下 21 世纪 40 年代年平均蒸发量变化(b)、年平均降水－蒸发(c)、年平均降水－蒸发变化(d)(单位:mm/d)(Li et al.,2012)

占主要作用。需要指出的是,全球气候模式的模拟性能、多模式集合平均方法以及温室气体排放情景的设定等,对预估结果都有重要的影响。另外,仅通过气候模式对未来温度和降水的变化趋势预估还难以确定未来流域水资源时空分布的变化趋势和特征,还需要通过气候水文模型的模拟预估,进一步研究区域水资源变化,才能得出较为明确的结论,从而提出更全面的应对与适应气候变化的措施。

4.4　黄河流域水循环特征

大气中的水汽输送造成海洋和陆地不同区域之间大量的水汽交换,对于流域水分循环起着至关重要的作用。在全球能量与水循环试验(GEWEX)中大陆尺度试验的带动下,开展了一系列流域大气水汽输送机制的研究(Smirnov et al.,1999,2001;Liu et al.,2003;Fukutomi et al.,2003;Marengo,2005),以揭示流域大气水分循环的特征和机理。

关于亚洲季风区的水分循环问题,人们利用探空资料以及再分析资料进行了大量研究(吴国雄等,1987;Yi,1995;伊兰等,1997;叶笃正等,1996;徐祥德等,2002),但是针对具体流域水汽输送机制的研究有待进一步加强。黄河流域是中国第二大流域,黄河流域暴雨的水汽来源尚未有明确结论。有学者认为汛期暴雨的水汽来自于东南和西南季风输送,且东南风输送更多,甚至认为黄河流域产生区域性暴雨以上强度降水所需水汽的 75% 以上来自台风(黄石璞等,1996),非汛期暴雨则主要由西南季风输送水汽(饶素秋,1995;董立清等,1996)。自 1972 年黄河流域下游旱季出现断流以来,黄河流域水分收支和水资源问题更加引起关注。

以前的研究主要使用个例分析或者合成分析的方法,本节利用经过分析检验的 NCEP/NCAR 再分析资料(赵瑞霞等,2006),采用回归分析方法研究黄河流域大气水分循环的气候特征和年际变化,以及瞬变波和平均流水汽输送的作用,探讨盛夏黄河流域在水汽收支丰枯年所对应的大尺度水汽输送环流异常。

4.4.1　大气水分循环的气候特征

大气环流对水汽的总输送(如 $\overline{qv}$)可分解为平均环流输送($\overline{q}\,\overline{v}$)和瞬变波输送($\overline{q'v'}$)两部分。对月平均而言,平均流输送主要是指随季节南北移动的行星风带、跨赤道气流以及大气环流的准定常涡旋对水汽的输送,而瞬变波输送实质上是指锋区或热带辐合带等发展演变的瞬变扰动对水汽的输送。

本节分析黄河流域中上游(范围见图 4.11)水汽收支的季节循环特征,选取多边形区(两个相邻矩形:$34°\sim37.5°N$,$99.5°\sim113°E$ 和 $37.5°\sim42°N$,$105°\sim113°E$)作为代表,研究平均流和瞬变波输送在其中的贡献。

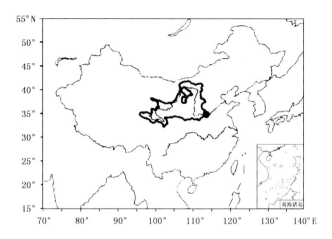

图 4.11 黄河流域中上游外边界和内流区边界(粗线)及流域出口
控制站花园口站的位置(实心标记)(赵瑞霞等,2006)

(1)水汽收支及其季节循环

气候平均而言,黄河流域中上游在 11—2 月为水汽源区,12 月的辐散最强,其他月份均为水汽汇区,7 月辐合最强。平均流输送在大部分月份(6—9 月除外)均造成黄河流域的水汽辐散,11 月辐散最强;而瞬变波输送则大多(7、8 月除外)造成流域的水汽辐合,存在 4 月、11 月两个辐合峰值,平均流及瞬变波输送造成的水汽辐合的季节循环近乎反位相(图 4.12)。流域总水汽收支与平均流输送造成的水汽收支逐月变化比较相似,7 月辐合最大,12 月辐散最强。

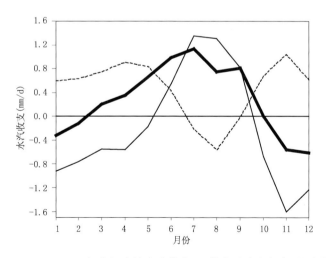

图 4.12 1958—2000 年黄河流域水汽收支(正值表示水汽辐合)的季节循环
(细实线(细虚线)为平均流输送(瞬变波输送)造成的水汽收支,粗实线为总水汽收支)

（2）平均流、瞬变波水汽输送对水汽收支季节循环的影响

黄河流域全年位于平均流西风输送带，东边界的西风输出总是大于西边界的西风输入，纬向平均流输送全年造成流域的水汽辐散（图4.13a）。就经向输送而言，11—2月流域南、北边界均位于北风输送区，7—8月南、北边界均位于南风输送区，其他月份南边界为南风输入，北边界为北风输入。经向平均流输送全年造成流域水汽辐合（图4.13b）。总体而言，流域的水汽收支表现为南北方向水汽输送的辐合及东西方向的辐散，经向水汽辐合与纬向水汽辐散均存在明显的季节循环，7月均达到最大，分别于12月、1月达到最小（图略）。

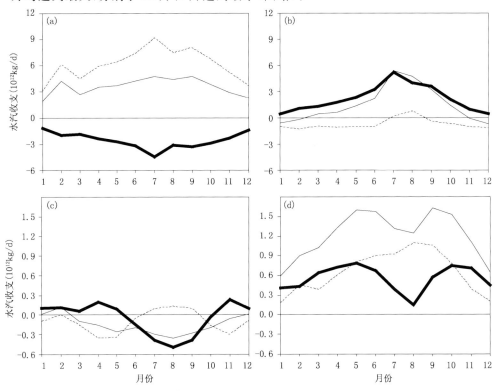

图4.13　黄河流域各边界水汽输送通量及经纬向水汽收支的季节循环

（a，b）平均流输送通量；（c，d）瞬变波输送通量（a、c中细实线和细虚线分别为西、东边界的水汽通量，粗实线为纬向总水汽收支；b、d中细实线和细虚线分别为南、北边界的水汽通量，粗实线为经向总水汽收支）

纬向瞬变波水汽输送在11—5月期间造成流域水汽辐合，6—10月则造成辐散，8月辐散值最大（图4.13c）。西边界全年基本上均为东风输出（2月除外），东边界在7—9月为西风输出，其他月份为东风输入。经向瞬变波水汽输送全年均造成黄河流域水汽辐合（图4.13d），8月辐合最小，流域南北边界全年均为南风输送，南边界水汽输入大于北边界的水汽输出。

4.4.2　水汽收支的年际变化特征

　　黄河流域总水汽辐合的年际变化幅度在夏半年(5—9 月)较大,其中 9 月最大,8 月次之,冬半年较小(图 4.14),这与季风带南北移动的年际变化有关。平均流和瞬变波水汽输送所造成的水汽辐合的年际变化幅度也是夏半年较大、冬半年较小,但是平均流所造成的水汽辐合的年际变化幅度远大于瞬变波。分别求取它们所造成的流域各月的水汽辐合与流域总水汽辐合在 1958—2000 年期间年际变化中的相关系数(图略),平均流输送造成的水汽辐合与流域总水汽辐合的相关系数在各个月均为显著正相关,而瞬变波输送与流域总水汽辐合的年际变化的相关性则较差。可见,平均流输送对于流域总水汽辐合的年际变化的贡献更大。

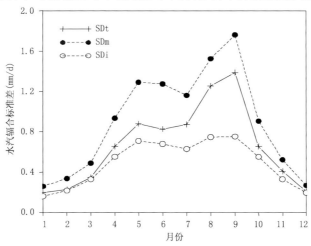

图 4.14　黄河流域各月总水汽辐合以及由平均流和瞬变波输送造成的水汽辐合在 1958—2000 年期间年际变化中的标准差(SDt 代表总水汽辐合标准差,SDm 代表由平均流输送造成的水汽辐合标准差,SDi 代表由瞬变波输送造成的水汽辐合标准差)

4.4.3　7 月黄河流域水汽收支丰枯年对应的大尺度水汽输送异常

　　气候平均而言,7 月是黄河流域水汽收入最多的月份(图 4.12)。对应于黄河流域 7 月水汽收入偏多的年份,在 500 hPa 高度场上,流域以西的青藏高原上为显著负异常区,流域以北地区存在显著正异常区(图 4.15a)。孟加拉湾向阿拉伯海的显著东风异常输送,在印度半岛形成反气旋性异常环流,将水汽从阿拉伯海往东输送,在高原东南侧形成气旋性异常水汽输送,从南边界中西部 670～350 hPa 层进入黄河流域(图 4.15d);与流域以北 500 hPa 高度场的正异常区对应,存在反气旋性输送,其东南支将水汽从渤海带到黄河流域,增加了东边界的水汽输入,表现为 39.5°N 以南自地面至 860 hPa 之间的显著强东风异常输入,以及在 37°N 以北 850

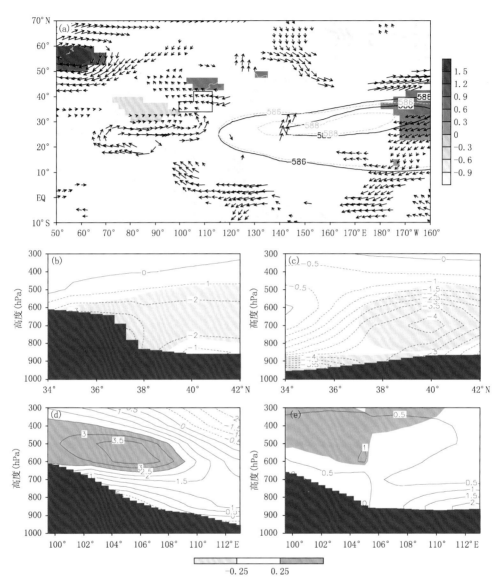

图 4.15　1958—2001 年 7 月黄河流域(图 a 中矩形框)水汽辐合偏多年(＋1.0σ)所对应的整层水汽输送矢量显著异常场(单位:kg/(m・s))、500 hPa 显著异常高度场(阴影)和水汽收支丰(实线)、枯(虚线)年 500 hPa 高度场 586 dagpm 线位置(a),以及水汽辐合偏多年所对应的西(b)、东(c)、南(d)、北(e)边界异常水汽输送通量的垂直分布场(单位:10⁻³ m/s)

(a 中所显示的显著异常量均通过 0.05 显著性检验;b~e 中阴影区为通过 0.05 显著性检验部分,黑色直方柱阴影区为地面气压(单位:hPa),南风和西风异常输送为正,北风和东风异常输送为负;线性回归分析中的各要素以及图中各要素均已去除线性趋势变化)

～470 hPa 间的显著深厚强劲东风异常水汽输入(图 4.15c),同时也增加了西边界(图 4.15b)和北边界的水汽输出(图 4.15e)。

4.4.4　结论

本节主要研究黄河流域中上游大气水分循环的气候特征及其年际变化,分析瞬变波和平均流水汽输送在流域水分收支季节循环和年际变化中的作用,并且研究了盛夏 7 月黄河流域水汽收支丰枯年所对应的大尺度水汽输送环流异常。主要结论如下:

黄河流域全年大部分月份为水汽汇区,11—2 月为水汽源区。流域的水汽辐合主要由南北方向水汽输送造成,东西方向全年都造成流域的水汽辐散。瞬变波输送基本上总是将水汽带到流域,7—8 月造成流域水汽辐散,而平均流输送则主要造成流域水汽辐散,但是 6—9 月期间流域的水汽则主要来源于平均流输送。平均流输送造成的水汽收支的季节循环与总水汽收支相似,与瞬变波输送造成的水汽收支则近似于反位相。平均流经向输送造成流域水汽辐合,平均流纬向输送则主要造成流域水汽辐散。经向和纬向瞬变波输送几乎总是给流域带来水汽,只有 6—10 月纬向瞬变波输送造成该流域水汽辐散。

流域水汽收支的年际变化幅度在夏半年(5—9 月)较大,冬半年较小。平均流输送所造成的黄河流域水汽辐合的年际变化幅度在各月均比瞬变波输送大,对流域水汽辐合的年际变化具有决定性作用。平均流和瞬变波输送两者造成的水汽辐合在大部分月份呈显著负相关。

盛夏 7 月,季风输送向黄河流域的明显推进,流域各个边界的水汽输送均增大,尤其是南边界和东边界,成为流域水汽收入丰枯的关键通道。黄河流域水汽收入偏多年的 7 月,500 hPa 位势高度场呈现流域西侧偏低、北侧偏高的分布形势。

4.5　长江流域水循环特征

长江流域是中国最大的流域,覆盖面积 180 万 km²,年径流总量约为 10000 亿 m³,干流河道全长约 6300 km,流经 19 个省份,其水分收支与循环状况直接影响到中国的水资源状况及经济的可持续发展。

大气的水分循环是整个水分循环系统中不可或缺的部分,对于流域水分循环起着至关重要的作用。随着大气环流和降水的季节变化,长江流域的水汽主要来源于孟加拉湾、南海或者兼而有之(陶杰等,1994;简茂球等,1996;杨辉,2001)。在江淮暴雨期,其水汽辐合是由半球尺度的水汽输送造成的,大量的水汽以定常涡动的方式从孟加拉湾及南海输送到中国江淮地区,同时江淮地区的瞬变涡动导致水汽向北输出,流域的水汽输送主要从南边界和西边界流入,从东边界和北边界流出

（丁一汇等,2003a）。

以往的工作主要使用个例分析或者合成分析的方法,研究暴雨个例或者整个夏季平均,分析结果缺乏显著性检验,本节利用 NCEP/NCAR 再分析资料分析长江流域(图 4.16,以矩形区 25°—34°N,97.5°—117.5°E 代表其边界)大气水分循环的气候特征和年际变化,研究瞬变波和平均流水汽输送的作用,并探讨盛夏 7 月长江流域在水汽收支丰枯年所对应的大尺度水汽输送环流异常。

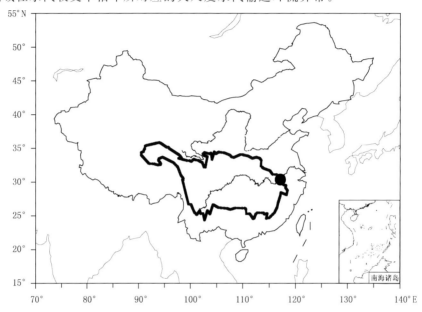

图 4.16　长江流域边界(粗线)及流域出口控制站大通站位置(实心圆)(赵瑞霞等,2007)

4.5.1　长江流域大气水分循环的气候特征

（1）水汽辐合及其季节循环

长江流域大部分月份为水汽汇,6 月达到最大值,只有 11—2 月为水汽源,12 月辐散最大(图 4.17)。3—10 月长江流域的水汽辐合都是由平均流输送造成的,而瞬变波输送在大部分月份(12 月、1 月除外)造成长江流域的水汽辐散。平均流输送造成的长江流域的水汽辐合的季节循环位相与流域的总水汽辐合一致,而瞬变波输送的季节循环几乎反位相。可见,平均流输送是长江流域水汽辐合的主要贡献者。进一步分析表明,长江流域的水汽辐合主要由南北方向的水汽输送造成,而东西方向的输送大部分月份造成水汽辐散。从整层水汽输送通量的季节循环来看,东、西边界均为西风输送,南、北边界均为南风输送(图略)。

（2）平均流、瞬变波水汽输送对水汽收支季节循环的影响

3—10 月平均流输送造成的流域水汽辐合主要是由经向的水汽辐合造成,纬

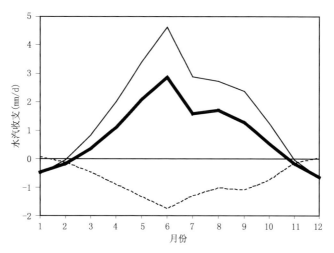

图 4.17　1958—2000 年长江域水汽收支的季节循环

（细实线（细虚线）为平均流输送（瞬变波输送）造成的水汽收支，粗实线为总水汽收支）

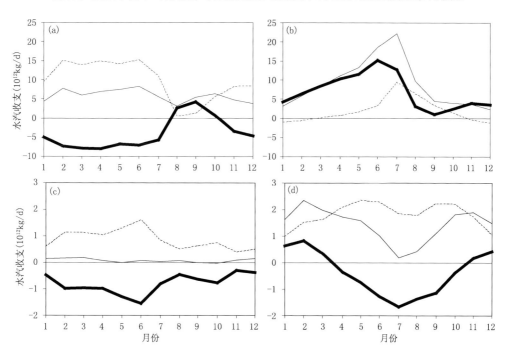

图 4.18　长江流域各边界总水汽输送通量及经纬向水汽收支的季节循环

（a、b）平均流水汽输送通量；（c、d）瞬变波水汽输送通量（a、c 中细实线（细虚线）为西（东）边界的水汽通量，粗实线为纬向总水汽收支；b、d 中细实线（细虚线）为南（北）边界的水汽通量，粗实线为经向总水汽收支）

向水汽输送主要造成水汽辐散(8—10月除外)。流域东、西边界全年均为西风输送,东边界的季节变化幅度远大于西边界。南边界全年为南风输入,北边界11—2月为北风水汽输入,其他月份为南风水汽输出(图4.18a,b)。

瞬变波纬向水汽输送全年造成流域的水汽辐散,6月辐散最强,这是由于流域东边界全年为较强瞬变波西风输出,而西边界则为微弱西风输入。瞬变波经向水汽输送在11—3月造成流域的水汽辐合,其他月份造成水汽辐散,7月的辐散最强。流域南北边界全年均为南风输送,11—3月南边界的水汽输入大于北边界的输出,其他月份是北边界的南风输出更大(图4.18c,d)。

4.5.2 水汽收支的年际变化特征

长江流域总水汽辐合的年际变化幅度在夏半年(5—9月)较大,7月最大,9月次之,冬半年较小(图4.19),与季风带南北移动的年际变化有关。平均流和瞬变波输送所造成的水汽辐合的季节变化与此类似,所有月份平均流输送所造成的水汽辐合的年际变化幅度远大于瞬变波。可见,平均流输送造成的水汽辐合对于流域总水汽辐合的年际变化的影响更大。进一步分析发现,平均流输送造成的水汽辐合与流域总水汽辐合在各个月份均为显著正相关,而瞬变波输送所造成的水汽辐合与流域总水汽辐合的年际变化的相关性则比较差。平均流与瞬变波输送造成的水汽辐合在大部分月份均为显著负相关(图略)。

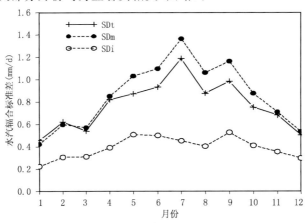

图4.19 长江流域各月总水汽辐合以及由平均流和瞬变波输送造成的水汽辐合在1958—2000年期间年际变化中的标准差(SDt代表总水汽辐合标准差,SDm代表由平均流输送造成的水汽辐合标准差,SDi代表由瞬变波输送造成的水汽辐合标准差)

4.5.3 6月长江流域水汽收支丰枯年对应的大尺度水汽输送环流异常

随着季风系统的进退,影响长江流域水汽收支的环流形势不同,造成流域水汽收支年际变化的环流异常也会有很大的变化。气候平均而言,6 月是长江流域水汽辐合最强的月份。在长江流域 6 月水汽辐合偏多年(图 4.20),在中国东部至 150°E 以西的太平洋表面,存在一个以黄海及东海为中心的气旋性水汽输送异常环流,该区域 500 hPa 高度场存在一个负异常中心区,可能与副热带高压向北推进较弱有关。此异常环流的北支造成长江流域北边界中东部和东边界北部的显著东北风异常输入,东边界北部的东风输入由 900~450 hPa 进入(图 4.20c);北边界的北风异常输入主要由东部整层及中部高空和低层进入,异常输送的大值中心位于 850 hPa(图 4.20e);该气旋性异常环流的南支西南气流由中南半岛及南海北部而来,由于位置偏南、偏东,并未造成流域南边界水汽收入的增加。另外,此 500 hPa 高度场上的异常低压一直向西延伸至阿富汗地区,高原上也为异常低压。与此对应,在其南侧低纬地区存在从阿拉伯海经印度半岛的西风水汽输送异常,从西边界横断山脉地区 550 hPa 以下进入长江流域。两支气流在长江流域汇合,增加了长江流域的水汽收入。

4.5.4　结论

本节利用 NCEP/NCAR 再分析资料研究了长江流域大气水分循环的气候特征和年际变化,分析了瞬变波和平均流水汽输送的作用,并且针对长江流域水汽辐合最强的 6 月,探讨了水汽收支丰枯年所对应的大尺度水汽输送环流异常。主要结论如下:

长江流域全年大部分月份为水汽汇,11—2 月为水汽源。流域的水汽收入主要由南北方向的水汽输送辐合造成,东西方向的水汽输送大部分月份导致水汽辐散。3—10 月长江流域的水汽辐合都是由平均流输送造成的;瞬变波输送则造成长江流域大部分月份的水汽辐散,只有 12 月、1 月为极其微弱的水汽辐合。就季节循环的位相而言,平均流输送造成的水汽收支与总水汽收支接近,瞬变波输送造成的水汽收支则近似于反位相。平均流输送在 3—10 月造成的流域的水汽辐合主要由经向的水汽辐合造成,纬向水汽输送主要造成流域的水汽辐散。瞬变波纬向水汽输送全年造成流域的水汽辐散,瞬变波经向水汽输送造成流域 11—3 月的水汽辐合,其他月份造成流域的水汽辐散。

长江流域水汽收支的年际变化幅度在夏半年(5—9 月)较大,冬半年较小。平均流输送所造成的流域水汽辐合的年际变化幅度在各个月份均比瞬变波输送大,对流域水汽辐合的年际变化具有决定性作用,而瞬变波输送与流域总水汽辐合的年际异常则相关性则很小。平均流和瞬变波输送两者造成的水汽辐合在大部分月份为显著负相关。

长江流域 6 月水汽输入的异常偏多主要来自北边界中东部以及西边界南部和东边界北部的显著异常水汽输入,这与 6 月异常环流形式紧密相连。长江流域水汽收入偏多年,6 月在中纬度以黄海和东海为中心出现异常低压系统并向西延伸。

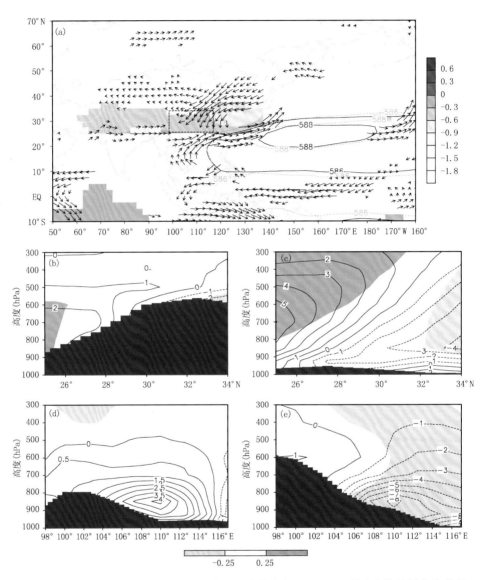

图 4.20　1958—2001 年 6 月长江流域水汽辐合偏多年(＋1.0σ)所对应的整层水汽输送矢量显著异常场(单位：kg/(m·s))、500 hPa 显著异常高度场(阴影)(单位：dagpm) 和水汽收支丰(实线)、枯(虚线)年 500 hPa 高度场 586 dagpm 线位置(a)，以及水汽辐合偏多年所对应的西(b)、东(c)、南(d)、北(e)边界异常水汽输送通量的垂直分布场(单位：10⁻³ m/s)。(a) 中所显示的显著异常量均通过 0.01 显著性检验；b～e 中阴影区为通过 0.01 显著性检验部分，黑色直方柱阴影区为地面气压(单位：hPa)，图中南风和西风异常输送为正，北风和东风异常输送为负；线性回归分析中的各要素以及图中各要素均已去除线性趋势变化)(赵瑞霞等，2008)。

参考文献

《海河流域水旱灾害》编写技术组. 2001. 海河流域水旱灾害[M]. 天津:天津科学技术出版社.

陈烈庭. 1999. 华北各区夏季降水年际和年代际变化的地域性特征[J]. 高原气象,**18**(4):
477-485.

储开凤,汪静萍. 2007. 中国水文循环与水体研究进展[J]. 水科学进展,**18**(3):468-474.

丁一汇,胡国权. 2003a. 1998 年中国大洪水时期的水汽收支研究[J]. 气象学报,**61**(2):
129-145.

丁一汇,胡国权. 2003b. 1991 年江淮暴雨时期的能量和水汽循环研究[J]. 气象学报,**61**(2):
146-163.

丁一汇. 2005. 高等天气学[M]. 北京:气象出版社.

丁一汇. 2008. 人类活动与全球气候变化及其对水资源的影响[J]. 中国水利,**2**:20-27.

董立清,任金声,徐瑞珍,等. 1996. 黄河中游强暴雨过程的中低纬度环流特征和水汽输送[J].
应用气象学报,**7**(2):160-168.

海河水利委员会. 2006. 海河水资源公报. 天津:水利部海河水利委员会.

郝春沣,贾仰文,龚家国,等. 2010. 海河流域近 50 年气候变化特征及规律分析[J]. 中国水利水
电科学研究院学报,**8**(1):39-51.

黄石璞,夏立新. 1996. 黄河中游暴雨的水汽特征[J]. 气象,**3**:22-28.

简茂球,罗会邦. 1996. 长江中下游热源和水汽汇的季节变化特征[J]. 中山大学学报(自然科学
版),(增刊 I):176-181.

江志红,陈威霖,宋洁,等. 2009. 7 个 IPCC AR4 模式对中国地区极端降水指数模拟能力的评估
及其未来情景预估[J]. 大气科学,**33**(1):109-120.

李聪,肖子牛,张晓玲. 2012. 近 60 年中国不同区域降水的气候变化特征[J]. 气象,(4):
419-424.

李修仓. 2013. 中国典型流域实际蒸散发的时空变异研究[D]. 南京:南京信息工程大学博士
论文.

李修仓,姜彤,温姗姗,等. 2014. 珠江流域实际蒸散发的时空变化及影响要素分析[J]. 热带气
象学报,**30**(3):483-494.

刘波,翟建青,高超,等. 2012. 1960—2005 年长江上游水文循环变化特征[J]. 河海大学学报
(自然科学版),**40**(1):95-98.

刘国纬,崔一峰. 1991. 中国上空的涡动水汽输送[J]. 水科学进展,**2**(3):145-153.

刘国纬,汪静萍. 1997. 中国陆地-大气系统水分循环研究[J]. 水科学进展,**8**(2):99-107.

刘国纬,周仪. 1985. 中国大陆上空的水汽输送[J]. 水利学报,**11**:1-14.

刘国纬. 1985. 中国大陆上空可降水的时空分布[J]. 水利学报,**5**:1-9.

刘国纬. 1997. 水文循环的大气过程[M]. 北京:科学出版社.

刘敏,沈彦俊. 2010. 海河流域近 50 年水文要素变化分析[J]. 水文,**30**(6):74-77.

柳艳菊,丁一汇,宋艳玲. 2005. 1998 年夏季风爆发前后南海地区的水汽输送和水汽收支[J].
热带气象学报,**21**(1):55-62.

陆桂华,何海. 2006. 全球水循环研究进展[J]. 水科学进展,**17**(3):419-424.

马京津,高晓清,曲迎乐. 2006. 华北地区春季和夏季降水特征及与气候相关的分析[J].气候与环境研究,**11**(3):321-329.

缪启龙. 2010. 现代气候学[M]. 北京:气象出版社.

秦大河,陈宜瑜,李学勇. 2005a. 中国气候与环境演变[M]. 北京:科学出版社.

秦大河,丁一汇,苏纪兰,等. 2005b. 中国气候与环境演变评估(Ⅰ):中国气候与环境变化及未来趋势[J]. 气候变化研究进展,**1**:4-9.

秦育婧,卢楚翰. 2013. 利用高分辨率 ERA-Interim 再分析资料对 2011 年夏季江淮区域水汽汇的诊断分析[J]. 大气科学,**37**(6):1210-1218.

饶素秋. 1995. 黄河三门峡—花园口"82·8"大暴雨期间水汽输送分析[J].人民黄河,**5**:2-5.

孙颖,丁一汇. 2008. IPCC AR4 气候模式对东亚夏季风年代际变化的模拟性能评估[J].气象学报,**66**(5):765-780.

陶杰,陈久康. 1994. 江淮梅雨暴雨的水汽源地及其输送通道[J].南京气象学院学报,**4**:443-447.

王金霞,李浩,夏军,等.2008. 气候变化条件下水资源短缺的状况及适应性措施:海河流域的模拟分析[J]. 气候变化研究进展,**4**(6):336-341.

王金星,张建云,李岩,等. 2008. 近 50 年来中国六大流域径流年内分配变化趋势[J]. 水科学进展,**19**(5):656-661.

王艳君,姜彤,刘波. 2010. 长江流域实际蒸发量的变化趋势[J]. 地理学报,**65**(9):1079-1088.

王英,曹明奎,陶波,等. 2006. 全球气候变化背景下中国降水量空间格局的变化特征[J]. 地理研究,**25**(11):1031-1040.

温姗姗,姜彤,李修仓,等. 2014. 1961—2010 年松花江流域实际蒸散发时空变化及影响要素分析[J]. 气候变化研究进展,**10**(2):79-86.

吴国雄,刘还珠. 1987. 全球大气环流时间平均统计图集[M]. 北京:气象出版社.

徐淑英. 1958. 我国的水汽输送和水分平衡[J]. 气象学报,**29**:33-43.

徐祥德,陶诗言,王继志,等. 2002. 青藏高原—季风水汽输送"大三角扇型"影响域特征与中国区域旱涝异常的关系[J]. 气象学报,**3**:257-267.

许崇海,罗勇,徐影. 2010. IPCC AR4 多模式对中国地区干旱变化的模拟及预估[J]. 冰川冻土,**32**(5):867-874.

杨辉.2001. 长江中下游严重旱涝时期大气环流以及热源和水汽汇的异常[J]. Adv Atmos Sci,**18**(5):972-983.

叶笃正,黄荣辉,等. 1996. 长江黄河流域旱涝规律和成因研究[M]. 济南:山东科学技术出版社.

伊兰,陶诗言. 1997. 定常波和瞬变波在亚洲季风区大气水分循环中的作用[J]. 气象学报,**55**(5):532-544.

曾燕. 2004. 黄河流域实际蒸散分布式模型研究[D]. 北京:中国科学院研究生院博士论文.

翟盘茂,任福民,张强. 1999. 中国降水极端值变化趋势检测[J]. 气象学报,**57**(2):208-216.

张建云,王金星,李岩,等. 2008. 近 50 年我国主要江河径流变化[J]. 中国水利,(2):31-34.

张莉,丁一汇,孙颖. 2008. 全球海气耦合模式对东亚季风降水模拟的检验[J]. 大气科学,**32**(2):261-276.

张庆云,卫捷,陶诗言. 2003. 近 50 年华北干旱的年代际和年际变化及大气环流特征[J]. 气候与环境研究,**8**(3):307-318.

张庆云. 1999. 1880 年以来华北降水及水资源的变化[J]. 高原气象,**18**(4):486-495.

赵瑞霞,吴国雄. 2006. 黄河流域中上游水分收支以及再分析资料可用性分析[J]. 自然科学进展,**16**(3):316-324.

赵瑞霞,吴国雄. 2007. 长江流域水分收支以及再分析资料可用性分析[J]. 气象学报,**65**(3):416-427.

赵瑞霞,吴国雄,张宏. 2008. 夏季风期间长江流域的水汽输送状态及其年际变化[J]. 地球物理学报,**51**(6):1670-1681.

Fukutomi Y,Igarashi H,Masuda K,et al. 2003. Interannual variability of summer water balance components in three major river basins of northern Eurasia[J]. J Hydrometeorology,**4**:283-296.

Gao G,Chen D L,Xu C Y,et al. 2007. Trend of estimated actual evapotranspiration over China during 1960-2002[J]. J Geophys Res,**112**(11):11-16.

Gao G,Xu C Y,Chen D L. 2012. Spatial and temporal characteristics of actual evapotranspiration over Haihe River basin in China[J]. Stochastic Environmental Research and Risk Assessment,**26**(5):655-669.

Hu Y Y, Fu Q. 2007. Observed poleward expansion of the Hadley Circulation since 1979 [J]. Atmos Chem Phys,**7**:5229-5236.

Huntington T G. 2006. Evidence for intensification of the global water cycle:Review and synthesis[J]. J Hydrology,**319**(1-4):83-95.

IPCC. 2007. Summary for Policymakers of Climate Change 2007:The Physical Science Basis. Contribution of Working Group I to the Fourth Assessment Report of the Intergovernmental Panel on Climate Change [M]. Cambridge:Cambridge University Press.

IPCC. 2014. Climate Change 2013. The Physical Basis:Contribution of Working Group I to the Fifth Assessment Report of the Inter-government Panel on Climate Change. Cambridge:Cambridge University Press.

Li Q P,Ding Y H. 2012. Climate simulation and future projection of precipitation and the water vapor budget in the Haihe River Basin[J]. Acta Meteorological Sinica,**26**(3):345-361.

Li X C,Gemmer M,Zhai J Q,et al. 2013. Spatio-temporal variation of actual evapotranspiration in the Haihe River Basin of the past 50 years[J]. Quaternary International,**304**(5):133-141.

Liu J L, Stewart R E. 2003. Water vapor fluxes over the Saskatchewan River Basin [J]. J Hydrometeorology,**4**(5):944-959.

Marengo J A. 2005. Characteristics and spatio-temporal variability of the Amazon River Basin water budget[J]. Climate Dynamics,**24**:11-22.

Oki T,Kanae S. 2006. Global hydrological cycles and world water resources[J]. Science,**313**:1608-1072.

Smirnov V V,Moore G W K. 1999. Spatial and temporal structure of atmospheric water vapor transport in the Mackenzie River Basin[J]. J Clim,**12**(3):681-696.

Smirnov V V,Moore G W K. 2001. Short-term and seasonal variability of the atmospheric water vapor transport through the Mackenzie River Basin[J]. J Hydrometeorology,2(5):441-452.

Song Y,Liu Y,Ding Y. 2012. A study of surface humidity changes in China during the recent 50 years[J]. Acta Meteorologica Sinica,26:541-553.

Stewart R E,Crawford R W,Leighton H G,et al. 1998. The Mackenzie GEWEX Study:The water and energy cycles of a major North American River Basin[J]. Bull Amer Meteor Soc,79:2665-2683.

Sun Y,Solomon S,Dai A,et al. 2006. How often does it rain? [J]. J Climate,19:916-934.

Trenberth K E,Asrar G R. 2014. Challenges and opportunities in water cycle research:WCRP contributions[J]. Surveys in Geophysics,35:515-532.

Trenberth K E,Smith L,Qian T T,et al. 2007. Estimates of the global water budget and its annual cycle using observational and model data[J]. J Hydrometeorology,8(4):758-769.

Wang Y J,Liu B,Su B D,et al. 2011. Trends of calculated and simulated actual evapration in Yangtze River Basin[J]. J Clim,24:4494-4507.

Yi L. 1995. Characteristics of the mean water vapor transport over Monsoon Asia[J]. Adv Atmosc Sci,12(2):195-206.

Yin Y H,Wu S H,Zhao DS,et al. 2013. Modeled effects of climate change on actual evapotranspiration in different eco-geographical regions in the Tibetan Plateau[J]. J Geograph Sci,23(2):195-207.

Zhang Y Q,Liu C M,Tang Y H,et al. 2007. Trends in pan evaporation and reference and actual evapotranspiration across the Tibetan Plateau[J]. J Geophys Res,112(12),DOI:10.1029/2006JD008161.

第 5 章　中国大气气溶胶分布的主要特征和辐射强迫

主要作者:张　华　王志立　王体健
贡献作者:石广玉　崔振雷　荆现文　沈钟平　张　峰　尹　青　彭　杰

5.1　气溶胶的基本概念

气溶胶粒子是指悬浮在大气中的直径为 $0.001 \sim 100~\mu m$ 之间的固体和液体微粒共同组成的多相体系。根据其化学组成,大气中的气溶胶主要包括硫酸盐、含碳气溶胶(黑碳和有机碳)、硝酸盐、海盐以及沙尘气溶胶等。大气中的气溶胶颗粒可以来自自然源,也可以是人为产生的。自然来源主要是火山喷发的烟尘、被风吹起的土壤微粒、海水飞溅扬入大气后而被蒸发的盐粒、细菌、微生物、植物的孢子花粉、流星燃烧所产生的细小微粒和宇宙尘埃等等。人为源主要是化石燃料和生物质燃烧以及土地利用/覆盖的变化等人类活动。就全球而言,每年排放到大气中的气溶胶总量约为 3440 Tg,其中 10% 来自人为源(Andreae,1995)。但自工业化以来,由于工农业生产、城市发展和人口增长等人为因素造成人为气溶胶的排放快速增长,在某些城市和工业区甚至超过了自然排放。

气溶胶颗粒不仅对天气、气候有重要影响,还能影响环境质量,危害人体健康。近年来,人们普遍关注的 $PM_{2.5}$ 和 PM_{10} 就是由气溶胶颗粒组成。$PM_{2.5}$ 是指大气中直径小于或等于 $2.5~\mu m$ 的颗粒物,也称为可入肺颗粒物。PM_{10} 是指大气中直径小于或等于 $10~\mu m$ 的颗粒物,也称为可吸入颗粒物。$PM_{2.5}$ 粒径小,富含大量的有毒、有害物质且在大气中的停留时间长、输送距离远,因而对人体健康和大气环境质量的影响更大。

5.2　气溶胶浓度的分布特征

5.2.1　硫酸盐

硫酸盐气溶胶是影响地球大气系统能量收支的一种重要物质,其浓度变化一方面影响着对流层化学循环和化学平衡,另一方面影响着地气系统的辐射收支,并最终影响气候变化。硫酸盐同时是一种重要的污染物和致酸物质,能引起大气污染、酸雨等一系列环境问题。

对流层硫酸盐主要来自自然和人类活动所排放的二氧化硫(SO_2)。IPCC(2007)指出,硫酸盐气溶胶的源排放约72%来自化石燃料燃烧,2%左右来自生物质燃烧,海洋浮游植物排放的二甲基硫约占19%,火山排放约占7%。20世纪90年代全球SO_2总排放量为91.7~125.5 TgS/a,其中人为源占66.8~92.4 TgS/a。在对流层,三分之二以上的SO_2是人为排放的(包括工业活动、化石燃料的燃烧及生物质燃烧等),尤其是北半球,人为排放的SO_2大约为自然排放量的5倍。南半球的SO_2主要来自自然排放。自然排放主要来源于海洋浮游植物以二甲基硫(DMS)的形式贡献出的硫,二甲基硫与空气中的化合物发生反应生成SO_2。另外,少量的SO_2来源于火山以及沼泽和泥炭地。降水和大气环流能除去大气中大约一半的SO_2。由于SO_2和硫酸盐气溶胶在对流层中只能存在几天的时间,因此它们在大气层中的平均含量直接与排放速率和在大气中存在时间成正比。Streets等(2003)指出,从1980年到2000年,亚洲SO_2的排放明显增加,达到了17 TgS/a,主要归咎于发展中国家经济的发展、对含硫物质的大量使用。目前,东亚是全球硫化物排放较多的地区之一,近年来伴随着经济的高速增长有更多的含硫气体排入大气中。大量生成的硫酸盐气溶胶除了使环境恶化外,还可能对该区域的气候造成一定影响。

SO_2转化为硫酸盐的过程大致可以分为两种途径:在晴空,SO_2在水汽存在的情况下能通过若干步骤复杂的系列反应生成气态硫酸盐(H_2SO_4)。这种化合物形成的粒子大小只有几分之一微米。微粒的形成是通过在现存粒子上的凝聚作用或是通过与水汽或其他H_2SO_4分子的相互反应来实现的。H_2SO_4然后与少量的氨反应生成不同水合形式的硫酸铵盐((NH_4)$_2SO_4$)。硫酸盐微粒还可以在云中生成。另外,SO_2首先为云滴内低浓度的双氧水(H_2O_2)所氧化,形成处于溶解状态下的H_2SO_4和(NH_4)$_2SO_4$。在云滴中酸式硫酸盐以一种强烈的水合形式存在,水合物中水分子与硫酸盐相结合。这些液滴蒸发后,留下硫酸盐微粒。作为硫酸盐气溶胶的前体物,我国SO_2污染在大多数城市处于较高浓度水平。据1992年对我国76个城市的监测结果统计,空气SO_2浓度超过世界卫生组织(WHO)推荐的上限值60 $\mu g/m^3$的城市数46个,占60.5%;年日均值超过我国三级标准(100 $\mu g/m^3$)的城市有23个,占30.3%。近年来观测表明,中国城市大气中硫酸盐气溶胶日浓度的年平均值约在25.2~46.3 $\mu g/m^3$之间,其中浓度比较高的在中原地区(郑州46.3 $\mu g/m^3$)、关中平原(西安40.0 $\mu g/m^3$)、北京南部的省区(河北固城36.5 $\mu g/m^3$)、四川盆地(成都)和珠三角地区(广东番禺)(25~35 $\mu g/m^3$)(Zhang et al.,2011)。

　　在硫酸盐气溶胶的数值模拟方面,国内研究者开展了许多工作。王喜红等(2001)利用硫化物输送模式对东亚地区人为硫酸盐柱含量的研究表明,硫酸盐柱含量分布具有明显的区域及季节变化特征。1 月,高值区主要位于长江中下游,其中长江三角洲柱含量最大,最大值可以达到 25.6 mg/m²。7 月,高值区明显北移,主要位于山东半岛、华北地区及朝鲜半岛,最大值为 21.9 mg/m²。张美根等(2003)结合最新评估的东亚地区 1°×1°污染源资料,利用由区域大气模式系统(RAMS)和区域大气质量模式系统(CMAQ)耦合的空气质量模式系统,对东亚地区 2001 年春季气溶胶的输送及其化学转化过程进行了研究模拟。结果表明,中国区域硫酸盐气溶胶浓度高值主要是人为排放的二氧化硫造成的,100°E 以东的中国广大地区的硫酸盐气溶胶柱含量超过了 6 mg/m²,最高值达到 24 mg/m²,柱含量 >16 mg/m² 的区域延伸到中国近海的广大海域。高丽洁等(2004)利用中尺度气象模式和欧拉输送模式的模拟结果表明,硫酸盐的柱含量最大值超过了 25 mg/m²,分布集中在华中、华东和西南地区;受降水及气温因素的共同影响,硫酸盐的柱含量具有明显的季节变化特征,表现为春秋季偏大,夏季最小。吴涧等(2005)利用区域气候模式 RegCM2 与大气化学模式连接的模拟系统,研究了中国地区人为排放生成的硫酸盐气溶胶分布,硫酸盐柱含量在 1、4、7、10 月分别为 1.63、3.03、2.76、2.25 mg/m²。吉振明等(2010)使用一个耦合入化学过程的区域气候模式(RegCM3),结合亚洲区域较新的排放清单,对东亚硫酸盐浓度的模拟表明,冬季硫酸盐气溶胶主要分布在印度半岛东北部、中南半岛以及我国东部的黄河以南地区,最大值出现在四川盆地,中心含量在 25 mg/m² 以上,可能是受较强冬季风影响,硫酸盐的柱含量在排放同样较多的我国东北地区并不是很大。夏季硫酸盐气溶胶的主要分布特征和冬季类似,但范围和数值更大,其中大于 25 mg/m² 的高值区主要位于我国四川盆地,长江以北至华北平原大部分地区的柱含量在 20 mg/m²以上(图 5.1a,b)。

5.2.2　黑碳

　　黑碳气溶胶(BC)是大气气溶胶的重要组成部分,同时也是大气气溶胶中的强光学吸收部分,主要吸收太阳的短波辐射,是大气中一类较为特殊的气溶胶。它是由含碳物质(包括煤和石油等化石燃料、植物秸秆等生物质燃料)不完全燃烧排放到大气中的无定形碳颗粒物。黑碳的粒径尺度主要是在 1 μm 以下,约为 0.01~1 μm,中值为 0.1~0.2 μm。刚排放到大气中的黑碳是厌水性的,但当它们在大气中停留一段时间后部分黑碳粒子可以在其表面裹上一层亲水性物质而变为亲水性气溶胶,转化时间通常在 1 d 或者 1.5 d 左右(Roberts et al.,2004)。同时,只有当黑碳完全亲水后才能够充当云的凝结核。黑碳粒子本身不溶于极性和非极性溶剂,其在空气或氧气中被加热到 350~400℃ 时仍保持稳定。正因如此,它不可能

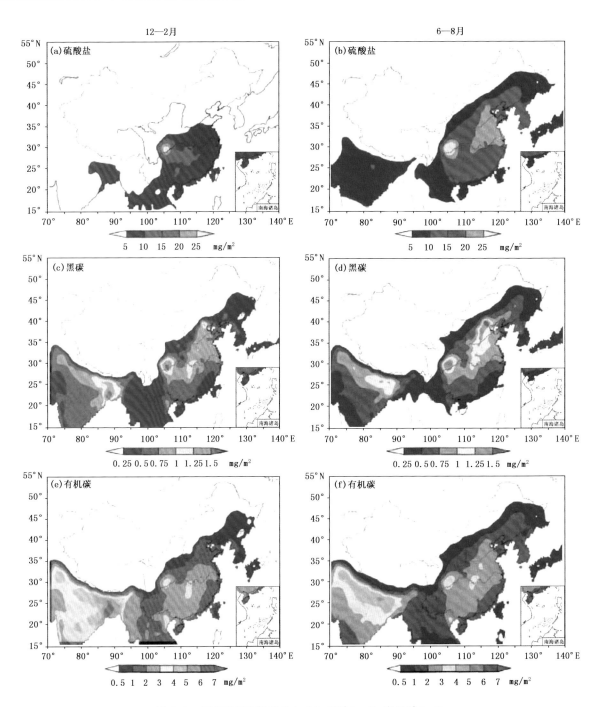

图 5.1　冬季和夏季硫酸盐(a,b)、黑碳(c,d)、有机碳(e,f)
气溶胶平均柱浓度含量(吉振明等,2010)

在大气中通过化学途径生成和清除。在光吸收特性上,它比 CO_2、CH_4 和 O_3 有更宽的吸收波段(从紫外到红外),其在短波波段的消光系数较大,一般达到 $10~m^2/g$,单次散射反照率(SSA)一般小于 0.3,说明黑碳对太阳的短波辐射有很强的吸收作用;同时,黑碳还能够吸收和发射红外辐射,从而影响地气系统的长波辐射传输。黑碳在大气中被清除的主要途径是通过干湿沉降。对于厌水性部分,黑碳以干沉降过程为主;而表面上发生氧化、光氧化等过程变为亲水性部分的黑碳通过参与云过程和降水过程被清除,但也有部分通过干沉降被清除。由于黑碳粒子粒径小,它能够在大气中停留较长的时间,生命期在一周左右。

　　黑碳的源可分为自然源和人为源两种。自然源的排放主要以火山爆发、森林大火为主,具有很强的区域性和偶然性。人为源主要是以燃煤、石油等化石燃料以及生物质的燃烧为主,也有较强的区域性。如在发达国家特别在欧美,主要是由化石燃料的燃烧为主;而在东亚、东南亚主要是以燃烧生物质为主,如秸秆的燃烧,具有明显的季节性。中国对黑碳的研究始于 20 世纪 80 年代中后期,主要关注黑碳的源排放和输送,开展了外场观测(汤洁等,1999;张美根等,2005)。中国是以煤烟型污染为主要特征的国家,是黑碳的重要源排放区,全球有近 1/4 的黑碳是由中国贡献的,主要归结于煤等化石燃料和秸秆等生物质的大量燃烧以及低能源使用率、低技术水平(David et al.,2001)。曹国良等(2006)通过汇总基础数据,并采用一些新的、中国特有的排放因子,计算了中国大陆 2000 年高时空分辨率的黑碳排放源清单,表明黑碳总的排放量为 $149.94×10^4$ t。黑碳的排放具有较强的季节性,1 月和 12 月的排放量最大,7 月和 8 月的排放量较小。

　　在黑碳浓度的观测方面,国内开展了不少的工作。1992—1994 年我国在青海省西宁市西南方向约 90 km、海拔 3810 m 的瓦里关山上建立了我国第一个全球大气本底基准观象台,这也是世界上第一个位于欧亚大陆内陆地区的 WMO/GAW 监测站,黑碳气溶胶监测作为其中一项业务工作自 1994 年连续观测运行至今,并已得到部分具有一定研究价值的结果。汤洁等(1999)给出了 1994 年 7 月到 1995 年底在瓦里关本底站进行的黑碳气溶胶观测结果,结合气象观测资料以及我国东部地区的部分观测结果对该地区大气中的黑碳气溶胶浓度及其变化特点进行了讨论分析。瓦里关地区的大气黑碳气溶胶月平均浓度为 $130\sim300~ng/m^3$,大大低于我国东部地区;该地区大气中黑碳气溶胶浓度的变化明显与来自工业及人口集中地区的污染气团的影响有关,不同风向时的黑碳气溶胶浓度水平有明显的差异;该地区黑碳气溶胶的本底浓度范围为 $50\sim120~ng/m^3$,冬季该地区大气黑碳气溶胶的平均浓度和本底浓度都较低,而春季较高。秦世广等(2007)结合常规气象资料,对 1999 年 9 月至 2000 年 8 月四川温江黑碳气溶胶观测资料分析表明,该地区黑碳气溶胶浓度变化十分剧烈,日平均浓度在 $1.2\sim20.0~\mu g/m^3$ 之间。其浓度日变化具有明显的双峰特征;季节变化表现为冬季 1 月最大,中值接近 $8.0~\mu g/m^3$,5 月也存在一个浓度高值。高润祥等(2008)利用西北地区兰州、敦煌和塔中 3 个观测站,分析了这些地区 2006 年春季黑碳的分布特征。结果表明:兰州地区黑碳质量浓度均值最高,达 2.22 $\mu g/m^3$,敦煌地区为 1.89 $\mu g/m^3$,塔中地区为 2.07 $\mu g/m^3$,低于北京、上海和珠三角等地区,高于瓦里关本底站观测值。黑碳的日变化具有明显的峰谷特征,一般在 12:00—14:00 质量浓度低,08:00 前后和 20:00 前后质量浓度较高,这主要取决于其源的日变化及其在近地层中的湍流交换以及大气稳定度的日变化等。最近的观测表明,中国各大城市黑碳浓度基本在 5.2～12.3 $\mu g/m^3$之间,远离城市区域的区域性站点观测到的黑碳浓度在 2.2～4.5 $\mu g/m^3$ 之间(Zhang et al.,2011)。

模式研究方面也取得了一些成果。庄炳亮等(2009)利用区域气候模式(RegCM3)与对流层大气化学模式(TACM)的耦合模式模拟了中国地区黑碳气溶胶的分布。结果表明,我国黑碳气溶胶主要集中在四川、河北、山东等地,1 月浓度最高值中心在四川,达到 4 $\mu g/m^3$,而 7 月则出现在华北地区,高值中心值为 3.5 $\mu g/m^3$。地面浓度的季节差异不是很明显(图 5.2)。

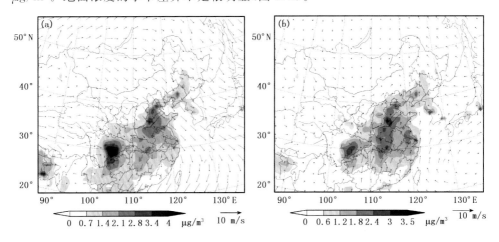

图 5.2   1 月(a)和 7 月(b)黑碳地表浓度分布(庄炳亮等,2009)

吉振明等(2010)利用一个耦合了化学过程的区域气候模式(RegCM3),结合 REAS(Regional Emission inventory in Asia)排放清单模拟黑碳气溶胶的浓度表明,冬季黑碳气溶胶主要分布在印度半岛和我国东部,2 个大于 1.25 mg/m^2 的高值中心分别位于印度半岛东北部和四川盆地。夏季分布与冬季类似,但夏季的 2 个高值中心的强度减弱,这可能与夏季季风降水引起的湿沉降有关。此外,夏季在华北地区北部出现了一个新的大值区(图 5.1c,d)。

5.2.3   有机碳

有机碳(OC)并不是特定分子组成的一种或一类有机物,它是由成百上千种有机化合物组成的。从饱和蒸汽压的角度,可以分为挥发性有机物(VOCs)、半挥发性有机物(SVOCs)以及不挥发性有机物。按分子官能团的性质可分为多环芳烃、正构烷烃、有机酸、羰基化合物(醛类、酮类)及杂环化合物。有机碳的来源比较复杂,一般按形成过程可以分为一次有机碳(POC)和二次有机气溶胶(SOC)。一般认为 SOC 是挥发性有机物被大气中的臭氧以及 NO_3、OH 等自由基氧化而成的,并主要以细颗粒形式存在。POC 主要来自各种燃烧过程的直接排放,而且多以细颗粒形式存在。

北京地区有机碳的主要来源是煤的燃烧、机动车排放以及生物质燃烧,在 5 月、6 月和 7 月,生物质燃烧对北京郊区站点有机碳浓度的贡献分别为 50%、70% 和 46%,而对北京城区站点有机碳浓度贡献分别为 32%、43% 和 10%(Dan et al., 2004)。SOC 在有机碳中占相当的比重,高达有机碳总浓度的 50% 以上,在夏季这个比重可高达 95%,而即使在冬季 SOC 也约占有机碳的 40%(Duan et al., 2005)。观测表明,在上海地区 $PM_{2.5}$ 中碳气溶胶约占 41%,而在碳气溶胶中 73% 为有机碳;在珠三角地区,冬季 $PM_{2.5}$ 中的有机碳平均浓度为 14.7 $\mu g/m^3$,其中 SOC 占有机碳的 42.6%;北京地区碳气溶胶占总 $PM_{2.5}$ 的 50% 左右,其中有机碳约占 35%。有机碳浓度具有明显的季节变化,表现为冬季浓度最高,秋、春季次之,夏季浓度最低,全年平均浓度约 25 $\mu g/m^3$(Cao et al., 2003;Ye et al., 2003;Duan et al., 2006)。重庆地区春秋季有机碳的平均浓度为(57.5±20.8) $\mu g/m^3$,碳气溶胶约占 PM_{10} 的 34%,春季和秋季 SOC 占有机碳的比重分别为 48% 和 61%(Ye et al., 2007)。广州城区碳气溶胶约占 $PM_{2.5}$ 的 32%~35%,而香港城区比重约 43%~57%;广州城区 SOC 约占有机碳的 21%~42%,占 $PM_{2.5}$ 的 4.2%~6.8%(Duan et al., 2007)。Wang 等(2006)研究了中国 14 个城市有机碳的时空分布特征及其组成,表明各城市冬季的浓度普遍高于夏季,冬季最高有机碳浓度为 28 $\mu g/m^3$,夏季最高有机碳浓度为 6.6 $\mu g/m^3$。重庆的碳气溶胶污染最为严重,西安和广州次之。Zhang 等(2008)观测表明,中国地区有机碳背景浓度为(3.0±0.21) $\mu g/m^3$,区域浓度为(16.1±5.2) $\mu g/m^3$,而城市平均浓度为(33.1±9.6) $\mu g/m^3$,区域背景地区具有较高比重的 SOC 存在。

在数值模拟方面,Han 等(2008)利用 RAQMS 模式系统研究了中国地区夏季碳气溶胶的区域分布,表明有机碳的高浓度区主要在长三角、华中和华北等地区,模拟的平均浓度最高约为 15 $\mu g/m^3$,SOC 的高浓度主要在长三角地区。吉振明等(2010)利用区域气候模式的模拟表明,有机碳在中国东部地区的分布在冬夏季差别不是很大,其柱含量基本在 2 mg/m^2 左右(图 5.1e,f)。

5.2.4　硝酸盐

硝酸盐是大气气溶胶中的重要成分之一,与硫酸盐相比,它并不是主要存在于细粒子中,在粗粒子中也有大量硝酸盐存在。一般认为硝酸盐粒子的产生主要有两种途径:一是氮氧化物(NO_x)通过氧化形成硝酸,硝酸再与其他成分反应形成硝酸盐粒子,或者气溶胶粒子吸收硝酸或硝酸盐转化成含硝酸盐的粒子;另一途径是在气溶胶粒子表面通过氮氧化物的非均相氧化形成硝酸盐。硝酸盐属于挥发性的气溶胶物种,其生成反应是可逆的,反应物种浓度、温度、相对湿度都会对平衡过程产生影响。从大气环境的角度来看,气一粒转化形成的次生型硝酸盐气溶胶属于$PM_{2.5}$的主要成分之一。从气候的角度,次生型硝酸盐气溶胶作为细粒子,对太阳辐射的散射作用较强,同时也影响云的反照率和寿命,可以通过直接和间接辐射效应影响气候。

硝酸的前体物NO_x的释放源主要包括:化石燃料燃烧排放(主要是高温燃烧时燃料中 N 的氧化和对大气 N_2 的固定,包括汽车尾气、电厂和冶炼厂的排放等)、生物质燃烧释放、土壤中 N 的微生物过程释放、闪电合成、平流层光化学反应、飞机排放和大气中 NH_3 的氧化。随着我国国民经济持续增长和人口增加,以各种炉窑等燃烧设备和机动车为代表的大气污染排放固定源和移动源急剧增加,由此造成的 NO_x 排放及污染问题也变得愈来愈严重。卫星资料显示,20 世纪 90 年代以来我国中东部地区的 NO_2 的柱含量呈明显增加的趋势(Richter et al. ,2005)。目前,我国 NO_x 超标城市不断增多,在国家统计的城市中,有近 50% 的城市 NO_x 浓度超过国家二级年日均值标准(郝吉明等,2003)。周筠珺等(2004)利用 NASA 提供的 $2.5°×2.5°$ 卫星闪电格点资料,对东亚地区闪电产生 NO_x 的时空分布进行分析,结果表明闪电产生的 NO_x 在东亚地区的年总产量平均值为 2.3 Tg,年产量约为非闪电源年排放总量的23%。虞江萍等(2008)根据 2004 年我国不同省(区、市)农村生活用能源的消耗量和不同燃料的污染物排放因子,估算了我国农村生活能源利用过程中的 NO_x 排放量,表明 NO_x 主要来自秸秆和薪柴的燃烧,排放量达 $72×10^4$ t。张楚莹等(2008)根据能源相关部门的活动水平和排放因子,建立了 2000 年和 2005 年中国分行业的 NO_x 排放清单,得出我国 2000 年和 2005 年的排放量分别达 $12.1×10^6$ t 和 $19.1×10^6$ t。

近年来,我国学者对硝酸盐气溶胶作了一些采样和分析工作。Wang 等(2006)从 2003 年 9 月至 2005 年 1 月在上海的两个观测点的采样分析表明,相对于中国其他城市,上海有最高的 NO_3^-/SO_4^{2-} 值,说明在中国大城市的污染物中硝酸盐已变得越来越重要。Zhang 等(2011)的观测结果表明,中国城市大气硝酸盐气溶胶年平均的日均值约在 $10.1\sim21.8$ $\mu g/m^3$ 之间,这其中浓度较大的在中原地区(郑州)、关中平原(西安)和北京南部的省区(河北固城)($17.0\sim21.8$ $\mu g/m^3$),四川盆地(成都)、珠三角(广东番禺)和东北城市(大连)的浓度在 $10.1\sim14.1$ $\mu g/m^3$ 之间。

在硝酸盐气溶胶的数值模拟方面,Wang 等(2007)采用区域酸沉降模式系统

(RegADMS)，分析了长三角城市群 1996—2003 年污染物的跨境输送。结果显示：这一时期雨水中硝酸根离子有明显增加的趋势，而 SO_4^{2-} / NO_3^- 的值则出现降低，说明硝酸根离子在雨水的酸化方面正扮演越来越重要的角色。Zhang 等（2007）利用由区域大气模式系统和区域大气质量模式系统的耦合模式模拟了东亚地区 2001 年 1 月、4 月、7 月、10 月的硝酸盐气溶胶浓度，结果显示硝酸盐浓度在冬、春、秋季较高，夏季较低，浓度的最高值出现在中国东部，主要是受氮氧化物和氨气排放量高的影响。此外，硝酸盐浓度的季节变化也明显受到温度和降水的影响。Li 等（2010）也利用区域气候模式与对流层大气化学模式耦合系统模拟了中国地区人为硝酸盐气溶胶的分布，模拟结果显示，硝酸盐气溶胶的高浓度区位于我国河南、山东、河北、北京和四川等省（市），最大浓度高于 12 $\mu g/m^3$（图 5.3）。

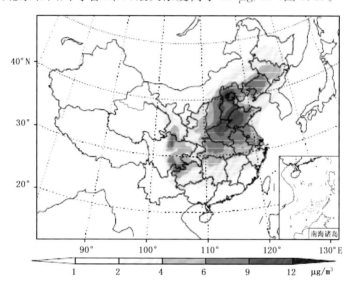

图 5.3　模拟的年平均硝酸盐气溶胶表面浓度的分布（Li et al., 2010）

5.2.5　沙尘

沙尘气溶胶，又称为矿物气溶胶，是对流层气溶胶的主要构成成分，占对流层气溶胶总量的 1/3。沙尘产生是一个非常复杂的过程，影响起沙的主要因子包括地表特征和天气条件。地表条件主要考虑土地利用、植被覆盖、土壤类型与土壤湿度等，而天气条件主要考虑地表的摩擦速度。摩擦速度是关于地面粗糙度、粒子大小以及土壤湿度的函数。人为活动的影响也会改变地表的特征，从而改变沙尘的排放量。排放的沙尘只有很少的一部分变成大气中的悬浮粒子，这取决于粒径的大小和大气的环境状况，一般粒径大于 50 μm 的粒子很难悬浮在大气中。黄美元等（1998）研究发现能被起沙并输送的粒子主要是直径为 2～22 μm 的粒子，较小的

（$< 2\ \mu m$）或较大的（$> 22\ \mu m$）的粒子起沙和输送都比较少,因为小粒子起沙需要的风速较大,而大粒子则很难被输送。

大气中沙尘气溶胶的生命期取决于粒径的大小,粒径大于 $10\ \mu m$ 的粒子大约为几个小时,而微米以下粒径的粒子则会存在几周甚至更长时间,其生命期又与降水效率、粒子的垂直分布以及粒子特性等有关。停留在大气中的沙尘粒子会随着主流风向进行远距离的输送,甚至可以输送到离源地几千米以外的地区。不同粒径的气溶胶粒子在空中的高度不同,传播距离也不一样,粒径越小的微粒在空中传播的距离越远。沙尘气溶胶的主要沉降机制是由于重力作用的干沉降,在源区干沉降起主导作用,使得大量的大粒子沉降。另一个沉降机制是湿沉降,主要是降水的冲刷作用以及沙尘粒子与云的相互作用,沙尘气溶胶可以充当云凝结核以及冰核而被清除。

我国的沙尘气溶胶潜在源地分别在西北部的干旱、半干旱地区的沙漠、戈壁、流沙地区、裸露地和新开垦的农田,如塔克拉玛干—戈壁沙漠和黄土高原,在春季中国北方裸露的草原和耕地也会成为沙尘源区。Qian 等(1997)通过对 50 年以来我国西北地区强和特强沙尘暴个例的分析发现,沙尘暴的主要发生地区有三个:(1)吐鲁番—哈密盆地,沙尘粒子来源于准噶尔盆地的古尔班通古特沙漠;(2)南疆的塔里木盆地周围,其中以和田、民丰为主,沙尘主要来源于塔克拉玛干沙漠、库姆塔格沙漠和柴达木盆地沙漠;(3)甘肃的民勤、武威等地,沙尘粒子主要来源于内蒙古的巴丹吉林沙漠、腾格里沙漠和乌兰布和沙漠。我国北部每年输入到大气中的沙尘气溶胶总量为 43.5×10^6 t,其中春季为 25×10^6 t,夏季为 2.5×10^6 t,秋季为 8.6×10^6 t,冬季为 7.4×10^6 t,粒子直径小于 $30\ \mu m$ 的气溶胶总量为 25×10^6 t,春季为 15×10^6 t(Xuan et al.,2000)。沙尘暴是我国西北部地区春季频繁发生的灾害性天气,年均发生次数达十余次,且呈现出发生时间早、持续时间长、强度大、灾害严重的特点。牛生杰等(2001)对贺兰山地区多次观测研究得出,该地区背景、浮尘、扬沙、沙尘暴天气条件下,沙尘气溶胶平均数浓度和质量浓度分别为 23 个/cm^3 和 0.10 mg/m^3,88 个/cm^3 和 0.32 mg/m^3,97 个/cm^3 和 0.42 mg/m^3,236 个/cm^3 和 1.14 mg/m^3。刘立超等(2005)对敦煌地区沙尘气溶胶进行长达 30 个月的观测研究表明,该地区不同天气下沙尘质量浓度存在量级差别,背景大气一般为 $10\ \mu g/m^3$,浮尘为 $10^2\ \mu g/m^3$,扬尘为 $10^3\ \mu g/m^3$,沙尘暴为 $10^3 \sim 10^4\ \mu g/m^3$。

从卫星云图上观测到,沙尘气溶胶大部分集中在对流层中下部。在沙尘发生源地 $0 \sim 30$ km 垂直空间内,气溶胶浓度有几个高值区:近地面、5 km 和 21 km。经过长距离输送后,沙尘气溶胶大多集中在 $500 \sim 1500$ m 的空间范围。在空中不同的位置,沙尘气溶胶粒径分布也明显不同,最下层(0.3 km 以下)以中粗沙粒(> 0.5 mm)为主,中层($0.3 \sim 10$ km)以细沙粒($0.05 \sim 0.5$ mm)为主,上层(10 km 以上)以粒尘(0.05 mm)为主。由于我国沙源在西北地区,其上空盛行西风或西北风，所以我国沙尘区水平气溶胶数浓度和大小是自西向东逐渐递减的。输送较远的粒子直径一般为 0.4～0.8 μm，分布范围最广的粒径为 0.4 μm。据航空观测，其中微细沙尘可被吹扬得很高，波及高度达 7500 m。沙尘气溶胶的垂直分布特征主要采用激光雷达和飞机以及高空探空气球等观测手段。20 世纪 80 年代末以来在我国北京、合肥等地多次利用激光雷达探测沙尘暴，取得了大量的沙尘暴期间大气中沙尘的垂直分布和变化资料。

5.3　气溶胶光学特性的分布特征

气溶胶吸收和散射能量的作用取决于气溶胶的光学性质。气溶胶的光学性质包括消光系数、单次散射比、非对称因子和光学厚度。气溶胶的这些光学特性又决定于气溶胶粒子的尺度、形状、组成、数浓度、质量浓度和表面积等相关参数。其中，气溶胶消光系数是吸收系数和散射系数之和；非对称因子是粒子前向散射与后向散射的比值；单次散射比是散射系数与消光系数的比值。气溶胶光学厚度（AOD），定义为介质的消光系数在垂直方向上的积分，是描述气溶胶对光的衰减作用的。大气气溶胶光学厚度是表征气溶胶光学特征的一个重要物理量，它对评价大气环境污染，研究气溶胶的辐射气候效应等都具有十分重要的意义。

由于气溶胶时空分布和变化区域差异明显，长期、连续、直接的大气气溶胶光学特性观测资料在我国仍较为缺乏。Luo 等（2001）对 20 世纪 90 年代以前中国地区大气气溶胶光学厚度的时空分布特征及其长期变化趋势的研究表明，1961—1990 年，我国气溶胶光学厚度总体呈明显增加趋势，从 1960 年的 0.34 左右增加到 1990 年的 0.45 左右。其中西南地区东部、长江中下游地区及青藏高原主体，大气气溶胶增加最为明显；华北地区、山东半岛、青海东部和广东沿海，大气气溶胶增加也较明显；西北地区和东北地区大部气溶胶增加相对较小；而新疆西部与云南部分地区气溶胶有所减小。平均而言，我国气溶胶光学厚度春季最大（0.54），夏季最小（0.36），秋（0.37）、冬（0.42）次之；而气溶胶光学厚度的增加趋势春季最大，冬季最小，夏、秋季相当。Guo 等（2011）利用 TOMS 1980—2001 年 500 nm 处 AOD 资料和 MODIS 2000—2008 年 550 nm 处 AOD 资料，分析了中国八大典型区域 AOD 的年均值变化特征。八个典型区域的 AOD 均具有较为明显的年际振荡特征，长江三角洲、京津冀地区年均 AOD 从 1980—2008 年间一直保持线性增长趋势，比如长江三角洲地区：1980—1993 年间增长速度为 0.04/10a；1996—2001 年间增长较快，达到 0.47/10a；2000—2008 年为 0.12/10a。而京津冀地区的变化趋势与长江三角洲类似，一个显著的特征是其在 90 年代末期 AOD 增长速度居冠，达 0.56/10a。其他地区在 1980—1993 年基本上是负增长，90 年代后期呈现上升趋势。利用地面水平能见度估算中国地区气溶胶光学厚度的长期变化特征的结果表明，中国地区气溶胶光学厚度分布特征为东南高、西北低,东南部地区大气气溶胶光学厚度普遍超过0.4,四川盆地、华北地区和河南及长江中下游区域是主要高值区,其中最大值出现在四川盆地,其光学厚度可以超过0.8(秦世广等,2010)(图5.4)。

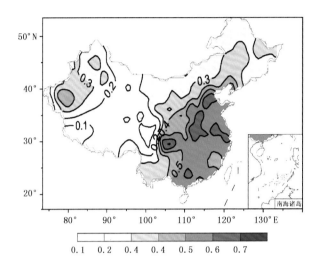

图5.4　2001—2005年中国地区多年平均气溶胶光学厚度分布(秦世广等,2010)

观测不能区分不同气溶胶的贡献,因此,结合2006年的气溶胶排放源资料,利用大气化学传输模式MATCH(Model of Atmospheric Transport and Chemistry)模拟中国地区不同气溶胶浓度和光学厚度的研究表明,中国地区硫酸盐气溶胶高值区主要分布在四川盆地、华北及长江流域等工业较发达地区,而且具有明显的季节变化,四川盆地及长江以南地区硫酸盐气溶胶1月浓度高于7月,长江以北的大部分地区7月浓度高于1月;黑碳气溶胶主要分布在黄河、长江中下游地区及华南等地区,1月浓度高于7月;沙尘气溶胶主要分布在内蒙古中部沙漠地区,4月浓度最高,7月次之,其他月份较少。中国的华北、华中和华南地区是气溶胶光学厚度的高值区,青藏高原和东北地区是低值区。在中国的华北、华中、华南和西南等大部分地区,硫酸盐气溶胶产生的光学厚度所占的比重较大,其次为有机碳气溶胶,黑碳气溶胶和海盐气溶胶所占比重较小(崔振雷等,2009)。

5.4　气溶胶辐射强迫的分布特征

5.4.1　气溶胶辐射强迫的定义

地球气候可以在一切时间尺度上因太阳短波辐射的散射和吸收以及地气系统吸收和发射的红外热辐射的变化而变化。如果气候系统处于平衡态,则其吸收的太阳辐射能将精确地等于地球和大气向外空发射的红外辐射能。任何能够扰动这种平衡并因此可能改变气候的因子都被称为辐射强迫因子,它们所产生的对地气系统的强迫则称为辐射强迫(IPCC,1990)。当辐射强迫因子变化时,平流层温度也将发生变化。按照是否允许平流层温度进行调整,可以把辐射强迫具体划分为:(1)瞬时辐射强迫,不考虑平流层温度的变化;(2)调整的辐射强迫,允许平流层温度对瞬时辐射强迫重新进行调整(IPCC,1994)。按照产生强迫的物理机制,辐射强迫又可分为直接辐射强迫和间接辐射强迫。

气溶胶的直接辐射强迫定义为有无气溶胶时大气顶或地表瞬时净短波辐射通量的差值:

$$RF = \Delta F(\text{all}) - \Delta F(\text{no})$$

式中 RF 代表气溶胶的直接辐射强迫,$\Delta F(\text{all})$ 代表含有气溶胶时的净辐射通量,$\Delta F(\text{no})$ 代表不含气溶胶时的净辐射通量。

气溶胶间接辐射强迫指气溶胶作为云凝结核或冰核改变云的微物理性质,造成的辐射通量或云辐射强迫的变化。

5.4.2　气溶胶的直接辐射强迫

由于新一代探测器和加强的全球观测计划,卫星资料反演晴空区气溶胶光学厚度得到很大发展。先进的气溶胶反演产品(如气溶胶 fine-mode 和粒子有效半径)的发展提高了估算气溶胶直接辐射强迫的潜力。人类排放气溶胶的直接辐射强迫在总气溶胶直接辐射强迫中所占的比重目前也成为人们致力研究的课题。但是,针对卫星反演产品的验证计划还需要进一步发展,而且常规的从卫星反演产品区分人为排放和自然气溶胶的方法仍然具有挑战性。

从 IPCC 第三次评估报告以来,由于气溶胶专用观测仪器和方法的发展,气溶胶直接辐射强迫的卫星资料分析得到很大发展,但仍具有一定的不确定性。IPCC 第四次评估报告中给出了多种仪器反演得到的晴空气溶胶直接辐射强迫的全球白天平均值大约为 -5.4 W/m^2,各种反演结果很接近,标准方差约为 0.9 W/m^2。利用 MODIS 卫星数据和 CERES 大气顶宽带辐射通量数据,估算海洋上空晴空人为气溶胶直接辐射强迫约为 -1.4 W/m^2(± 0.9 W/m^2)(Kaufman et al.,2005; Christopher et al.,2006)。Bellouin 等(2008)利用卫星观测资料计算得到,在云天(all sky)和晴空(clear sky)情况下总的气溶胶在大气顶的平均直接辐射强迫为 -0.65 W/m^2 和 -1.30 W/m^2。Myhre(2009)结合全球气溶胶模式和卫星资料,得到人为气溶胶的直接辐射强迫为(-0.3 ± 0.2)W/m^2。

近年来气溶胶的地基遥感发展很快,例如 AERONET 这样的太阳光度计站点以及像 EARLINET、ADNET、MPLNET 这样的激光雷达网络的建立。目前,大概有 150 个 AERONET 站点来观测气溶胶的月际和年际变化。从这些观测可以得到气溶胶的柱平均谱分布,以及特定波长的单次散射反照率和折射指数。这些从地面向上的观测还没有得到充分的验证,但是令人鼓舞的是很多研究已经表明它与机载仪器现场观测很相符。从 AERONET 气溶胶资料也可得到气溶胶的直接辐射强迫(Zhou et al.,2005)。

另外,辐射模式和气候模式也是计算气溶胶辐射强迫的主要工具。Myhre 等(2013)集合 16 个全球气溶胶模式报道了 Aerocom Phase II 获得的气溶胶的直接辐射强迫,结果表明工业革命以来总的人为气溶胶导致的直接辐射强迫的全球年平均值的范围为 $-0.27 \sim -0.02$ W/m^2。Zhang 等(2012a)建立了国家气候中心大气环流模式 BCC_AGCM2.0.1 与中国气象科学研究院大气成分研究所发展的气溶胶模式 CUACE/Areo 的在线耦合模式,模拟了典型种类气溶胶的直接辐射强迫,结果表明:硫酸盐、黑碳和有机碳三种气溶胶在东亚地区造成的大气顶和地表夏季平均的直接辐射强迫分别为 -1.4 W/m^2 和 -3.3 W/m^2。

也有一些针对个别气溶胶辐射强迫的研究。王志立等(2009)利用 NCAR 的全球大气模式 CAM3 计算了黑碳气溶胶在大气顶和地表的直接辐射强迫,结果表明:在有云条件下,黑碳气溶胶在大气顶产生正的直接辐射强迫,全球年平均强迫值为 $+0.33$ W/m^2;在地表产生负的直接辐射强迫,全球年平均强迫值为 -0.56 W/m^2。在晴空条件下,黑碳气溶胶在大气顶和地表的全球年平均辐射强迫值分别为 $+0.21$ W/m^2 和 -0.71 W/m^2。张华等(2008)利用一个改进的辐射传输模式,结合全球气溶胶数据集(GADS)的研究表明,与温室气体引起的整层大气都是正的辐射强迫不同,黑碳气溶胶的辐射强迫在对流层顶为正值,而在地面的辐射强迫却是负值。对北半球冬季和夏季而言,在对流层顶黑碳气溶胶的全球辐射强迫的平均值分别为 0.085 W/m^2 和 0.155 W/m^2,在地面则分别为 -0.37 W/m^2 和 -0.63 W/m^2。黑碳气溶胶在对流层顶正的辐射强迫和在地面负的辐射强迫的绝对值都随太阳天顶角的余弦和地表反照率的增加线性增大;地表反照率对气溶胶辐射强迫的强度和分布都有重要影响。黑碳气溶胶的辐射强迫分布具有明显的纬度变化特征,冬夏两季的大值区都位于 $30° \sim 90°N$ 之间,表明人类活动是造成黑碳气溶胶辐射强迫的主要原因。Zhang 等(2009)在气候模式中同时考虑了黑碳气溶胶和有机碳气溶胶的直接气候效应以及黑碳气溶胶的半直接效应,得出碳类气溶胶在大气顶和地表均产生的全球年平均辐射强迫值分别为 -0.24 W/m^2 和 -1.31 W/m^2。吉振明等(2010)利用区域气候模式的模拟结果表明,冬季,硫酸盐、黑碳和有机碳三种气溶胶在大气层顶的辐射强迫主要位于我国南方,其中以四川盆地最大,中心值在 -20 W/m^2 以上,北方的负强迫值相对较小;夏季,负强迫区的分布范围较广,包括印度半岛、中南半岛至我国中、东部,数值一般也较冬季大,最大值同样出现在四川盆地。

近年来,东亚地区硝酸盐气溶胶的浓度显著增高,也引起了研究者的广泛关注。Zhang 等(2012b)利用辐射传输模式计算中国区域硝酸盐气溶胶的辐射强迫表明,中国区域硝酸盐气溶胶在晴空和有云条件下产生的年平均辐射强迫分别为-4.51 W/m^2 和-0.95 W/m^2。春季,硝酸盐造成的直接辐射强迫的大值区位于中国中部、东部和东北部,最大强迫超过-2.70 W/m^2;夏季,硝酸盐造成的直接辐射强迫最小;秋季,硝酸盐最大直接辐射强迫出现在中国中部和东南部;冬季,硝酸盐最大直接辐射强迫位于中国中部(图 5.5)。

高丽洁等(2004)利用中尺度气象模式和欧拉输送模式估计了硫酸盐气溶胶对地面—对流层大气系统造成的直接辐射强迫。结果表明:硫酸盐的辐射强迫具有明显的季节变化特征,直接辐射强迫表现为冬春季强、夏秋季较弱,工业比较发达的华中、华东地区辐射强迫值较大,年均值分别达到了-1.53 W/m^2 和-1.51 W/m^2,华中地区的 12 月甚至达到了-3.33 W/m^2,华东地区 4 月达到-2.83 W/m^2,西北地区硫酸盐的辐射强迫最小,为-0.08 W/m^2。全国全年平均的直接辐射强迫值为-0.71 W/m^2。

沙尘气溶胶的辐射效应的定量化研究起步较晚,始于 20 世纪 90 年代中期。IPCC(2007)给出的沙尘气溶胶的直接辐射强迫为$-0.3\sim+0.1$ W/m^2,同时也指出结果间的差异非常大,需要开展大量的相关研究工作来减小目前的不确定性。为了定量了解沙尘气溶胶对气候的影响,Zhang 等(2010)利用辐射传输模式,结合全球气溶胶数据集(GADS),计算了晴空条件下冬夏两季沙尘气溶胶的直接辐射强迫在对流层顶和地面的全球分布,并讨论了云对辐射强迫的影响。结果表明,对北半球冬季和夏季而言,对流层顶沙尘气溶胶的全球短波辐射强迫平均值分别为-0.48 W/m^2 和 -0.5 W/m^2,长波辐射强迫分别为 0.11 W/m^2 和 0.09 W/m^2;全球平均短波地面辐射强迫冬夏两季分别为-1.36 W/m^2 和-1.56 W/m^2;长波辐射强迫分别为 0.27 W/m^2 和 0.23 W/m^2。沙尘气溶胶在对流层顶和在地面的负的辐射强迫的绝对值都随太阳天顶角的余弦和地表反照率的增加而增大;地表反照率对沙尘气溶胶辐射强迫的强度和分布都有重要影响。云对沙尘气溶胶的直接辐射强迫的影响,不仅取决于云量,而且取决于云的高度和云水路径,以及地面反照率和太阳高度角等综合因素。王宏等(2007)将中国沙漠沙尘气溶胶的光学特性与其他沙漠模型进行对比,结果发现源于中国沙漠的沙尘气溶胶复折射指数偏低,对太阳辐射的吸收性较弱,散射性较强,前向散射较弱,后向散射较强。她们利用辐射传输模式估算得到东亚—北太平洋地区 2001 年春季大气顶沙尘气溶胶的平均净辐射强迫为-0.94 W/m^2,短波辐射强迫为-1.7 W/m^2,长波辐射强迫为$+0.76$ W/m^2;地面净辐射强迫为-5.5 W/m^2,短波辐射强迫为-6.3 W/m^2,长波辐射强迫为$+0.81$ W/m^2。沙尘的形状对其直接辐射强迫也有一定的影响。Wang 等(2013)模拟沙尘气溶胶的非球形效应对其直接辐射强迫的影响的结果表明,在云天条件球形和非球形沙尘气溶胶在大气顶短波(长波)瞬时直接辐射强迫

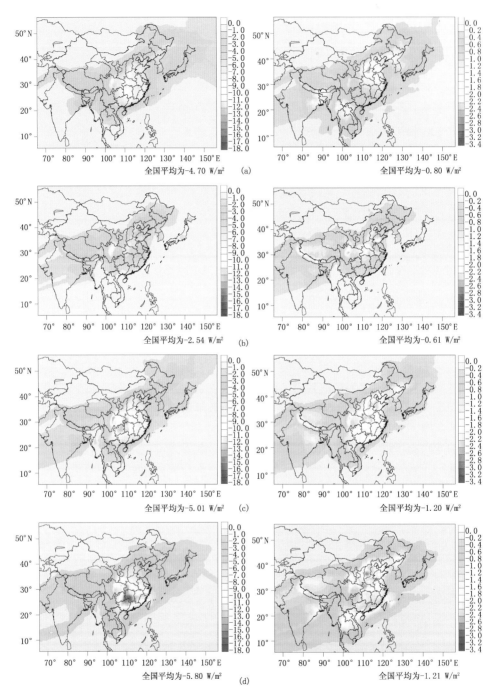

图 5.5　中国区域硝酸盐气溶胶造成的直接辐射强迫(Zhang et al.,2012b)
(a)春季;(b)夏季;(c)秋季;(d)冬季(左列为晴空大气,右列为有云大气)

的全球年平均值分别为 $-0.62(0.074)\,W/m^2$ 和 $-0.61(0.073)\,W/m^2$。非球形效应对沙尘的瞬时直接辐射强迫的影响不明显。但是,沙尘的非球形效应对其调整的辐射强迫影响明显。模拟的云天条件下球形和非球形沙尘气溶胶在大气顶短波(长波)调整的直接辐射强迫的全球年平均值分别为 $-0.55(0.052)\,W/m^2$ 和 $-0.48(0.049)\,W/m^2$,非球形效应造成沙尘气溶胶短波和长波辐射强迫的绝对值分别减少了约 13% 和 6%。

5.4.3　气溶胶的间接辐射强迫

气溶胶颗粒可以作为云凝结核改变云的微物理和辐射性质以及云的寿命,称为气溶胶的间接气候效应。目前,主要通过模式来计算气溶胶的间接辐射强迫。Wang 等(2010b)利用国家气候中心大气环流模式 BCC_AGCM2.0.1 研究了气溶胶(包含硫酸盐、有机碳和海盐)通过影响暖(水)云造成的间接气候效应,结果表明:气溶胶第一类间接辐射强迫的全球年平均值约为 $-1.14\,W/m^2$,夏季辐射强迫绝对值大值区主要位于北半球中高纬度地区,而冬季主要集中在 $60°S$ 附近的洋面上空,具有明显的季节变化。气溶胶第二类间接效应引起大气顶全球年平均净短波辐射通量的变化约为 $-1.03\,W/m^2$。气溶胶总的间接效应造成大气顶全球年平均净短波辐射通量的变化为 $-1.93\,W/m^2$,全球年平均短波云强迫减少了 1.54 W/m^2。Chen 等(2010)利用 Goddard 太空研究所的 GISS 模式获得气溶胶总的间接辐射强迫的全球年平均值为 $-1.67\,W/m^2$。

也有一些针对中国区域气溶胶间接辐射强迫的研究。Wang 等(2010a)利用区域气候模式研究了中国区域硝酸盐气溶胶的间接辐射效应,结果表明,硝酸盐气溶胶造成的中国区域年平均第一类间接辐射强迫约为 $-2.47\,W/m^2$,其大值区位于中国西南部,特别是重庆、四川和贵州等地,最大强迫超过 $-7\,W/m^2$(图5.6)。

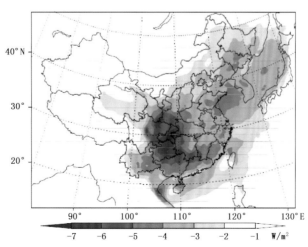

图5.6　中国区域硝酸盐气溶胶年平均第一类间接辐射强迫的分布(Wang et al.,2010a)

庄炳亮等(2009)利用区域气候模式与对流层大气化学模式的耦合模拟系统模拟研究了中国地区黑碳气溶胶第一间接辐射强迫。结果表明,2003年1月黑碳气溶胶第一间接辐射的高值区主要分布在贵州的西北部、四川南部以及重庆等地,达－4 W/m²,其他地区的辐射强迫相对较弱;在朝鲜半岛、日本等地也有相当强的负辐射强迫,为－1.5～－0.5 W/m²。地面与对流层顶的辐射强迫在量级上相当,最强的负辐射强迫均为－4 W/m²。7月辐射强迫高值区主要分布在四川东部、东北三省、中国东部沿海以及朝鲜半岛和日本等地,其中最强值出现在我国东北地区,在对流层顶和地面达到－4.5 W/m²,其次是四川东部,对流层顶和地面的辐射强迫也达到－4.5～－4 W/m²(图5.7)。

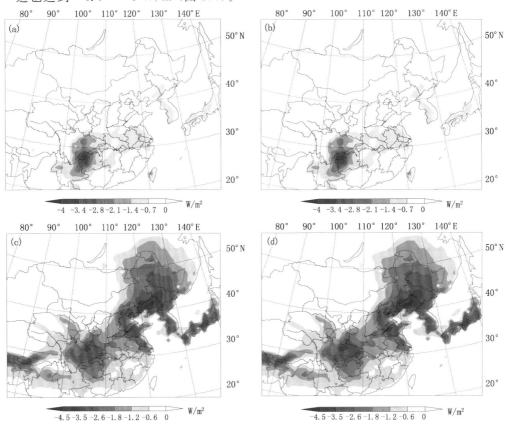

图5.7　黑碳第一类间接辐射强迫的空间分布(W/m²)。(a)、(b)分别是1月对流层顶和地面的辐射强迫;(c)、(d)分别是7月对流层顶和地面的辐射强迫(庄炳亮等,2009)

一些观测研究也给出气溶胶间接效应的定量估算。结合CERES、MODIS和ATSR-2三者的反演资料,Quaas等(2009)估算出全球平均的气溶胶的间接辐射强迫约为－1.2～－0.2 W/m²。结合MODIS、OMI卫星反演和全球气候模式,Painemal等(2012)结合局地和VOCALSREx实验期间的机载遥感数据估算出太平洋东南部地区的气溶胶第一间接效应约为$-3.2\sim-2.3\ W/m^2$。通过 MODIS、CERES 观测资料和模式相结合，Penner 等（2012）估算出太平洋北部区域气溶胶第一间接效应的辐射强迫为$-2.2\sim-1.8\ W/m^2$。从以上的研究可以看出，不同研究的结果之间差别非常大，气溶胶间接效应的研究仍具有很大不确定性。

参考文献

曹国良，张小曳，王亚强，等.2006.中国大陆黑碳气溶胶排放清单[J].气候变化研究进展，**2**(6)：259-265.

崔振雷，张华，银燕.2009. MATCH 对中国地区 2006 年气溶胶光学厚度分布特征的模拟研究[J].遥感技术与应用，**24**(2)：197-203.

高丽洁，王体健，徐永福，等.2004.中国硫酸盐气溶胶及其辐射强迫的模拟[J].高原气象，**23**(5)：612-619.

高润祥，牛生杰，张华，等.2008.2006 年春季西北地区黑碳气溶胶的观测研究[J].南京气象学院院报，**31**(5)：655-661.

郝吉明，田贺忠.2003.中国氮氧化物排放现状，趋势及控制对策//全国氮氧化物污染控制研讨会论文集：8-19.

黄美元，王自发.1998.东亚地区黄沙长距离输送模式设计[J].大气科学，**22**(4)：625-636.

吉振明，高学杰，张冬峰，等.2010.亚洲地区气溶胶及其对中国区域气候影响的数值模拟[J].大气科学，**34**(2)：262-274.

刘立超，沈志宝，王涛，等.2005.敦煌地区沙尘气溶胶质量浓度的观测研究[J].高原气象，**24**(5)：765-771.

牛生杰，孙耀明.2001.贺兰山地区大气气溶胶光学特征研究[J].高原气象，**20**(3)：298-301.

秦世广，石广玉，陈林，等.2010.利用地面水平能见度估算并分析中国地区气溶胶光学厚度长期变化特征[J].大气科学，**34**(2)：449-456.

秦世广，汤洁，石广玉，等.2007.四川温江黑碳气溶胶浓度观测研究[J].环境科学学报，**27**(8)：1370-1376.

汤洁，温玉璞，周凌晞，等.1999.中国西部大气清洁地区黑碳气溶胶的观测研究[J].应用气象学报，**10**(2)：160-170.

王宏，石广玉，王标，等.2007.中国沙漠沙尘气溶胶对沙漠源区及北太平洋地区大气辐射加热的影响[J].大气科学，**31**(3)：515-526.

王喜红，石广玉.2001.东亚地区人为硫酸盐的直接辐射强迫[J].高原气象，**20**(3)：258-263.

王志立，郭品文，张华.2009.黑碳气溶胶直接辐射强迫及其对中国夏季降水影响的模拟研究[J].气候与环境研究，**14**(2)：161-171.

吴润，罗燕，王卫国.2005.东亚地区人为硫酸盐气溶胶辐射气候效应不同模拟方法的对比[J].云南大学学报，**27**(4)：323-331.

虞江萍，崔萍，王五一.2008.我国农村生活能源中SO_2，NO_X 及 TSP 的排放量估算[J].地理研究，**27**(3)：547-555.

张楚莹，王书肖，邢佳，等.2008.中国能源相关的氮氧化物排放现状与发展趋势分析[J].环境科学学报,**28**(12):2470-2479.

张华,马井会,郑有飞. 2008. 黑碳气溶胶辐射强迫全球分布的模拟研究[J]. 大气科学,**32**(5):1147-1158.

张美根,韩志伟. 2003. TRACE-P 期间硫酸盐,硝酸盐和铵盐气溶胶的模拟研究[J]. 高原气象,**22**(1):1-6.

张美根,徐永福,张仁健,等. 2005. 东亚地区春季黑碳气溶胶源排放及其浓度分布[J]. 地球物理学报,**48**(1):46-51.

周筠珺,郄秀书,袁铁. 2004. 东亚地区闪电产生 NO_X 的时空分布特征[J]. 高原气象,**23**(5):667-672.

庄炳亮,王体健,李树. 2009. 中国地区黑碳气溶胶的间接辐射强迫与气候效应[J]. 高原气象,**28**(5):1095-1104.

Andreae M O. 1995. Climatic EFFECTS of Changing Atmospheric Aerosol Levels // Henderson A S. World Survey of Climatology. Vol. 16:Future Climates of the World. Elsevier,Amsterdam:341-392.

Bellouin N,Jones A,Haywood J, et al. 2008. Updated estimate of aerosol direct radiative forcing from satellite observations and comparison against the Hadley Centre climate model[J]. J Geophys Res,**113**,D10205,DOI:10.1029/2007JD009385.

Cao J J,Lee S C,F Ho K,et al. 2003. Characteristics of carbonaceous aerosol in Pearl River Delta Region,China during 2001 winter period[J]. Atmos Environ,**37**:1451-1460.

Chen W T,Nenes A,Liao H,et al. 2010. Global climate response to anthropogenic aerosol indirect effects:Present day and year 2100 [J]. J Geophys Res,115:D12207,DOI:10.1029/2008JD011619.

Christopher S A,Zhang J,Kaufman Y J,et al. 2006. Satellitebased assessment of the top of the atmosphere anthropogenic aerosol radiative forcing over cloud-free oceans[J]. Geophys Res Lett,**111**:L15816,DOI:10.1029/2005GL025535.

Dan M,Zhuang G S,Li X X,et al. 2004. The characteristics of carbonaceous species and their sources in $PM_{2.5}$ in Beijing[J]. Atmos Environ,**38**:3443-3452.

David G S,Guptaa S,Waldhoffa S T,et al. 2001. Black carbon emissions in China[J]. Atmos Environ,**35**:4281-4296.

Duan F K,He K B,Ma Y L,et al. 2006. Concentration and chemical characteristics of $PM_{2.5}$ in Beijing,China:2001-2002[J]. The Science of the Total Environment,**355**:264-275.

Duan F K,He K B,Ma Y L,et al. 2005. Characteristics of carbonaceous aerosols in Beijing[J]. China Chemosphere,**60**:355-364.

Duan J,Tan J,Cheng D,et al. 2007. Sources and characteristics of carbonaceous aerosol in two largest cities in Pearl River Delta Region[J]. China Atmos Environ,**41**:2895-2903.

Guo J P,Zhang X Y,Wu Y,et al. 2011. Spatio-temporal variation trends of satellite-based aerosol optical depth in China during 1980-2008[J]. Atmos Environ,**45**(37):6802-6811.

Han Y M,Han Z W,Cao J J,et al. 2008. Distribution and origin of carbonaceous aerosol over a rural high-mountain lake area,Northern China and its transport significance[J]. Atmos Environ，**42**：2405-2414.

IPCC. 1990. Climate Change 1990：The IPCC Scientific Assessment. Cambridge：Cambridge U-niversity Press.

IPCC. 1994. Climate Change 1994：Radiative Forcing of Climate Change and An Evaluation of the IPCC IS92 Emission Scenarios. Cambridge：Cambridge University Press.

IPCC. 2007. Climate Change 2007：The Physical Science Basis. Contribution of Working Group I to the Fourth Assessment Report of the Intergovernmental Panel on Climate Change. Cambridge：Cambridge University Press.

Kaufman Y J，Boucher O，Tanré D，et al. 2005. Aerosol anthropogenic component estimated from satellite data[J]. Geophys Res Lett，32：L17804，DOI：10.1029/2005GL023125.

Li S，Wang T J，Zhuang B L，et al. 2010. Indirect radiative forcing and climatic effect of the anthropogenic NITRATE aerosol on regional climate of China[J]. Adv Atmos Sci，**26**(3)：543-552.

Luo Y F，Lv D R，Zhou X J，et al. 2001. Characteristics of the spatial distribution and yearly variation of aerosol optical depth over China in last 30 years[J]. J Geophys Res，**106**(D13)：14501-14513.

Myhre G，and Coauthors. 2013. Radiative forcing of the direct aerosol effect from Aerocom Phase II simulations[J]. Atmos Chem Phys，**13**：1853-1877，DOI：10.5194/acpd-13-1853-2013.

Myhre G. 2009. Consistency between satellite-derived and modeled estimates of the direct aerosol effect[J]. Science，**325**：187-190.

Painemal D，Zuidema P. 2012. The first aerosol indirect effect quantified through airborne remote sensing during VocALS-Rex[J]. Atmos Chem Phys Dis，**12**：25441-25485.

Penner E J，Zhou C，Xu L. 2012. Consistent estimates from satellites and models for the first aerosol indirect forcing[J]. Geophys Res Lett，**39**：L13810，DOI：10.1029/2012GL051870.

Qian Z，He H，Qu Z，et al. 1997. Classified standard example registers and statistical characteristics of sand-dust storms in Northwest China[A] // Fang Z，Zhu F. Studies on Sand-dust Storms in China[C]. Beijing：Meteorology Press：1-10.

Quass J，Ming Y，Menon S，et al. 2009. Aerosol indirect effects-general circulation model intercomparison and evaluation with satellite data[J]. Atmos Chem Phys，**9**：8697-8717.

Richter A，Burrows J P，Nu H，et al. 2005. Increase in tropospheric nitrogen dioxide over China observed from space[J]. Nature，**437**：129-132.

Roberts D L，Jones A. 2004. Climate sensitivity to black carbon aerosol from fossil fuel combustion[J]. J Geophys Res，109：D16202，DOI：10.1029/2004JD004676.

Streets D G，Bond T C，Carmichael G R，et al. 2003. An inventory of gaseous and primary aerosol emissions in Asia in the year 2000 [J]. J Geophys Res，108 (D21)：8809，DOI：10.1029/2002JD003093.

Wang T，Jiang F，Li S，et al. 2007. Air pollution trend during 1996-2003 and cross-border transport in city clusters over Yangtze River Delta region of China[J]. TAO，**18**(5)：995-1009.

Wang T，Li S，Shen Y，et al. 2010a. Investigations on direct and indirect effect of nitrate on temperature and precipitation in China using a regional climate chemistry modeling system[J]. J Geophys Res,115:D00K26,DOI:10. 1029/2009JD013264.

Wang Y,Zhuang G,Zhang X,et al. 2006. The ion chemistry,seasonal cycle, and sources of PM2. 5 and TSP aerosol in Shanghai[J]. Atmos Environ,**40**:2935-2952.

Wang Z L,Zhang H,Shen X S,et al. 2010b. Modeling study of aerosol indirect effects on global climate with an AGCM[J]. Adv Atmos Sci,**27**(5):1064-1077,DOI:10. 1007/s00376-010-9120-5.

Wang Z L,Zhang H,Jing X W,et al. 2013. Effect of non-spherical dust aerosol on its direct radiative forcing[J]. Atmos Res,**120**:112-126,DOI:10. 1016/j. atmosres. 2012. 08. 006.

Xuan J,Liu G L,Du K. 2000. Dust emission inventory in Northern China[J]. Atmos Environ,**34**(26):4565-4570.

Ye B,Ji X,Yang H,et al. 2003. Concentration and chemical composition of $PM_{2.5}$ in Shanghai for a 1-year period[J]. Atmos Environ,**37**:499-510.

Ye D,Zhao Q,Jiang C,et al. 2007. Characteristics of elemental carbon and organic carbon in PM10 during spring and autumn in Chongqing,China[J]. China Particuology,**5**:255-260.

Zhang H,Ma J H,Zheng Y F. 2010. Modeling study of the global distribution of radiative forcing by dust aerosol[J]. Acta Meteor Sinica,**24**(5):558-570.

Zhang H,Wang Z L,Guo P W,et al. 2009. A modeling study of the effects of direct radiative forcing due to carbonaceous aerosol on the climate in East Asia[J]. Adv Atmos Sci,**26**(1):57-66.

Zhang H,Wang Z L,Wang Z Z,et al. 2012a. Simulation of direct radiative forcing of typical aerosols and their effects on global climate using an online AGCM-aerosol coupled model system[J]. Clim Dyn,**38**:1675-1693,DOI 10. 1007/s00382-011-1131-0.

Zhang H,Shen Z P,Wei X D,et al. 2012b. Comparison of optical properties of nitrate and sulfate aerosol and the direct radiative forcing due to nitrate in China[J]. Atmos Res,**113**:113-125.

Zhang M,Gao L,Ge C,et al. 2007. Simulation of nitrate aerosol concentrations over East Asia with the model system RAMS-CMAQ[J]. Tellus,59B:372-380.

Zhang X Y,Wang Y Q,Zhang X C,et al. 2008. Carbonaceous Aerosol Composition over Various Regions of China during 2006[J]. J Geophys Res,**113**,DOI:10. 1029/2007JD009525.

Zhang X,Wang Y Q,Niu T,et al. 2011. Atmospheric aerosol compositions in China:Spatical/temporal variability, chemical signature, regional haze distribution and comparisons with global aerosols[J]. Atmos Chem Phys,**11**:26571-26615.

Zhou M,Yu H,Dickinson R E,et al. 2005. A normalized description of the direct effect of key aerosol types on solar radiation as estimated from aerosol robotic network aerosols and moderate resolution imaging spectroradiometer albedos[J]. J Geophys Res,110:D19202,DOI:10. 1029/2005JD005909.

第 6 章　气溶胶对东亚季风和中国降水分布的主要影响

主要作者：张　华　王志立　徐　影

贡献作者：王体健　刘　煜　吉振明　荆现文　崔振雷　沈钟平　张　峰

　　　　　尹　青　彭　杰

　　气溶胶的辐射效应对气候的影响方式主要有三种：一种是它能够直接吸收和散射红外和太阳辐射，扰动地气系统的能量收支（Houghton et al.，1996；Haywood et al.，1998）；第二种是它能作为云凝结核或冰核，改变云的微物理和辐射性质以及云的寿命，间接影响气候系统（Twomey，1977；Albrecht，1989）；第三种是处于云层处的吸收性气溶胶还能吸收太阳辐射，加热大气层，导致云量蒸发而减少，这称为气溶胶的半直接效应（Menon et al.，2003；Wang et al.，2013）。此外，大气中吸收性的气溶胶还能通过大气环流过程进行远距离传输，沉降到雪和冰的表面，从而降低雪和冰的反照率，增强其对太阳辐射的吸收，促使雪和冰温度升高，加速雪和冰的融化（Warren et al.，1980；Hansen et al.，2004）。

6.1　气溶胶直接效应对东亚气候的影响

　　气溶胶排放具有明显的局地性，使得其对区域气候也有着重要的影响。Xia 等（2007）和 Li 等（2009）的研究揭示，在中国由气溶胶引起的辐射强迫是由 CO_2 倍增引起的辐射强迫的 5 倍，在大气顶气溶胶造成的平均辐射通量的变化接近零，但中国年平均地面辐射通量的减少与在大气内吸收的辐射通量可以高达 16 W/m^2。这种由气溶胶引起的垂直方向上的能量再分配可能会极大地改变大气加热廓线和大气环流。

　　王志立等（2009a）利用 NCAR 的全球大气模式 CAM3 分析了全球总的黑碳气溶胶的直接辐射效应对中国夏季平均的总云量、地表温度、总降水和地表潜热通量的影响。由于黑碳气溶胶的影响，我国大部分地区天空总云量减少，特别是我国西南和包括台湾在内的东南沿海地区，云量减少最高超过了 12%，这可能是由于黑碳气溶胶强烈吸收太阳辐射,导致云中水汽蒸发,云量减少;但在 $30°\sim40°N$ 之间的我国华北、内蒙古南部和甘肃等地区天空总云量有所增加。由于云量的减少,到达地面的太阳辐射增多,以至于中国东部地表温度普遍升高,其中西南地区温度升高最高值超过了 1.5 K;相反,在华北地区云量明显增加,地表温度差异出现了大范围的负值区,表明在这些地区,由于年平均云量的增加,使得到达地面的太阳辐射能量减少,造成年平均地表温度的下降。中国北方 $30°\sim45°N$ 之间区域降水明显增加,而中国长江以南地区除了海南和广西的部分城市外,降水明显减少,特别是四川和台湾及其周围海面上降水减少最高达到 $2\ \mathrm{kg/m^2}$ 以上,这与黑碳气溶胶对总云量的影响相对应。中国长江以南地区的地表潜热通量明显减少,特别是西南和东南沿海地区,减少最高达 $12\ \mathrm{W/m^2}$ 以上,而在中国北方,特别是华北地区,地表潜热通量增加。夏季平均总降水的差异和地表温度的差异相反,而与总云量的差异相同,说明黑碳气溶胶通过影响云量来改变降水更为重要(图 6.1)。

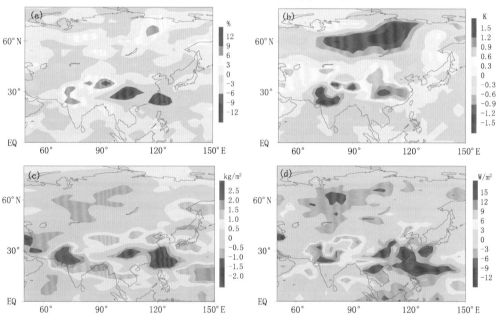

图 6.1 黑碳气溶胶造成的中国区域 7 月平均的总云量(a)、地表温度(b)、总降水
(c)、地表潜热通量(d)的差异(王志立等,2009a)

中国区域硫酸盐和黑碳气溶胶的直接气候效应对东亚降水影响的模拟研究表明,硫酸盐气溶胶引起中国内陆约 $25°N$ 以北普遍降温,而海表温度升高,导致中国地区季风降水明显减少,尤以积云降水减少起主要作用。硫酸盐气溶胶对中国地区的对流活动起抑制作用。黑碳气溶胶导致除了青藏高原和广西以外的中国大部分地区降温,其中东北、四川和内蒙古中北部降温最显著。黑碳气溶胶加强了中国东南部地区的对流活动,这与硫酸盐气溶胶的作用相反。硫酸盐和黑碳气溶胶的

综合作用与仅有硫酸盐气溶胶的情形十分相似,降水变化的区域也和硫酸盐的保持一致(孙家仁等,2008a,2008b)。利用区域气候模式与对流层大气化学模式的耦合模式模拟硝酸盐气溶胶的直接辐射效应对东亚区域气候的影响表明,硝酸盐气溶胶在中国区域大气顶造成的年平均直接辐射强迫为-0.88 W/m²,在四川、山东、河南和河北等地产生明显的负辐射强迫,最大值超过了-3 W/m²。硝酸盐气溶胶造成中国大部分区域地表温度降低,特别是中国东部、中部和西南地区。硝酸盐气溶胶的直接辐射强迫也引起了压力场和环流场的变化,从而造成局地降水发生变化,降水最大减少出现在湖北和河南,最大值达到-1.5 mm/d,但是在云南和贵州等地降水有所增加(图 6.2)(Wang et al.,2010a)。

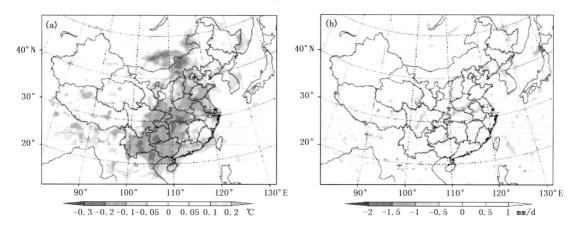

图 6.2 硝酸盐气溶胶造成的中国区域地表温度(a)和降水(b)变化(Wang et al.,2010a)

吉振明等(2010)利用一个耦合了化学过程的区域气候模式,在 NCEP/NCAR 再分析资料驱动下,通过多年时间尺度的连续积分,进行了亚洲区域硫酸盐、黑碳和有机碳三种气溶胶总的直接气候效应的数值模拟。结果表明,气溶胶引起中国区域冬季地面气温降低,主要降温区位于华北平原、山东半岛和长江以南大部分地区,降温幅度一般超过 0.1℃,西南地区个别地方降温会达到 0.25℃以上。气溶胶引起的西南四川盆地地区降温,和观测给出的结果表现出一致性。夏季地面气温的变化与气溶胶浓度及其辐射强迫的分布表现出较大的不一致。夏季大的降温出现在黄河中游的河套至其东部的华北及长江以北地区,其中位于河套及黄河下游地区的降温中心数值达到$-1.0\sim-0.5$℃。模式在引入气溶胶作用后,在中国东部产生了一个气旋式环流,环流中心位于长江出海口外,北方大部分地区均处于气旋左上部偏北气流控制之下,形成冷平流,并在一定程度上阻止了南方暖空气的向北输送,这是该地区降温的可能原因之一。气溶胶引起中国东部降水普遍减少了 5%～10%,个别地区达到10%～25%。冬季降水的变化可能是因为气溶胶引起低层气温降低,直接增加大气稳定度,减弱垂直运动,从而导致降水减少。气溶胶引起的夏季降水变化在中国西部正负相间,东部降水以减少为主,较明显的地区包括内蒙古中西部至东北中部,以及位于西南的四川、重庆、贵州、广西及云南西部,减少幅度在个别地方可以达到10%。以长江出海口外为中心的气旋式环流,在其北部的黄海和渤海造成降水大范围增加,此外在其外围的西北和南部个别地方,也引起了降水增加(图6.3)。

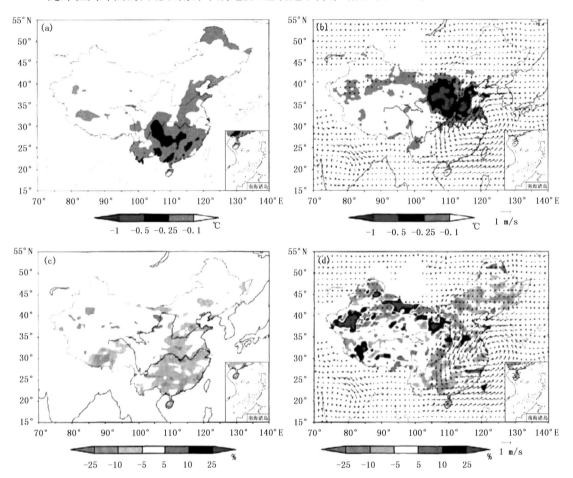

图6.3　气溶胶对中国地区地面气温、降水及夏季850 hPa风场的影响(吉振明等,2010)
(a)冬季气温;(b)夏季气温和850 hPa风场;(c)冬季降水;(d)夏季降水和850 hPa风场

6.2　气溶胶间接效应对东亚气候的影响

6.2.1　气溶胶与云的微物理过程之间的联系

地球表面大约60%被云覆盖,云在影响地球辐射收支方面有着重要的作用。

云能够反射太阳短波辐射回太空,减少到达地表的辐射通量,也能够吸收地表发出的红外辐射,减少地气系统能量的流失。因此,云量及云的光学性质的改变能极大地扰动地气系统能量的平衡。在云滴的活化和早期增长过程中,初始核(如硫酸盐、硝酸盐、沙尘、有机碳和黑碳)的大小和化学成分非常重要,特别是水溶性的气溶胶(McFiggans et al.,2006)。气溶胶颗粒与云之间的相互作用非常复杂,且是非线性的,其与云的微物理特性之间的联系很早就被科学家们所发现(Warner et al.,1967;Eagan et al.,1974)。在区域尺度上,很多研究已经表明森林火灾产生的浓烟导致云滴数浓度增加和云滴尺寸减小(Reid et al.,1999;Andreae et al.,2004)。IPCC 的报道、大量的飞机和卫星观测也显示,无论是区域还是全球尺度上气溶胶颗粒与云的微物理特性之间存在复杂的关系。气溶胶的间接气候效应具有极大的不确定性,是当前气候研究中的难点问题。

气溶胶颗粒可以作为云凝结核改变云的微物理和辐射性质以及云的寿命,称为气溶胶的间接气候效应。气溶胶的间接气候效应通常分为两类:第一类指当云中的液态水含量不变时,气溶胶粒子的增加会减小云滴谱的有效半径,增加云滴数目,导致云的反照率增加,从而使行星反照率增加,称为云的反照率影响(Twomey 效应);第二类间接效应是气溶胶粒子增加所造成的云滴有效半径的减小将减小云的降水效率,增加云的寿命或云中的凝结水,使区域平均的云反照率增加,称为云的生命期影响。

近年来,以观测研究为基础,气溶胶在区域或全球尺度上的间接气候效应的研究已经取得了很大的进步,特别是对低层层云的研究,已经建立了一套相对更简单的云观测系统。场观测表明,高浓度的污染物进入云中,能够减少云水路径和云反射率,减小云滴有效半径(Brenguier et al.,2003)。气溶胶对暖云反照率和生命期的影响的研究始于 Ferek 等(1998)对加利福尼亚沿岸轮船轨迹扰动海洋层云的观测。Schwartz 等(2002)对大西洋的观测研究表明,受污染的云中云滴尺寸比干净的云中更小。但是受污染的云一般比干净的云更薄,而云的反照率取决于云滴尺寸大小和云的厚度,这两部分作用相互抵消也就使得气溶胶间接气候效应的研究更加困难。Breon 等(2002)利用 POLDER 卫星观测资料对气溶胶柱含量和云滴尺寸的数据进行了反演,结果表明遥远的海洋上的云滴有效半径要明显小于受污染的陆地上的云滴有效半径,其最大值可以从 $14~\mu m$ 下降到 $6~\mu m$。Sekiguchi 等(2003)利用 POLDER 和 AVHRR 卫星观测资料得到了一致的气溶胶和云参数之间的相关性。这些观测研究都表明气溶胶对云的微物理特性的影响是全球性的。大量的观测还表明,气溶胶可能影响云量。Kaufman 等(2005)从卫星观测资料中得出结论,气溶胶的间接效应可能主要是增加云覆盖,而不是增加云的反照率。气溶胶的半直接效应也能促使云滴的蒸发和抑制云形成。Koren 等(2004)的研究表明,在吸收性气溶胶浓度较高的较大范围内,当气溶胶的光学厚度超过 1.2 时,几乎观测不到低云的存在。Kruger 等(2004)利用卫星数据得出,20 世纪 80 年代到 90 年代中国吸收性气溶胶排放的增加减少了云量,导致局地行星反照率增加。

气溶胶对混合相云的影响首先体现在对大尺度混合相云的影响。大部分的降水来源于冰相态,所以气溶胶对冰云的影响比对水云的影响导致的水循环的变化更大。气溶胶可以通过三个方面作为冰核起作用:与过冷却云滴接触(接触冷却法)、通过沉浸或冷凝结冰作为初始的冰核、作为沉降核起作用。接触冷却在一些小的过冷却现象中经常是最有效的过程,但是当温度较低时沉浸冷却可能更加普遍。由于需要克服较大的从水蒸气到冰的相变所需的能量,沉降核一般效率最低。在目前的气候条件下,由于可接触的冰核的增加导致过冷却云成冰的频率更高,来源于冰相态的降水量将更多。这种现象也会导致北半球中高纬度云覆盖的减少和云光学厚度的减小,从而造成更多的太阳辐射被地气系统所吸收。这种冰核化现象可能部分弥补云的生命期效应。Borys 等(2003)对中纬度孤立云的观测表明,对于给定的过冷却云液态水含量,如果人为污染造成过冷却云中云滴数增多,那么云的成霰和降雪率会更小。但 Lohmann 等(2004)对前工业时期和目前状况下气溶胶浓度引起的气候变化的研究表明,受污染的云中云滴尺寸更小,使得层云成霰率降低,而降雪率升高。

其次,气溶胶对深对流云也有影响,这也是最近几年气溶胶研究的热点和难点。对流混合相云中的冰核的数浓度和大小对不可溶性气溶胶(如沙尘、黑碳、生物质颗粒)的化学组成更敏感。Seifert 等(2006)的研究表明,当气溶胶浓度增加时,陆地和海洋上空的单个单体的混合相对流云的降水减少。Cui 等(2006)的模拟研究表明,高的气溶胶浓度会加速云滴蒸发,最终减少冰量和降水。Khain 等(2005)假定了更小的云滴大小,如人类活动区的云滴大小,这将改变对流云的热力结构,且更小的云滴将减少对流云中的雨量。但当这些云滴成冰时,释放的潜热将导致云中更旺盛的对流和更多的降水。

一些研究还发现,气溶胶对暖云降水的抑制和延缓作用反而会导致激活云的发展从而产生强的冰云降水。Rosenfeld 等(2008)利用气团模式分析了云在不同阶段产生降水时静浮力和静力能的改变,进而对上述现象提出了假设的理论解释并将其定义为"气溶胶对云的激活效应"(简称气溶胶激活效应)。在干净情况下,云滴在抬升过程中增长迅速,较早地形成水云降水,仅有少量的云滴粒子经过结冰层凝结形成冰云,当产生冰云降水时,降水的强度较弱。而污染情况下,大量气溶胶导致暖云降水被延迟,此时下沉流被减弱甚至完全抑制,使得更多更小的云滴粒子能够随上升气流抬升至更高的位置。当大量的小云滴粒子抬升至结冰层凝结形成冰云时,能够释放出远强于干净情况下的潜热能,激活云的强烈发展,使得云顶能够抬升得更高,延伸出更远的云砧,而增强的冰云最终形成降水时,降水的强度将远大于干净情况下的冰云降水。

观测和模式模拟的研究结果表明,气溶胶激活效应对云、降水和大尺度环流都能够产生影响,这包括能够改变云的几何形态、降水、深对流云中的闪电,甚至改变大尺度环流,影响热带气旋的强度。Koren 等(2005)通过对 MODIS 反演资料的分析发现,在热带地区大西洋上空气溶胶光学厚度大值区的云更深厚,对流发展得更加旺盛。但是由于气溶胶直接效应会导致到达地表的太阳短波辐射减小,减弱能够用于激发对流的能量,稳定低层大气,从而抑制云的发展,因此气溶胶激活效应的影响并非总是能够显现出来。通过对 ARM 在 SGP(South Great Plains)站点长达 10 年的高质量地面观测的分析,Li 等(2011)证实了长时间尺度上气溶胶激活效应对云宏观特性和降水的影响:一方面,气溶胶的增多能够减少小雨的出现频率而增加大雨的出现频率;另一方面,气溶胶的增多能够显著增加混合相态云的云顶高度(降低云顶温度)。此外,气溶胶的增多会增强具有云顶高度较高的云的出现概率而减少云顶高度较低的云的出现频率。利用 1 年的 A-train 观测资料,Niu 等(2012)发现气溶胶对热带地区也有类似的影响。模式模拟研究也证实了气溶胶激活效应的存在,这些模式研究表明,在大气湿度大(小)、风切变的强(弱)和深厚混合云(浅暖云)情况下,气溶胶的增多会导致降雨的增多(减少)(Tao et al.,2007;Lee et al.,2010;Fan et al.,2012)。虽然上述的众多研究表明了气溶胶激活效应的复杂性及其对气候系统多样化(云、降水、大尺度环流)的影响,然而目前对这一效应的科学理解度还十分低,需要更多的研究揭示其对气候系统的影响。

当温度低于 235 K 时,卷云可能通过同质或异质冰晶成核机制而形成。虽然目前对气溶胶颗粒在液相过冷却水云中的同质结晶机制已经有很好的理解,但是对异质冰晶成核的理解仍处于初级阶段。卷云中冰晶核数量的变化可能会引起和水云一样方式的 Twomey 效应。Boucher 早在 1999 年就提供了太空交通影响气候的证据。他分析了太空船对云量的观测和飞机燃料消耗数据后指出,20 世纪 80 年代太空交通燃料消耗增多,卷云云量也增多。Minnis 等(2004)通过对 1971 年到 1995 年美国地表数据的分析证实了该时间内北方海洋和美国卷云覆盖确实增加。目前,气溶胶颗粒对卷云影响而导致的气候效应究竟多大还没被完全确定。Hendricks 等(2004)研究揭示,在黑碳气溶胶浓度较小的对流层上层和平流层下层,黑碳气溶胶对冰核的影响较小,但是当黑碳气溶胶浓度明显增加时,会导致冰核数浓度明显增加。Karcher 等(2003)发展了一个卷云同质沉浸结晶参数化方案,结果表明只有当冰核的过饱和率超过 $130\%\sim140\%$ 时才能触发卷云形成,但这时气溶胶对卷云的影响仍然很小。

大气环流模式对于研究全球气溶胶的间接气候效应也是一个重要且有用的工具。大部分气候模式利用了云滴数浓度和气溶胶数浓度或气溶胶浓度之间的相关关系,有从简单的经验关系(Lohmann et al.,2000;Hansen et al.,2005)到复杂的物理参数化方案(Abdul-Razzak et al.,2002;Nenes et al.,2003)。利用耦合了独立的气溶胶传输方案和混合层海洋模式的大气环流模式的模拟还表明,由于气溶胶对太阳辐射的吸收和散射,减少了到达地表的太阳辐射能量,导致地表温度明显降低,气溶胶的直接和间接效应能抵消约40%由温室气体造成的地表温度的升高,并且其造成的南北半球表面降温的非对称性,会使得热带辐合带南移(Takemura et al.,2005;Kristjansson et al.,2005;Ming and Ramaswamy,2009)。Wang等(2010b)在国家气候中心的大气环流模式 BCC_AGCM2.0.1 中加入云—气溶胶相互作用的参数化方案,模拟气溶胶(硫酸盐、有机碳和海盐)对暖(水)云造成的间接辐射效应的结果表明,气溶胶总的间接效应造成大气顶全球年平均净短波辐射通量的变化为-1.93 W/m^2,地表温度下降约0.12 K,北半球地表温度的降低明显高于南半球(分别为-0.23 K 和-0.009 K),特别是北极地区年平均温度下降接近 2 K,南北半球温度变化的差异对赤道辐合带内降水有明显影响。

6.2.2   气溶胶半直接效应和间接效应对东亚温度、降水、环流的影响

处于云层处的吸收性气溶胶还能吸收太阳辐射,加热大气层,导致云量蒸发、减少,这称为气溶胶的半直接效应。但是,单独对气溶胶半直接效应的研究比较少。Zhang 等(2009)在气候模式中同时考虑了黑碳和有机碳气溶胶的直接和半直接效应的影响,模拟碳类气溶胶对东亚气候影响的结果表明:碳类气溶胶加热其所在的大气层,导致中国南方地区的云量减少,到达地面的太阳辐射增加,引起地面温度升高、降水减少,而中国北方地区的上述现象正好与此相反(图 6.4)。

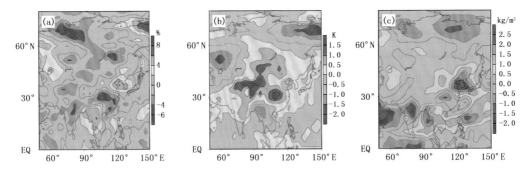

图 6.4   碳类气溶胶对东亚夏季总云量(a)、地表温度(b)、降水(c)的影响(Zhang et al.,2009)

东亚是全球气溶胶排放较高的地区之一,气溶胶与云的相互作用及其对区域气候的影响受到了国内外科学家们的广泛关注。黄梦宇等(2005)利用机载粒子探测系统对 1990 年 9 月、10 月和 1991 年 4 月的春秋两季层状云及降水的微物理特征探测分析表明,华北地区层状云的云下气溶胶数浓度与云滴数浓度之间存在正相关关系,但其定量关系还有待于进一步研究。赵春生等(2005)利用大气气溶胶和云分档模式研究了海盐气溶胶和硫酸盐气溶胶在云微物理过程中的作用,结果

表明硫酸盐和海盐都能增加云滴数浓度。韩永翔等(2008)通过分析云量、沙尘凝结核以及卫星计算的云滴有效半径表明,由于沙尘气溶胶可以长时间悬浮在大气中并作为凝结核,使云中的水汽分布到更多的粉尘颗粒中,导致空中云滴有效半径剧减而无法达到形成降水的阈值,从而抑制降水的产生。王玉洁等(2006)利用MODIS-Aqua 卫星反演和装载在 Aqua 上的 CERES 仪器的观测资料分析了我国北方地区 2004 年 3 月 26—28 日沙尘暴过程中沙尘气溶胶对云微物理特性和辐射强迫的影响,结果表明沙尘气溶胶使云滴变小,含水量及光学厚度减小,云的净辐射强迫减弱。Duan 等(2009)通过分析历史资料还表明,人为气溶胶排放的增多能抑制中国华北区域降水。

近些年,也有一些模式方面的研究工作。通过观测和模式结合表明,中国气溶胶浓度的增加减少了小雨的发生(Qian et al.,2009),在加利福尼亚沿海和靠近加拿大的大西洋沿岸的观测也表明了同样的结论(Ferek et al.,1998;Peng et al.,2002)。庄炳亮等(2009)利用区域气候模式(RegCM3)与对流层大气化学模式(TACM)的耦合模式研究了中国地区黑碳气溶胶的第一间接辐射强迫以及其气候效应。他们的结果表明,2003 年 1 月黑碳气溶胶的间接效应几乎造成整个模拟区域的降温,主要分布在四川东南部—重庆—贵州北部地区、长三角地区,降温幅度最大达到−0.2 K,最大的降温区域和负的间接辐射强迫中心在空间上有很好的对应关系。7 月地面温度的变化比较复杂,温度的变化有正有负,在华东和东北等地表现较为明显,降温幅度最大达 1.5 K;而辐射强迫相对较弱的区域(河套东部和华南部分地区等)表现为正的温度变化,中国地区增温幅度最大达 0.4 K 以上。在辐射强迫高的区域温度变化主要表现为负值(图 6.5)。黑碳第一间接辐射效应对1 月地面降水的影响较小,基本上介于−0.15 mm/d 和+0.1 mm/d 之间,个别地区的降水减少达−0.6 mm/d。7 月地面降水的变化复杂,主要的降水减少区分布在东北三省、湖北和重庆等地,降水量的最大减少量为 9 mm/d,河北、山东以及长

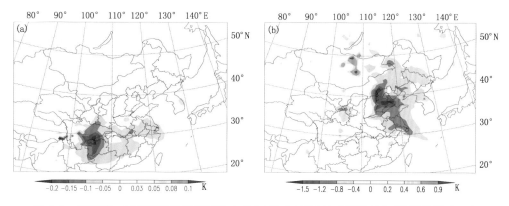

图 6.5　黑碳第一间接辐射效应引起的 1 月(a)和 7 月(b)地表气温变化(庄炳亮等,2009)

三角地区的降水量在增加,最大值达到 15 mm/d,其他地区的降水变化相对这些地区较弱(图 6.6)。

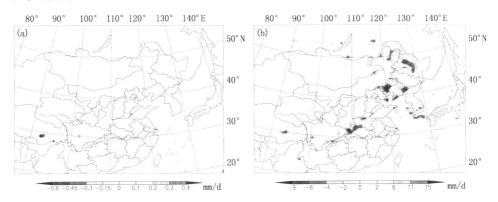

图 6.6　黑碳第一间接辐射效应引起的 1 月(a)和 7 月(b)降水变化(庄炳亮等,2009)

Zhuang 等(2010)利用与庄炳亮等(2009)同样的模式系统研究了中国区域黑碳和云滴内部混合时对云辐射强迫及区域气候的影响。数值试验表明:黑碳和云滴的内部混合能够增强云对太阳辐射的吸收,加热大气,从而减少云覆盖,增加局地大气的垂直对流。同时,温度的增加将导致大气和水循环发生改变。同样,利用该模拟系统对中国人为硝酸盐气溶胶的间接辐射效应的模拟研究表明,硝酸盐气溶胶的间接辐射效应造成中国区域 1 月表面温度和降水分别减少了 0.13 K 和 0.01 mm/d,7 月表面温度和降水分别减少了 0.09 K 和 0.11 mm/d,且降水和温度的变化具有明显的区域变化(Li et al.,2009)。Wu 等(2011)利用区域气候模式 RIEMS 对东亚区域硫酸盐和有机碳气溶胶间接辐射效应的模拟研究表明,气溶胶的间接效应造成中国东部大部分区域冬季地表温度降低 1.2 K,降水减少了 0～6 mm,夏季中国某些区域温度降低 1.5 K,但是这些气溶胶的间接效应造成黄河和长江流域地表温度升高。利用大气环流模式,同时考虑气溶胶的直接和间接效应的研究表明,人为气溶胶能增加中国地区大气稳定度,使得降水率减少 13%(Liu et al.,2011)。

模式研究存在局限性,首先是气溶胶源排放的不确定性,另一个是不同模式使用了不同的气溶胶和云滴数浓度之间的关系,计算的云光学特性也不同,从而导致不同模式之间很难进行有意义的比较。在更大程度上,当使用相同的关系式时,不同的模式在模拟云的空间分布上也存在显著的差异。除此之外,大气环流模式还存在一些其他的不确定性,如粗糙的空间方案、对流和垂直速度导致的气溶胶的活化过程、云形成过程和微物理参数化的不精确表述,但它在定量研究云间接效应上仍是一个必不可少的工具。

6.3　吸收性气溶胶的冰雪反照率效应

大气中吸收性的气溶胶还能通过大气环流过程进行远距离传输,沉降到雪和冰的表面,从而降低雪和冰的反照率,增强其对太阳辐射的吸收,加速雪和冰的融化。IPCC(2007)指出,1750—2005 年间全球冰雪中的黑碳产生的平均辐射强迫为 $(+0.1\pm0.1)\,W/m^2$。研究显示,在中国东北地区黑碳导致积雪反照率降低约 13%;北半球该辐射强迫的最大区域位于中国的青藏高原,平均超过了 $+3\,W/m^2$(Flanner et al.,2009)。中国现有一些对冰雪中黑碳的实测资料及其辐射强迫的结果,主要集中于西部的青藏高原和新疆地区。在 2001—2004 年对从中国西部的部分冰川上采集的表层雪样的分析表明,雪样的黑碳浓度水平呈现出"天山(112±27 ng/g)>青藏高原内地(88±25 ng/g)>帕米尔高原(52 ng/g)>祁连山(29±9 ng/g)>喜马拉雅山(22±16 ng/g)"的分布格局(Xu et al.,2006;Ming et al.,2009);中国西部雪冰黑碳的平均浓度为 63 ng/g,高于北半球其他地区的实测结果;对辐射强迫的模拟结果显示,黑碳在雪表的沉降产生的年平均辐射强迫为青藏高原内地($+5.8\pm1.3\,W/m^2$)>天山($+5.6\pm1.0\,W/m^2$)>帕米尔高原($+3.6\,W/m^2$)>祁连山($+2.2\pm0.6\,W/m^2$)>喜马拉雅山($+2.0\pm1.3\,W/m^2$)(Ming et al.,2009)。钻取自喜马拉雅山中段东绒布冰川的冰芯记录显示 20 世纪 90 年代中期以后,黑碳浓度快速上升,到 2001 年超过 50 ng/g,其辐射强迫在 2001 年夏季超过了 $4.5\,W/m^2$(Ming et al.,2008)。据估算,黑碳的沉降对中国不同区域冰川表面反照率的影响在 0.4%~7%不等(Ming et al.,2009)。

利用国家气候中心的大气环流模式 BCC_AGCM2.0.1,结合观测资料计算的雪和冰中黑碳气溶胶对其反照率的影响,对雪和冰中黑碳气溶胶的辐射强迫及其气候影响的研究表明,全球雪和冰中黑碳气溶胶造成的年平均地表辐射强迫为 $+0.042\,W/m^2$,最大辐射强迫位于青藏高原上,年平均强迫超过$+2.8\,W/m^2$(图 6.7a)。由于增强了雪和冰对太阳辐射的吸收,全球雪和冰中黑碳气溶胶造成年平均地表温度升高了 0.071℃(图 6.7b)。地表正辐射强迫在冬春季节就明显产生,导致北半球陆地上雪冰表面温度明显升高,雪融率也明显增加,造成雪和冰提前融化。随着北极表面温度的升高,导致更多的水汽进入大气中,从而使得北极上空总云量明显增加,增加的云量会发出更多的长波辐射通量到达地表(Wang et al.,2011)。

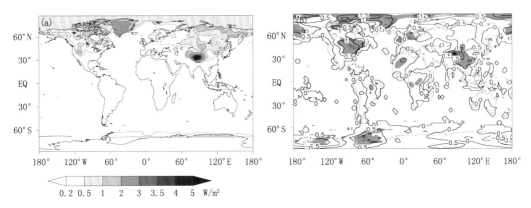

图 6.7　雪和冰中黑碳气溶胶造成的地表辐射强迫（a）和地表温度变化
（b，单位：℃）的年平均分布（阴影表示通过 0.05 显著性检验的区域）（Wang et al.，2011）

6.4　气溶胶对东亚季风的影响

　　亚洲季风是全球最复杂、影响面最广的季风系统，它带来的降雨量变化影响占地球总人口近 60% 居民的生活和生产活动。最近几十年的高速工业化、城市化和强化农业等人类活动，使得亚洲成为气溶胶排放增长速度最快的地区之一。大量研究表明，气溶胶能促使大气和地球表面能量平衡的改变，从而改变大气环流和地球水循环（Kristjansson et al.，2005；Koch et al.，2007）。在亚洲季风区，气溶胶是一个重要的气候影响因子，它与季风动力过程之间的相互作用仍旧具有很大的未知性。气溶胶是否能够影响亚洲季风环流以及东亚的水循环、影响的方式有多大等，仍然是有争议的研究课题。

　　Menon 等（2002）利用大气环流模式 GISS 讨论了东亚季风区黑碳气溶胶的气候效应，结果表明中国夏季近 50 年来经常发生的南涝北旱的现象可能与黑碳气溶胶有关。但 Zhang 等（2009）同时考虑了黑碳和有机碳气溶胶的影响，模拟结果却表明：碳类气溶胶通过其直接和半直接效应，加热所在的大气层，导致中国南方地区的云量减少，到达地面的太阳辐射增加，引起地面温度升高，降水减少，而中国北方地区的上述现象正好与此相反，得出了与 Menon 等（2002）完全相反的结论。Lau 等（2006a，2006b）研究指出青藏高原南北侧的吸收性气溶胶强烈吸收太阳短波辐射，加热该地区的大气，可能导致 5 月底到 6 月初孟加拉湾西南气流加强，降水增多，且为南亚夏季风的建立做准备。Chung 等（2006）利用大气环流模式研究了南亚地区黑碳气溶胶对局地环流和夏季降水的影响，结果表明黑碳气溶胶加热对流层，引起北印度洋和印度次大陆垂直上升运动增强和降水增加。王志立等（2009b）也模拟研究了南亚地区黑碳气溶胶对亚洲夏季风的影响，结果显示南亚地区黑碳气溶胶的加热效应造成孟加拉湾及沿岸地区夏季季风雨季的提前，导致南亚夏季风提前爆发,且增强了南亚夏季风,但是该地区黑碳气溶胶通过影响表面气压、垂直运动等减弱了东亚夏季风,且导致西太平洋副热带高压北移西伸,使我国梅雨带位置向东北方向移动。Bollasina 等(2011)也指出,南亚夏季风的减弱是由于气溶胶排放的增加引起。

利用大气环流模式对中国区域硫酸盐和黑碳气溶胶直接气候效应的研究表明,硫酸盐和黑碳气溶胶均导致东亚夏季风强度减弱,中国地区季风降水明显减少(孙家仁等,2008a,2008b)。Zhang 等(2012)利用中国气象科学研究院大气成分研究所开发的气溶胶模式 CUACE/Aero 与国家气候中心第二代大气环流模式 BCC_AGCM2.0.1 在线耦合模拟主要人为气溶胶直接和半直接辐射效应对东亚夏季风的影响表明,硫酸盐、黑碳和有机碳三种主要由人类活动引起的气溶胶在夏季东亚地区大气顶和地表均产生明显的负辐射强迫,从而导致东亚地区夏季平均地表温度降低,降水率减少。上述三种气溶胶的直接和半直接效应导致几乎整个东亚季风区夏季地表温度都有所降低,且陆地上温度的降低明显要比海洋上温度的降低强。由于地表的冷却,中国中东部地区表面气压明显升高,但是在中国南边的海洋上表面气压明显减小(图 6.8b)。

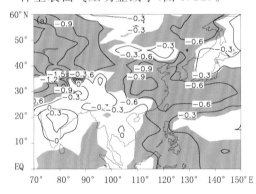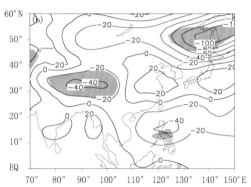

图 6.8　硫酸盐、黑碳和有机碳气溶胶造成的东亚季风区夏季地表温度(a,单位:℃)和表面气压
(b,单位:Pa)的变化(阴影为通过 0.05 显著性检验的区域)(Zhang et al.,2012)

东亚夏季风的形成主要是由于东亚海陆表面温度和气压差异造成。由于气溶胶的影响,东亚季风区夏季海陆温度和气压差明显减弱,因此导致东亚夏季风减弱。同时,它们造成中国东部和南部 850 hPa 高度东北气流增强,明显减弱了控制该区域的东亚西南夏季风,抑制了季风降水(图 6.9)。热力场的变化促使局地经圈环流也发生了变化。三种人为气溶胶导致整层对流层温度降低,这说明在中国总的大气气溶胶主要以散射性为主。在 15°N 以南,低层大气温度的降低要小于中高层大气温度的降低,从而有利于垂直上升运动的增强。但是在 15°~30°N 之间,温度变化正好相反,低层大气温度的降低高于中高层大气温度的降低,这有利于增强大气的稳定度,抑制大气对流活动(图 6.10a)。随着大气温度的变化,局地经圈

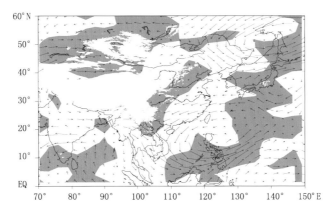

图 6.9　硫酸盐、黑碳和有机碳气溶胶造成的东亚夏季 850 hPa 风场的变化(Zhang et al.,2012)
(图中阴影部分表示气溶胶引起的夏季 850 hPa 和 700 hPa 之间平均水汽通量散度小于零的区域)

环流也发生了变化(图 6.10b)。在大气正常状态下,夏季 10°～30°N 之间存在一个逆时针的经圈环流,但是由于气溶胶的影响,该纬度带内出现了一个顺时针的经圈环流,其中 10°～15°N 之间上升运动发展,15°～30°N 之间下沉运动发展,这将减弱正常的经圈环流运动。15°～30°N 之间增强的下沉运动在对流层低层辐散,增强了低层大气向南运动,从而减弱了东亚夏季风对暖湿气流的向北输送。

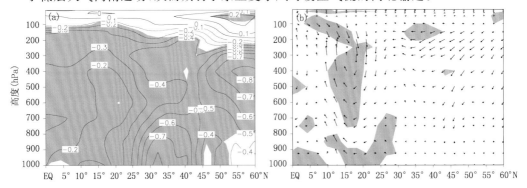

图 6.10　硫酸盐、黑碳和有机碳气溶胶造成的 105°～120°E 平均的夏季平均大气温度
(a,单位:℃)和垂直经圈环流(b)变化的纬度－高度剖面图(Zhang et al.,2012)

利用气候模式 CAM3.5 模拟气溶胶对云和降水的影响也表明,气溶胶的增加显著影响了云的微物理性质,特别是柱云滴数浓度、云液态水路径和云滴有效半径。由于气溶胶的影响,东亚夏季降水明显减少,与近些年东亚夏季风的减弱一致,主要是由于气溶胶的辐射效应减小东亚地区海陆热力差异。增加的气溶胶减少了东亚陆地表面的净短波辐射通量,从而导致陆表温度降低(Liu et al.,2011)。

目前,大部分的研究结论均认为气溶胶的增加导致了东亚夏季风的减弱,但是也存在一些不一样的结论。气溶胶与季风的相互作用过程非常复杂,也是目前国际上气溶胶研究的热点问题之一,仍有待于进一步研究。

6.5　未来不同的气溶胶排放情景下的东亚气候变化趋势

近几十年来,中国北方包括沙尘暴在内的沙尘天气事件出现频率,总体上呈下降趋势。对这一变化许多科学家认为,这种北方沙尘天气事件出现频率的下降和冬季风强度减弱引起的强风事件减少有关(周自江,2001)。也有观点认为沙尘暴频率和强度的减小与吸收性气溶胶(以黑碳气溶胶为主)的排放增加有关(Gu et al.,2010)。到 21 世纪末,在未来气候变化情景预估下,东亚气温上升,可能使得一些和沙尘事件发生关系密切的因子如风速、沙源地表积雪覆盖的时间、范围等也将发生变化,这样中国乃至东亚沙尘气溶胶如何变化,它又会产生什么样的气候效应,是值得关注的科学问题之一。一方面,北方和极地地区更强的增温,将减弱气温的纬向梯度,引起西风带减弱,造成沙尘暴频率和强度的下降;另一方面,未来沙源地气温升高引起的蒸发增加、土壤湿度降低有利于沙尘暴的增加;同时这些地区降水的变化、积雪的更早融化等,都会引起沙尘暴发生频率、强度和高发期的改变。这些因子的综合作用,需要数值模式和数值模拟的进行,才能得到更加合理的结果。

利用 RegCM3-dust 模式中沙尘气溶胶对气候反馈作用模块,完成了当代和未来各 10 年的模拟积分试验,分析了沙尘气溶胶的辐射强迫及其产生的气候效应,比较了不同时期(当代和未来)沙尘气溶胶的气候效应和对自身的反馈作用,结果表明,就多年平均大气顶辐射强迫而言,塔克拉玛干沙漠地区正辐射强迫最强,最大辐射强迫数值大于 10 W/m^2,105°E 以东以负辐射强迫为主,当代在 $-2.5 \sim$ -1.0 W/m^2 之间,未来负辐射强迫向东扩张的范围超过当代,河套南部地区和黄海东部局部地区负辐射强迫数值在 $-5.0 \sim -2.5$ W/m^2 之间(图 6.11a,b)。冬季,沙尘活动不活跃,其大气顶辐射强迫也较小。特别是当代,影响范围和数值在全年中最小(图 6.11c,d)。春季,大气顶辐射强迫最强。105°E 以西的广大源区大部分地区正辐射强迫大于 2.5 W/m^2,塔克拉玛干沙漠地区正辐射强迫大于 10 W/m^2,105°E 以东受沙尘影响较大的下游地区负辐射强迫数值在 $-5.0 \sim -2.5$ W/m^2 之间(图 6.11e,f)。夏季,塔克拉玛干沙漠地区正辐射强迫大于 10 W/m^2,其他源区正辐射强迫基本在 $1.0 \sim 2.5$ W/m^2 之间,下游负辐射强迫数值在 $-2.5 \sim -1$ W/m^2 之间(图 6.11g,h)。秋季,随着沙尘气溶胶活动的减弱,源区正大气顶辐射强迫减小,仅在塔克拉玛干沙漠地区南部部分地区正辐射强迫大于 5 W/m^2(图 6.11i,j)。

多年平均而言,在沙尘气溶胶影响的大部分区域内,当代和未来地面气温降低幅度之差在 ±0.1℃ 之间,黄河下游的当代地面气温和东北地区未来地面气温降低

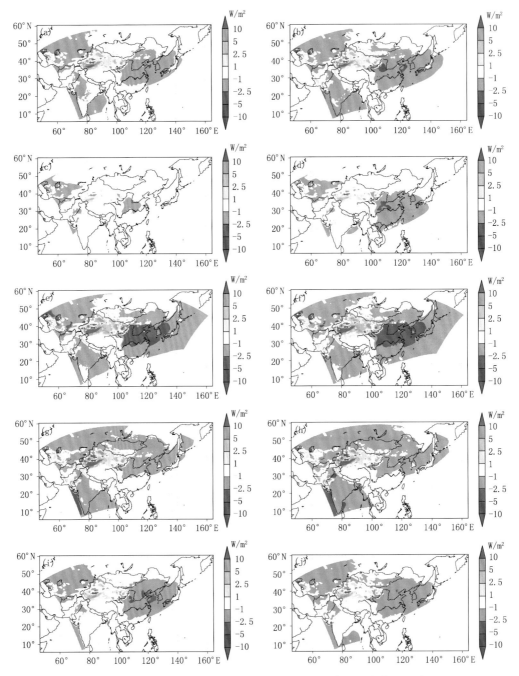

图 6.11   当代年平均(a)、冬季(c)、春季(e)、夏季(g)、秋季(i)以及
未来年平均(b)、冬季(d)、春季(f)、夏季(h)、秋季(j)沙尘大气顶辐射强迫

幅度较大,更多的是由于降水的反馈作用所致(图 6.12a)。冬季,多数区域当代和未来地面气温降低幅度之差在±0.1℃之间,局部地区未来地面气温降低幅度较当代大 0.1~0.25℃(图 6.12b)。春季,塔克拉玛干沙漠及下游邻近地区未来地面气温降低幅度较当代大 0.1~0.25℃(图 6.12c)。夏季,中国西北地区未来地面气温降低幅度较当代大,部分地区两者之差在 0.1~0.5℃。一些地区沙尘气溶胶降水反馈作用对地面气温的影响超过沙尘气溶胶本身对地面气温的影响,如蒙古国东部和中国东北地区,未来地面气温降低幅度较当代大 0.25℃以上,中心大 1℃以上,黄河下游地区未来地面气温降低幅度较当代小 0.5~1℃(图 6.12d)。秋季,沙尘气溶胶源区及邻近区域,当代和未来地面气温降低幅度之差在±0.1℃之间,黄河下游地区由于未来降水减少,地面气温降低幅度较当代小 0.25~0.5℃,东北部分地区由于降水增加,地面气温降低幅度较当代大 0.1~0.5℃(图 6.12e)。

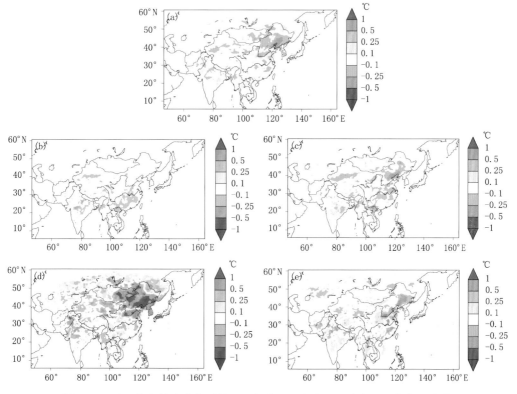

图 6.12　地面气温效应的年平均(a)、冬季(b)、春季(c)、夏季(d)、秋季(e)变化

沙尘气溶胶对当代和未来地面气温效应不同。总体而言,未来降低地面气温的效应更明显些,可能和未来地面气温升高、地面向上的长波辐射增加有关。

多年平均降水,当代和未来在塔克拉玛干沙漠增多 10%~25%,中国东北地区降水当代以减少为主,未来以增多为主(图略)。对各季降水的影响,塔克拉玛干沙漠表现出一致的降水增多,其中夏季增加最多。其他大部分区域更多地表现为模式的噪音。夏、秋季节,沙尘气溶胶对中国东部当代和未来降水的不同效应,使得其对气温的作用超过沙尘气溶胶本身对气温的作用。

Chen 等(2007)利用耦合了对流层化学和气溶胶的大气环流模式 GISS 和 IPCC SRES A2 的排放源模拟了从 2000 年到 2100 年人为气溶胶(硫酸盐、硝酸盐、一次有机碳、二次有机碳和黑碳)的变化所造成的直接辐射强迫及其对全球和东亚、南亚地区气候的影响。相比 2000 年,2100 年除了硫酸盐气溶胶略有减少(减少发生在夏季,冬季略有增加),其他人为气溶胶均有明显增加,其中硝酸盐增加最为明显(大于 4 倍),其次是一次有机碳和黑碳(均大于 2 倍)。人为气溶胶变化引起的对流层顶辐射强迫为 $+0.18$ W/m^2,地面辐射强迫为 -3.02 W/m^2。气溶胶的直接辐射强迫引起全球地面升温 0.14 K,夏季升温比冬季明显。冬季北半球升温主要分布在中纬度沙漠和高纬度等地表反照率高的地区,而在中国东部、印度尼西亚、印度、萨赫勒、西欧和美国东部等地区因为硫酸盐气溶胶的增加地面温度明显降低。北半球地面温度升高加大了南北半球低纬度之间的温度梯度,在 5°S~5°N 产生一个气旋式的经向环流,减弱(增强)了冬(夏)季的 Hadley 环流。人为气溶胶的增加加热了北半球对流层大气,并使北半球对流层湿度有所增加。未来气溶胶的变化造成地表蒸发减少约 0.03 mm/d,全球降水量减少约 0.03 mm/d(主要是低层对流降水)。

气溶胶的变化对水循环的影响主要集中在南北半球的热带地区:北半球热带地区水循环有所加快,而南半球热带地区水循环有所减慢。由于总降水和蒸发变化基本一样,所以人为气溶胶的变化对全球总的水循环速度影响不明显。冬季,受人为气溶胶增加的影响,东亚和南亚地区地面吸收的短波辐射分别减少 22.2 W/m^2 和 18.9 W/m^2,地面温度分别降低 2.5 K 和 1.9 K。在东亚地区,地面冷却造成蒸发减少 0.3 mm/d,对流稳定度增加(位温垂直梯度增大 0.3K/km),降水减少 0.7 mm/d,水循环速度减慢。在南亚,降水和蒸发均减小 0.1 mm/d。从区域分布看,冬季人为气溶胶的增加使得东亚和南亚陆地上气压增加非常明显,稳定度的增加减少了陆地上的降水,而由于气流的辐合,副热带太平洋西部和印度洋北部降水增加,同时热带太平洋西部和印度洋南部地区降水有所减少。

利用 GISS 模式和 IPCC SRES A2 排放情景模拟了工业革命前后以及未来(2100 年)相对于现在人为气溶胶(硫酸盐、硝酸盐、有机碳和黑碳)的变化造成的间接辐射强迫及其气候效应的研究表明,工业革命前后人为气溶胶的变化造成的间接辐射强迫为 -1.67 W/m^2,造成了地面温度降低 1.12 K,降水减少 3.36%(0.10 mm/d)。2100 年相对于现在的人为气溶胶造成的间接辐射强迫为 -0.58 W/m^2,造成地面温度降低 0.47 K,降水减少 1.7%(0.05 mm/d)(Chen et al.,2010)。

6.6　气溶胶气候效应的不确定性

　　气溶胶通过直接、半直接和间接效应影响着气候,气溶胶气候效应的研究对全球气候变化的了解,甚至人类的生产、生活都有重要意义。但是,气溶胶的研究仍具有很大不确定性,不同的研究之间结果还存在很大差别。

　　气溶胶的源排放、柱含量的计算、合理的气溶胶参数化方案、精确的辐射传输模式及所用的气候模式,对估算气溶胶辐射强迫及其气候效应都会产生重要影响。定量评价气溶胶对区域或全球气候变化的贡献时,不仅需要准确知道不同地区各种排放源产生气溶胶的可靠数据,而且还要了解其各种光学参数,如消光系数、单次散射反照率、非对称因子,以及不同气溶胶的混合方式和混合状态等特征。其次,气候模式自身的参数化方案也是造成气溶胶气候效应研究不确定的因子之一。要想准确了解气溶胶对气候的影响,还有很多的实际工作要做。

参考文献

韩永翔,陈永航,方小敏,等. 2008.沙尘气溶胶对塔里木盆地降水的可能影响[J]. 中国环境科学,**2**:102-106.

黄梦宇,赵春生,周广强,等. 2005,华北层状云微物理特性及气溶胶对云的影响[J]. 南京气象学院学报,**28**(3):360-368.

吉振明,高学杰,张冬峰,等. 2010.亚洲地区气溶胶及其对中国区域气候影响的数值模拟[J].大气科学,**34**(2):262-274.

孙家仁,刘煜. 2008a. 中国区域气溶胶对东亚夏季风的可能影响(I):硫酸盐气溶胶的影响[J].气候变化研究进展,**4**(2):111-116.

孙家仁,刘煜. 2008b.中国区域气溶胶对东亚夏季风的可能影响(II):黑碳气溶胶及其与硫酸盐气溶胶的综合影响[J].气候变化研究进展,**4**(3):161-166.

王玉洁,黄建平,王天河.2006.一次沙尘暴过程中沙尘气溶胶对云物理量和辐射强迫的影响[J]. 干旱气象,**24**(3):14-18.

王志立,郭品文,张华.2009a.黑碳气溶胶直接辐射强迫及其对中国夏季降水影响的模拟研究[J]. 气候与环境研究,**14**(2):161-171.

王志立,张华,郭品文.2009b. 南亚地区黑碳气溶胶对亚洲夏季风的影响[J].高原气象,**28**(2):419-424.

赵春生,彭大勇,段英.2005.海盐气溶胶和硫酸盐气溶胶在云微物理过程中的作用[J]. 应用气象学报,**16**(4):417-425.

周自江. 2001.近 45 年中国扬沙和沙尘暴天气[J]. 第四纪研究,**21**(1):9-17.

庄炳亮,王体健,李树.2009. 中国地区黑碳气溶胶的间接辐射强迫与气候效应[J]. 高原气象,**28**(5):1095-1104.

Abdul-R H,Ghan S J. 2002. A parametrization of aerosol activation:3. Sectional representation

[J]. J Geophys Res,**107**(D3):4026,DOI:10. 1029/2001JD000483.

Albrecht B. 1989. Aerosols, cloud microphysics, and fractional cloudiness [J]. Science,**245**: 1227-1230.

Andreae M O,Rosenfeld D,Artaxo P,et al. 2004. Atmospheric science:Smoking rain clouds over the Amazon[J]. Science,**303**(5662):1337-1341.

Bollasina M A,Ming Y,Ramaswamy V. 2011. Anthropogenic Aerosols and the Weakening of the South Asian Summer Monsoon[J]. Science,DOI:10. 1126/science. 1204994.

Borys R D,Lowenthal D H,Cohn S A,et al. 2003. Mountaintop and radar measurements of anthropogenic aerosol effects on snow growth and snowfall rate[J]. Geophys Res Lett,30, DOI:10. 1029/2002GL016855.

Boucher O. 1999. Air traffic may increase cirrus cloudiness[J]. Nature,**397**:30-31.

Brenguier J L,Pawlowska H,Schuller L. 2003. Cloud microphysical and radiative properties for parametrization and satellite monitoring of the indirect effect of aerosol on climate[J]. J Geophys Res,**108**(D15):8632,DOI:10. 1029/2002JD002682.

Breon F M, Tanre D,Generoso S. 2002. Aerosol effect on cloud droplet size monitored from satellite[J]. Science,**295**:834-838.

Chen W T,Nenes A,Liao H,et al. 2010. Global climate response to anthropogenic aerosol indirect effects:Present day and year 2100 [J]. J Geophys Res, **115**: D12207, DOI: 10. 1029/2008JD11619.

Chen W T,Liao H,Seinfeld J H. 2007. Future climate impacts of direct radiative forcing of anthropogenic aerosols,tropospheric ozone,and long-lived greenhouse gases[J]. J Geophys Res,**112**:D14209,DOI:10. 1029/2006JD008051.

Chung C E,Ramanathan V. 2006. Weakening of North Indian SST gradients and the monsoon rainfall in India and the Sahel[J]. J Clim,**19**:2036-2045.

Cui Z Q,Carslaw K S,Yin Y,et al. 2006. A numerical study of aerosol effects on the dynamics and microphysics of a deep convective cloud in a continental environment[J]. J Geophys Res, **111**:D05201,DOI:10. 1029/2005JD005981.

Duan J,Mao J. 2009. Influence of aerosol on regional precipitation in North China[J]. Chin Sci Bull,**54**:474-483.

Eagan R,Hobbs P V,Radke L. 1974. Measurements of CCN and cloud droplet size distributions in the vicinity of forest fires[J]. J Appl Meteorol,**13**:537-553.

Fan J,Rosenfeld D,Ding Y,et al. 2012. Potential aerosol indirect effects on atmospheric circulation and Radiative forcing through deep convection[J]. Geophys Res Lett,**39**:DOI:10. 1029/ 2012GL051851.

Ferek R J,Hegg D A,Hobbs P V,et al. 1998. Measurements of ship-induced tracks in clouds off the Washington coast[J]. J Geophys Res,**103**:23199-23206.

Flanner M G,Zender C S,Hess P G,et al. 2009. Springtime warming and reduced snow cover from carbonaceous particles[J]. Atmos Chem Phys,**9**:2481-2497.

Gu Y,Liou K N,Chen W,et al. 2010. Direct climate effect of black carbon in China and its impact on dust storms[J]. J Geophys Res,115,D00K14,DOI:10. 1029/2009JD013427.

Hansen J,Nazarenko L. 2004. Soot climate forcing via snow and ice albedos[J]. Proc Natl Acad Sci,**101**(2):423-428.

Hansen J,Sato M,Ruedy R,et al. 2005. Efficacy of climate forcings[J]. J Geophys Res,**110**: D18104,DOI:10. 1029/2005JD005776.

Haywood J M,Ramaswamy V. 1998. Global sensitivity studies of the direct radiative forcing due to anthropogenic sulfate and black carbon aerosols[J]. J Geophys Res,**103**:6043-6058.

Hendricks J,Kärcher B,Döpelheuer A. 2004. Simulating the global atmospheric black carbon cycle:A revisit to the contribution of aircraft emissions[J]. Atmos Chem Phys,**4**:2521-2541.

Houghton J T,Meira Filho L G,Callander B A,et al. 1996. Climate Change 1995:The Science of Climate Change[M]. Cambridge:Cambridge University Press.

IPCC. 2007. Climate Change 2007:The Physical Science Basis-contribution of Working Group I to the Fourth Assessment Report of the Intergovernmental Panel on Climate Change. Cambridge: Cambridge University Press:131-217.

Karcher B,Strom J. 2003. The roles of dynamical variability and aerosols in cirrus cloud formation [J]. Atmos Chem Phys,**3**:823-838.

Kaufman Y J,Boucher O,Tanré D,et al. 2005. Aerosol anthropogenic component estimated from satellite data[J]. Geophys Res Lett,32:L17804,DOI:10. 1029/2005GL023125.

Khain A P,Rosenfeld D,Pokrovsky A. 2005. Aerosol impact on the dynamics and microphysics of convective clouds[J]. Q J R Meteorol Soc,**131**(611):2639-2663.

Koch D,Bond T C,Streets D,et al. 2007. Global impacts of aerosols from particular source regions and sectors[J]. J Geophys Res,**112**:DOI:10. 1029/2005JD007024.

Koren I,Kaufman Y J,Remer L A,et al. 2004. Measurements of the effect of smoke aerosol on inhibition of cloud formation[J]. Science,**303**:1342-1345.

Koren I,Kaufman Y J,Rosenfeld D,et al. 2005. Aerosol invigoration and restructuring of Atlantic convective clouds[J]. Geophys Res Lett,**32**:L14828,DOI:10. 1029/2005GL023187.

Kristjansson J E,Iversen T,Kirkevag A,et al. 2005. Response of the climate system to aerosol direct and indirect forcing:Role of cloud feedbacks[J]. J Geophys Res,**110**:D24206,DOI:10. 1029/2005JD006299.

Kruger O,Grassl H. 2004. Albedo reduction by absorbing aerosols over China[J]. Geophys Res Lett,31,DOI:10. 1029/2003GL019111.

Lau K M,Kim K M. 2006a. Observational relationships between aerosol and Asian monsoon rainfall and circulation[J]. Geophys Res Lett,**33**:L21810,DOI:10. 1029/2006GL027546.

Lau K M, Kim M K. 2006b. Asian summer monsoon anomalies induced by aerosol direct forcing-the role of the Tibetan Plateau[J]. Clim Dyn,**26**(7-8):855-864.

Lee S S, Donner L, Penner J E. 2010. Thunderstorm and stratocumulus:How does their contrasting morphology affect their interactions with aerosols? [J]. Atmos Chem Phys,**10**:6819-6837,DOI:10. 5194/acp-10-6819-2010.

Li S,Wang T J,Zhuang B L,et al. 2009. Indirect radiative forcing and climatic effect of the anthropogenic Nitrate aerosol on regional climate of China[J]. Adv Atmos Sci,**26**(3):543-552.

Li Z,Niu F,Fan J,et al. 2011. Long-term impacts of aerosols on the vertical development of clouds and precipitation[J]. Nature Geoscience,**4**:888-894.

Liu X,Xie X,Yin Z Y,et al. 2011. A modeling study of the effects of aerosols on clouds and precipitation over East Asia[J]. Theor Appl Climatol,DOI:10. 1007/s00704-011-0436-6.

Lohmann U,Karcher B,Hendrichs J. 2004. Sensitivity studies of cirrus clouds formed by heterogeneous freezing in ECHAM GCM [J]. J Geophys Res, 109: D16204, DOI: 10. 1029/2003JD004443.

Lohmann U,Feichter J,Penner J E,et al. 2000. Indirect effect of sulfate and carbonaceous aerosols:A mechanistic treatment[J]. J Geophys Res,**105**(D10):12193-12206.

McFiggans G,Artaxo P,Baltensperger U,et al. 2006. The effect of aerosol composition and properties on warm cloud droplet activation[J]. Atmos Chem Phys,**6**:2593-2649.

Menon S,and Coauthors. 2003. Evaluating aerosol/cloud/radiation process parametrizations with single-column models and Second Aerosol Characterization Experiment(ACE-2) cloudy column observations[J]. J Geophys Res,108(D24):4762,DOI:10. 1029/2003JD003902.

Menon S,Del Genio A D,Koch D,et al. 2002. GCM simulations of the aerosol indirect effect:Sensitivity to cloud parametrization and aerosol burden[J]. J Atmos Sci,**59**:692-713.

Ming J,Xiao C,Cachier H,et al. 2009. Black Carbon(BC) in the snow of glaciers in west China and its potential effects on albedos[J]. Atmos Res,**92**:114-123.

Ming J,Cachier H,Xiao C,et al. 2008. Black carbon record based on a shallow Himalayan ice core and its climatic implications[J]. Atmos Chem Phys,**8**:1343-1352.

Ming Y,Ramaswamy V. 2009. Nonlinear climate and hydrological responses to aerosol effects [J]. J Clim,**22**:1329-1339.

Minnis P,Ayers J K,Palikonda R,et al. 2004. Contrails,cirrus trends,and climate[J]. J Climate, **17**:1671-1685.

Nenes A,Seinfeld J H. 2003. Parametrization of cloud droplet formation in global climate models [J]. J Geophys Res,**108**:DOI:10. 1029/2002JD002911.

Niu F,Li Z. 2012. Systematic variations of cloud top temperature and precipitation rate with aerosols over the global tropics[J]. Atmos Chem Phys,12:8491-8498,DOI:10. 5194/acp-12-84910-2012.

Peng Y,Lohmann U,Leaitch R,et al. 2002. The cloud albedo-cloud droplet effective radius relationship for clean and polluted clouds from ACE and FIRE[J]. J Geophys Res,**107**(D11): DOI:10. 1029/2002JD000281.

Qian Y,Gong D,Fan J,et al. 2009. Heavy pollution suppresses light rain in China:Observations and modeling[J]. J Geophys Res,**114**:D00K02,DOI:10. 1029/2008JD011575.

Reid J S,Eck T F,Christopher S A,et al. 1999. Use of the Angstrom exponent to estimate the variability of optical and physical properties of aging smoke particles in Brazil[J]. J Geophys Res,**104**(D22):27473-27490.

Rosenfeld D,Lohmann U,Rage G B,et al. 2008. Flood or drought:How do aerosols affect precipitation? [J]. Science，**321**：1309-1313.

Schwartz S E，Harshvardhan D W，Benkovitz C M. 2002. Influence of anthropogenic aerosol on cloud optical depth and albedo shown by satellite measurements and chemical transport modeling[J]. Proc Natl Acad Sci USA，**99**：1784-1789.

Seifert A，Beheng K D. 2006. A two-moment cloud microphysics parameterization for mixed-phase clouds. Part II：Deep convective storms[J]. Meteorol Atmos Phys，**92**：DOI：10. 1007/s00703-005-0113-3.

Sekiguchi M，Nakajima T，Suzuki K，et al. 2003. A study of the direct and indirect effects of aerosols using global satellite datasets of aerosol and cloud parameters[J]. J Geophys Res，**108** (D22)：4699，DOI：10. 1029/2002JD003359.

Takemura T，Nakajima T，Suzuki K，et al. 2005. Simulation of climate response to aerosol direct and indirect effects with aerosol transport-radiation model[J]. J Geophys Res，**110**：D02202，DOI：10. 1029/2004JD005029.

Tao W K，Li X，Khain A，et al. 2007. Role of atmospheric aerosol concentration on deep convective precipitation：Cloud-resolving model simulations[J]. J Geophys Res，**112**：D24S18，DOI：10. 1029/2007JD008728.

Twomey S A. 1977. The influence of pollution on the shortwave albedo of clouds[J]. J Atmos Sci，**34**：1149-1152.

Wang T，Li S，Shen Y，et al. 2010a. Investigations on direct and indirect effect of nitrate on temperature and precipitation in China using a regional climate chemistry modeling system[J]. J Geophys Res，**115**：D00K26，DOI：10. 1029/2009JD013264.

Wang Z L，Zhang H，Shen X S，et al. 2010b. Modeling study of aerosol indirect effects on global climate with an AGCM[J]. Adv Atmos Sci，**27**(5)：1064-1077，DOI：10. 1007/s00376-010-9120-5.

Wang Z L，Zhang H，Shen X S. 2011. Radiative forcing and climate response due to black carbon in snow and ice[J]. Adv Atmos Sci，**28**(6)：1336-1344，DOI：10. 1007/s00376-011-0117-5.

Wang Z，Zhang H，Li J，et al. 2013. Radiative forcing and climate response due to the presence of black carbon in cloud droplets[J]. J Geophys Res Atmos，**118**：DOI：10. 1002/jgrd. 50312.

Warner J，Twomey S A. 1967. The production and cloud nuclei by cane fires and the effect on cloud droplet concentration[J]. J Atmos Sci，**24**：704-706.

Warren S，Wiscombe W. 1980. A model for the spectral albedo of snow. II：Snow containing atmospheric aerosols[J]. J Atmos Sci，**37**：2734-2745.

Wu P P，Han Z W. 2011. Indirect radiative and climatic effects of sulfate and organic carbon aerosols over East Asia investigated by RIEMS[J]. Atmos Oceanic Sci Lett，**4**：7-11.

Xia X，Li Z，Holben B，et al. 2007. Aerosol optical properties and radiative effects in the Yangtze Delta region of China[J]. J Geophys Res，**112**：D22S12，DOI：10. 1029/2007JD008859.

Xu B，Yao T，Liu X0，et al. 2006. Elemental and organic carbon measurements with a two-step heating-gas chromatography system in snow samples from the Tibetan Plateau[J]. Annal Glacio，**43**：257-262.

Zhang H，Wang Z L，Guo P W，et al. 2009. A modeling study of the effects of direct radiative forcing due to carbonaceous aerosol on the climate in East Asia[J]. Adv Atmos Sci，26(1)：57-66.

Zhang H，Wang Z L，Wang Z Z，et al. 2012. Simulation of direct radiative forcing of typical aerosols and their effects on global climate using an online AGCM-aerosol coupled model system [J]. Clim Dyn，38：1675-1693，DOI 10. 1007/s00382-011-1131-0.

Zhuang B L，Liu L，Shen F H，et al. 2010. Semidirect radiative forcing of internal mixed black carbon cloud droplet and its regional climatic effect over China[J]. J Geophys Res，115：D00K19，DOI：10. 1029/2009JD013165.

第 7 章　气候变化检测与归因

主　　笔：徐　影

主要作者：吴　婕　丁一汇

20 世纪 80 年代以来，随着全球气候变暖原因研究不断深入，气候变暖的归因研究一直是国际上的热点和焦点问题，气候变化的检测与归因是识别人为和自然因子对气候变化相对贡献的核心研究内容，是回答"气候变化在多大程度上是由人类活动引起的"这一科学问题的重要科学基础。

自 20 世纪 90 年代以来，检测与归因研究迅速成为气候变化研究的一个热点问题，相关研究在不断发展和深化。研究对象从全球平均气温发展到降水、极端事件以及一些中小尺度的现象等。研究的空间尺度从全球平均发展到大陆和洋盆尺度，乃至区域尺度。研究方法从最初的简洁直观的单步归因发展到多步归因。

同时随着研究的不断深入、观测资料的不断完善和气候模式的快速发展，对引起气候变化原因的科学认识也在不断深化。越来越多的证据表明，尽管观测资料和气候模式仍然存在不确定性，但是对 20 世纪 50 年代以来的气候变化，人类活动对全球变暖的影响是很明显的。可辨别的人类活动影响扩展到了气候的其他方面，包括海洋变暖、大陆尺度的平均温度、温度极值以及风场。

近年来，气候变化检测与归因也从对气候变化基本观测事实的归因扩展到气候变化影响领域的归因，这使得传统的检测归因从定义到方法学的研究均有很大的扩展。

气候变化的检测与归因研究在国外开展得比较多，国内相关工作开展较少，本章从检测与归因的定义、方法和国内外近年来的主要研究进展进行归纳和总结。

7.1　气候变化检测与归因的定义

过去科学界经常把对气候变暖的检测（detection）与归因（attribution）并提，有时也把对成因的分析称为检测，如检测温室效应的影响。但这样也造成一定的概念混乱,因此从政府间气候变化专门委员会(IPCC)的第三次气候变化评估报告开始,对检测与归因的定义进行明确区分,即"气候有各种时间尺度的变化。气候变化的检测是一个过程,是要证实气候在某种统计意义上发生了变化,但是并不涉及气候变化的成因。气候变化的归因研究是另一个过程,要在一定置信度水平上确认检测到的气候变化的最可能成因,首先是观测到的变化必须能够检测到"。在后续的 IPCC 第四次和第五次评估报告中仍然保持了类似的表述,同时,IPCC 评估报告也指出,检测有时也指对外部强迫影响的检测,因此检测与归因紧密相连,外部强迫因子有很多,可以是人类活动(包括温室气体、气溶胶、臭氧前体物和土地利用)和自然强迫(火山爆发、太阳活动等)。

气候变化的检测和归因包含四个核心的要素:(1)观测到的气候要素的变化,(2)对外部强迫的估计,(3)有一个基于物理基础的对某种外部强迫可能影响已经发生的气候变化的理解(通常使用气候模式),(4)基于气候模式对气候内部变率进行估计。此外,重要的是关键的外部强迫已经被认识到,且不同强迫信号是可加的,噪音也是可加的,气候模式在不同外部强迫下对气候大尺度分布的模拟是正确的。气候变化检测与归因的主导思想是利用不同工具分辨各种因子的作用,然后给出影响明显的因子的贡献。

7.2　气候变化检测与归因主要方法

IPCC 历次评估报告都得出了对于过去气候变化原因的结论,IPCC 是如何得到这个结论的呢? 一是看变暖的观测证据,二是看气候模式模拟的变暖与观测结果的一致性。要说明的是,观测资料序列的长度只有一百多年,而且包括了一系列的误差;从观测数据的获取到整理同化,形成全球平均温度,有很大的不确定性。外强迫因素的数值化也有很大问题,如对太阳活动产生的辐射强迫就有不同的见解。模式的模拟,从完全的气候系统模式、中等复杂程度模式到简化的能量平衡模式,包含的不确定性更大。因此,要"证明"人类活动的影响是近 50 年气候变暖的主要原因,并不是一件容易的事,也不是简单地对比模拟与观测的全球平均温度就能得到的。因此,科学家们建立了一套详细的检测与归因方法。

2009 年 9 月,IPCC 第一和第二工作组联合召开"气候变化检测与归因"专家研讨会,讨论了检测和归因的定义、评价方法、资料与要求等,在此基础上形成了覆盖检测与归因不同研究领域,包括气候变化观测事实和影响等的指导性文件(Hegerl et al.,2010),并综合了 4 种检测归因方法,包括对外强迫的单步归因、多步归因、联合归因以及对观测到的气候条件变化的归因,囊括了目前研究这一因果链采用的不同途径。并指出,不管采用哪一领域的哪种方法,作者都要明确所研究的问题是归因于气候或环境条件变化还是其他外强迫或外驱动因素的变化。对于研究结果要从使用的数据、模式、方法、混淆因子等方面存在的问题给出可信度评价。

总结而言,对于归因的分析,目前主要通过两种统计方法来做归因研究:最优指纹法(optimal finger printing)及推理法(methods of inference)。

7.2.1　最优指纹法

最早是 Hasselmann(1998)在 20 世纪 70 年代末提出一种定量化鉴别人为气候变化信号并作归因分析的方法——最优指纹法(OFP)。在这种最优指纹法中,增强人为气候变化信号特征使之排除低频自然变率噪声干扰,一般用在定量化鉴别人为气候变化的研究中,同时也要求气候变化的信噪比较大。这种方法不仅对早期的外部强迫检测有用,而且也可用于区分不同的强迫机制来进行归因分析。研究表明,最优指纹法是与其他一些最佳平均或滤波方法十分接近的方法,在噪声背景下它可以最佳地估计出气候变化振幅(孙颖等,2013)。

典型的检测与归因分析方法是基于广义的多元线性回归的最优指纹法(如 Allen et al.,1999 et al.,2003)。此方法假定气候对不同外强迫的响应是可线性叠加的,而且内部变率也是可线性叠加的。因此,气候变化检测与归因的研究非常依赖于气候模式。

在最优指纹法中,假定观测到的变化是期望的变化(信号)和内部变率(残差)的总和,由方程 $Y = \beta X + \varepsilon$ 来表示:向量 Y 是指观测到的气候要素的变化;向量 X 代表模式模拟的不同强迫下该要素的变化(可以是一维的也可以是二维的),矩阵 X 的信号来自气候模式。向量 ε 代表不能被信号解释的自然变率(或者残差),拟合多元回归模式需要估计自然内部变率,一般用气候模式的控制试验的结果来计算内部变率。尺度因子 β 是一个一维或者二维的向量,可以调整信号的幅度来与观测值相匹配。

用最优指纹法,可以对不同强迫信号进行检测。信号的检测给出观测到的某个要素的变化对一种强迫或者多个强迫组合的响应。单信号检测是指一次只包括 1 个信号,但由于观测的结果可以被多种强迫因子影响,用多个预测因子的回归模型将提供最佳的拟合,因此,使用有两个信号向量的 X 可以构造双信号分析,双信号分析可以允许对不同强迫的影响进行分离,进而获得单个强迫的归因结果。

7.2.2　推理法

推理法是将演绎与对标量因子的假设估计结合,这也可以分为标准最高频率法(standard frequentist methods,以下简称标准法)(Hasselmann,1997)及贝叶斯法(Bayesian methods)(Hasselmann,1998)。采用标准法首先要检测假定的气候变化信号显著不等于零,其次比较观测结果与模式模拟对强迫的响应。一个完善的归因,不仅要有这方面的证据,还要考虑是否符合气候变化的机制。采用贝叶斯方法需要有从多方面集合信息的能力，以及综合分析独立信息的能力。这种观点的特点是基于后验分布，把观测的证据与独立的先验信息结合。这种结合先验信息及对强迫的响应是贝叶斯方法的优点所在。另一个优点是这种演绎是概率性的，可以更容易地为决策者采用，因为它包含了风险与获利两个方面。具体做法有两种：Hasselmann(1998)及 Beliner(2000)等的方法。前者建立了一个滤波技术，与最优指纹法类似，选取最高信噪比；而后者则并不对影响最优化，而是用贝叶斯法对估计作演绎。

7.2.3　格兰杰因果检验法

该方法既考察变量间的相互关系又考虑其自身变化。两个时序变量之间的因果关系检验是由格兰杰(Granger)提出的，称为格兰杰因果性分析法(曹永福，2005)。格兰杰的基本着眼点是两个变量 X 与 Y 呈高度相关，并不能说明两者之间一定存在因果关系，须对相关变量进行因果关系检验。利用概率或分布函数来表示：在所有其他事件固定不变的条件下，如果一个事件 A 的发生或不发生对于另一个事件 B 的发生概率有影响，并且两个事件在时间上又有先后顺序(A 前 B 后)，则可说 A 是 B 的原因。格兰杰因果检验主要适用于时间序列数据模型的因果性检验，其结论只是统计意义上的因果性，需要从物理角度加以审慎考察，必要时需要用数值模拟加以验证。

7.3　全球与大陆尺度的检测与归因

从 1990 年 IPCC 第一次评估报告发布，到 2013 年第五次评估报告，对全球气候变暖的归因研究有了巨大的进步；尤其是最新发布的 IPCC 第五次评估报告，已经从对气候变化基本观测事实(温度和降水变化)的归因扩展到了气候的其他方面，包括海洋变暖、大陆尺度的平均温度、温度极值以及风场。研究对象从全球平均气温发展到降水、极端事件以及一些中小尺度的现象等。研究的空间尺度从全球平均发展到大陆和洋盆尺度，乃至区域尺度。

7.3.1　对温度变化检测与归因

(1)20 世纪全球尺度平均温度变化检测归因

对全球平均温度变化的归因分析主要是将全球平均温度归因为人为外部强迫(主要包括 CO_2 等温室气体和气溶胶辐射强迫)、自然强迫(如火山活动和太阳活动)和内部变率(如 ENSO、NAO、PDO 等)三部分的影响。20 世纪有较完整的温度观测及外强迫因子的数据，因此，是研究气候变暖成因的最佳时段(王绍武等，2012)。

目前对全球平均温度变化的归因研究结果较多,IPCC 第一次评估报告(IPCC,1990)表明,人类活动产生的各种排放正在使大气中的温室气体浓度显著增加,这将增强温室效应,从而使地表升温。IPCC 第二次评估报告(IPCC,1996)表明,人类活动已经对全球气候系统造成了"可以辨别"的影响。IPCC 第三次评估报告(IPCC,2001)表明,20 世纪 50 年代以来观测到的大部分增暖"可能"(≥66%)归因于人类活动造成的温室气体浓度上升。IPCC AR4(IPCC,2007)表明,近半个世纪以来的全球变暖"很可能"(≥90%)是由人为温室气体浓度增加导致。IPCC AR5(IPCC,2013)的结论则进一步表明,自工业化时代以来,人为温室气体排放上升与其他人为驱动因素一起发挥的影响已经可以在气候系统的所有组成部分中被检测出来,而且极有可能是自 20 世纪中叶以来观测到变暖的主要原因(图 7.1)。

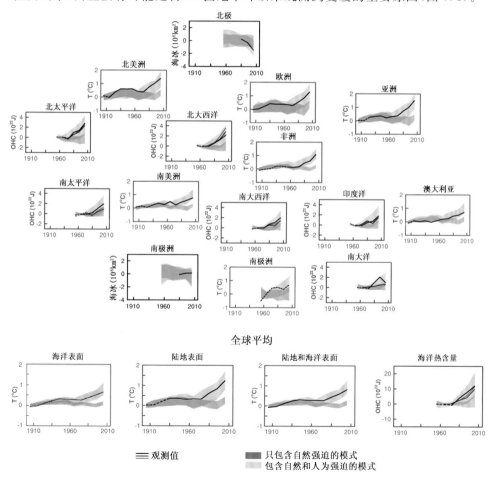

图 7.1　观测到的全球地表平均温度与包含人为强迫和自然强迫的
气候模式模拟结果对比(IPCC,2013)

自 IPCC AR4 以来，一些新的研究进一步深化了对温度变化的归因认识。新一代气候模式(CMIP5)的结果进一步支持了温室气体强迫对温度变化的影响，对模式不确定性对归因结果的影响有了更深入的研究，对其他因子的贡献有了进一步的认识。

Hegerl 等(2007)汇集了不同作者利用海气耦合模式所做的模拟的结果，共包括 14 个海气耦合模式的 58 个模拟。模拟考虑了平均人类活动影响及自然因子的影响。人类活动包括温室效应及直接与间接气溶胶的影响，个别模式只有直接影响。自然因素主要是太阳活动和火山活动。虽然不同模式的气候敏感度、海洋吸收的热量及外强迫的处理均有差异，但是综合结果还是相当成功地模拟了 20 世纪的温度变化。但是只考虑自然因素的模拟(共包括 5 个模式的 19 个模拟)，则没有模拟出近 30 年的温度上升。当然，这并不是说同时考虑人类活动及自然因素模拟就十全十美。大约以 1960 年为界，在此后的 40 多年中，不仅温度变化趋势模拟得较好，3 次火山爆发之后的温度下降及随后的温度回升，基本上均能模拟出来。但是 20 世纪前 60 年则模拟得不够理想。虽然温度上升趋势的模拟与观测接近，但是观测到的年代际变化则基本上没有模拟出来，如 1910 年、1920 年、1950 年的低点与 20 世纪 40 年代的变暖在模拟中均没有反映。这说明强迫因子表达不好甚或有遗漏，当然也可能由于温度观测覆盖面不够，温度序列本身也有不确定性。不过，这并不影响近 50 年(1951—2000 年)的变暖主要受人类活动影响的结论。

Huber 等(2012)基于全球能量方法对观测到的全球表面温度变化的贡献因子进行估计，结果表明 20 世纪中叶以来由温室气体增加导致的全球气候变暖约为 0.85℃，其中大约一半被气溶胶的冷却作用抵消后，与全球观测到的变暖相当，因此观测到的温度变化趋势极不可能单独由自然变率引起。Stott 等(2012)用 Had-GEM2-ES 全球气候模式检测出了温室气体强迫的影响，但是，他们发现有些模式和观测振幅存在不一致的现象，如 CanESM 模式可能高估了温室气体的影响。Santer 等(2013)通过 CMIP5 的 20 个全球气候模式与卫星数据的分析发现了人类影响大气上层温度的明显证据。Jones 等(2011a)基于 HadGEM1 模式对最近温度记录的分析表明，黑碳气溶胶(矿石燃料和生物燃料)的影响可以被检测出来，但黑碳气溶胶的影响比温室气体作用小。Jones 等(2011b)利用 1900—1999 年 Had-CM3 模式和 5 个不同观测数据得出的最优检测分析结果表明，温室气体和气溶胶的检测结论对数据的选择不敏感，回归系数是广泛一致的。

(2)近千年温度变化的归因

把研究范围扩大到近千年对归因分析有重要意义。首先，人类活动对气候的影响从理论上讲是从工业化(大体上可采用 1750 年)才开始的，而温度观测资料从 1850 年才有一定的数量。因此，只用近 150 年或 20 世纪的记录不利于分解人类活动与自然因素的影响。其次，1850 年或 1750 年之前不仅外强迫主要是自然因素,而且有大量的证据表明存在两个典型的气候时段:中世纪暖期(900—1300 年)及小冰期(1300—1900 年)。现在大多数科学家都同意,自然因素是这两个气候时段形成的原因。所以,把研究范围扩大到近千年,也有利于认识自然因素对气候的影响(王绍武等,2012)。

然而,研究近千年的温度变化,建立温度序列是一个难题。过去用单个代用资料序列重建北半球气温时往往用最小二乘法,这样就减小了温度的振幅。Hegerl 等(2007)设计了一种新的合成方法,建立了近 1500 年的北半球平均温度序列,与能量平衡模式模拟的结果比较,20 世纪的变暖是近 1270 年以来最强的,这个变暖主要是人类活动影响的结果,甚至 20 世纪上半叶的变暖也大约有 1/3 可以用人类活动来解释。同时,17 世纪到 18 世纪初的低温则可能主要受火山活动影响。对太阳活动影响的估计不确定性较大,这主要是因为对太阳活动可能带来的辐射强迫数值的估计有分歧。

Shakun 等(2012)收集了分布于全球 80°N～80°S 之间的 80 个代用资料温度序列,计算了全球平均温度,认为温室气体浓度的上升加速了冰期向间冰期的转变。一旦温度上升,气温与 CO_2 之间正反馈作用必然加强,也不能认为温度上升完全依赖于 CO_2 变化。这种观点,与过去的主流观点认为在更新世温度变化导致了 CO_2 变化是不同的,这是一个新的发展。

总之,人类活动是现代气候变暖的主要原因这一命题,得到了越来越多的证据。因此,尽管其他自然因子如太阳活动、火山活动对气候的影响也不可忽视,气温在年际到年代际尺度也可能有一定波动,但是全球变暖的趋势看来仍将继续。

(3)极端地表温度

相对于对平均温度的检测与归因的研究,确定极端气候变化的原因更为复杂,对极端温度的检测与归因具有更大的挑战。这主要是因为观测资料的数量和质量都有限,使得对过去变化的估算结果具有不确定性,许多变量的信噪比较低,无法检测这类微弱的信号。此外,局限于全球气候模式(CCM)的物理过程及其较粗的分辨率,在模拟气候的极端值方面也还存在较大的偏差。但近年来,随着全球变暖,极端事件发生的频率和强度也发生了变化,对于极端事件的检测与归因分析更加重要。因此,近年来对极端温度变化的检测与归因研究大幅增加,很多研究显示,近几十年极端温度的变化中可以检测到人类活动的信号。

基于全球多个极端温度资料集,Hegerl 等(2007)指出极端地面温度有可能受到人为强迫的影响,且人为强迫可能已使发生极端温度的风险大大增加,如 2003 年的欧洲热浪。Stott 等(2011)利用单步归因理论得出,已经观测到的夏季高温频率增加的趋势在北半球以外的较多地区也均可被直接归因于人类活动的影响。

Christidis 等(2011)通过最优指纹法对比了观测和模拟的极端温度的时空分布,将外部驱动因子和自然因子对观测到的极端暖日变化的归因进行分离,并对观测到的可能引起极端温度变化的因子变化进行部分的归因,结果表明:人为因子对极端暖夜强度增加和极端冷日、冷夜强度减少存在显著影响。Zwiers 等(2011)也对全球尺度、大陆和次大陆尺度上极端温度的变化进行了人类活动强迫及自然强迫影响分离研究,都指出了人类活动对极端温度的变化有影响。

IPCC AR5 指出,虽然在不同的研究中使用了不同的数据和处理方法,温度极端指数的逐日资料变化与全球变暖是一致的。要研究人类活动对逐日温度极值的影响,应该定性和定量地比对暖昼、暖夜(每年日最高气温大于基准期内 90% 分位值的天数百分率和每年日最低气温大于基准期内 90% 分位值的天数百分率,即 TX90p 和 TN90p)和冷昼、冷夜(每年日最高气温小于基准期内 10% 分位值的天数百分率和每年日最低气温小于基准期内 10% 分位值的天数百分率,即 TX10p 和 TN10p)之间的观测结果和 CMIP3 的模式结果。利用观测资料和 9 个包含人类活动强迫及自然强迫的全球模式的 20 世纪模拟结果分别计算温度极端指数后发现,澳大利亚(Alexander et al.,2009)和美国(Meehl et al.,2007)的温度极端指数的变化趋势是一致的。观测资料和模式模拟结果都表明在 20 世纪后半叶,霜冻日数减少,生长季长度、热浪持续时间和 TN90p 均增加。其中两个模式(PCM 和 CCSM3)的只包含人类活动强迫或者只包含自然强迫的模拟实验结果表明观测到的变化与只包含人类活动强迫的模拟结果接近,但与只包含自然强迫的模拟结果不一致(模式间强迫的相关细节不同时结果也是这样)。Morak 等(2011)发现在很多小区域,暖夜(TN90p)数在 20 世纪后半叶发生了可以检测出的变化,并且这些变化与包含了历史时期外部强迫的模式模拟出来的变化相一致。他们还发现把全球数据作为一个整体来分析的时候,温度极端指数也有可以检测出的变化。基于 TN90p 和平均温度的年际相关,TN90p 的长期变化可以被预测,Morak 等(2013)研究表明在一种多步逼近的方法中,这些可以检测出的变化可以部分归因于温室气体的增加。通过 HadGEM1 中使用指纹算法,并且在全球尺度和很多区域尺度上寻找可以检测的变化,Morak 等(2013)进一步将研究从 TN90p 拓展到 TX10p、TN10p、TX90p(图 7.2)。

在对逐日极端温度强度的研究中,人类的影响也能被检测出来。Zwiers 等(2011)对比了观测资料和 7 个包含了人类活动强迫或者同时包含人类活动强迫和自然强迫的全球模式模拟结果计算出的日最高气温最高值(TXx)、日最低气温最高值(TNx)和日最高气温最低值(TXn)、日最低气温最低值(TNn)。他们考虑这些逐日极端温度遵从与地点、形状和尺度参数有关的广义极值(GEV)分布。他们利用 GEV 拟合,将观测到的极端温度值和地点参数相结合,其中地点参数是从模式模拟结果中获得的线性函数。他们发现在全球尺度的陆地范围内以及很多陆地范围的小区域内,人类活动影响以及人类活动和自然强迫的共同影响都能在四个温度极值中检测出来。Christidis 等(2011)通过最优指纹法来对比观测到的和

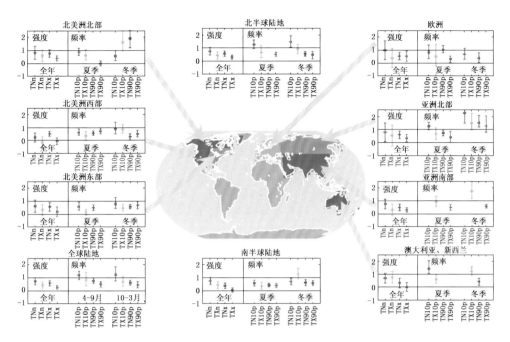

图 7.2　极端温度强度和频率变化的检测结果。左面是 1951—2000 年年平均极端温度强度对不同强迫响应的尺度因子及其 90％置信区间，右面是极端温度频率变化对不同强迫因子的响应（徐影等提供）

模式模拟出的极端温度分布的时间变化的位置参数。他们在单一指纹分析中检测出了人类活动对逐日最高温度的影响，并且发现在双指纹分析中自然的影响能够和人类活动的影响相分离。在全球尺度上（Christidis et al.，2011），在大陆尺度、次大陆尺度上（Min et al.，2013），人类活动对逐日温度的年际极值的影响可以在自然强迫之外被单独检测出来。在中国，Wen 等（2013）的研究表明，虽然自然强迫的影响检测不出来，但人类活动的影响对逐日温度极值（TNn、TNx、TXn 和TXx）的影响可以被单独检测出来，而且温室气体的影响可以被单独检测出来，其他的人类活动强迫却不能被检测出来。Christidis 等（2013）研究发现在准全球尺度上，ESM 模拟的工业化之后由于树木覆盖率下降和草地覆盖率上升造成的制冷效应能在观测到的暖极值变化中被检测出来。在一些区域中，城市化可能也影响了极端温度，如 Zhou 等（2011）发现在中国郊区站的极端温度的升高幅度大于城市站的升高幅度。研究表明土地利用变化和城市热岛效应对全球平均地面温度的影响很小。

　　这些新的研究表明，对比 SREX 报告，有更多的证据表明人类活动对极端温度变化存在影响。这些证据包括，在全球尺度和一些更小的区域上，人类活动强迫和自然强迫对逐日极端温度的影响的分离。这些新的研究结果更加清楚地显示了人类活动对极端温度的影响。因此,认为在 20 世纪中期之后,在全球尺度上,观测到的逐日极端温度的频率、强度的变化非常可能是由于人类影响造成的。

7.3.2　降水变化的检测与归因

（1）平均降水

相对于地表气温的检测归因,降水的归因要困难得多。因为降水仅在陆地区域有长期的观测值,而在覆盖范围以及均一性方面,降水数据存在很大的问题。因此,由于数据问题、模式模拟结果的不一致以及降水的低信噪比,无法进行有意义的对比分析。国际检测归因特设小组（IDAG）指出,由于缺少充足的证据以及模式的不确定性,因此难以检测出人类影响下降水的变化。尽管大部分大气模式在外强迫驱动下能够较好地模拟出全球和区域的地表气温变化,但是却难以合理再现全球及区域降水变化,特别是亚洲季风区的陆地降水变化。近年来,虽然大量的多模式集合较大地提高了对温度的检测归因结论的信度,但对于降水而言,仍然难以区分各模式结果中常见的系统误差与降水变化信号,对降水的检测归因仍然是很大的挑战（Allen et al. ,2002；Hegerl et al. ,2004）。

（2）极端降水

早期对于降水的检测归因,不同研究结论间的一致性较低,甚至互相矛盾。例如,Allen 等的研究显示,考虑了人类强迫和自然强迫的全球平均降水的模式模拟值与观测数据较为一致,但是 Lambert 等（2004）认为该一致性很可能是由于降水对自然强迫的响应。近年来,Wentz 等（2007）基于 1987—2006 年观测数据的研究认为全球降水是依据（克劳修斯-克拉珀龙）方程增加的,但是有研究显示,20 年的研究时段不足以判断降水对全球变暖的响应的模式模拟与观测值是否一致。相比于仅有长波强迫的模拟结果,人类影响和自然强迫叠加作用下的模拟值更加接近全球平均的陆地降水观测值（Lambert et al. ,2009）。模拟结果显示,人为强迫可能导致全球平均降水量的增加以及降水型的经向变化,即高纬度地区降水增加,而亚热带地区的降水减少,并可能通过改变热带辐合带或太平洋上沃克环流的位置从而改变热带地区的降水分布。Zhang 等（2007）和 Stott 等（2010）的研究均表明,人为强迫对于北半球中纬度地区的降水增加、北半球亚热带和热带地区的降水减少,以及南半球亚热带和热带地区的降水略增影响显著。

对极端降水的检测归因研究相对较少,一方面是由于日平均降水观测资料较缺乏,另一方面是由于气候模式对降水模拟的不确定性很大,特别是在热带等受对流参数化影响较显著的地区。但是,由于极端降水事件可能产生极为严重的影响,近几年在极端降水的检测与归因方面有了一些新进展。目前在做此方面研究工作时,一般首先选定几种极端降水指数,在检验模式模拟性能的基础上,基于气候模式不同强迫试验下的模拟结果,对极端降水进行检测并作归因分析。

　　全球气候模式集合平均的分析结果显示,在全球和半球尺度上,可以检测到人类活动对极端降水的影响。Hegerl 等(2007)指出,人类活动很可能对全球 20 世纪前 50 年的强降水发生频率的增长趋势是有贡献的,但是外部强迫与极端降水之间直接的影响和反馈还很难建立。Allan 等(2008)使用卫星观测数据和模式模拟结果检测了热带地区在自然因子驱动下降水与地表气温和大气含水量的反馈关系,结果表明,降水一般在暖位相期间将增加,冷位相期间将减少,且观测的极端降水幅度比模式预估结果大。Stott 等(2010)指出,人类活动的影响在全球水循环的不同方面都已经被检测到,而水循环与极端降水的变化直接相关。Min 等(2011)基于 CMIP3 模式的模拟结果,使用最优指纹法对最大日降水量和连续 5 天最大降水量进行了分析,结果表明人类活动导致的全球变暖对北半球 20 世纪下半叶 2/3 的陆地区域上强降水事件的增加是有贡献的(图 7.3)。

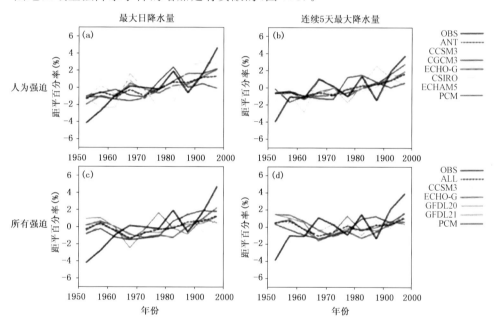

图 7.3　1951—1999 年区域平均的极端降水指数距平百分率
(OBS:观测;ANT:人为强迫;ALL:所有强迫)(徐影等提供)

　　由于噪音的增加和不确定性以及其他一些因子的影响,在小的空间尺度上人类活动的检测是比较困难的。Fowler 等(2010)的研究表明,到目前为止,人类活动对英国冬季极端降水的影响仅可以检测出 50%,而在其他季节检测出人类活动影响的可能性更小。Pall 等(2007)基于 HadAM3-N144 季节预测模式在两种不同排放情景(实际排放和假定 20 世纪人为温室气体排放没有发生)下的结果,使用多步归因方法对英格兰和威尔士 2000 年秋季洪水进行了分析,结果表明全球人为温室气体的排放对 2000 年秋季洪水的发生是有贡献的。

IPCC AR5 也指出极端降水的增加和全球增暖有关。一些有关极端降水的不确定性和时间尺度上变化的研究可以得到这一结论。观测结果和模式模拟预估的结果都表明将来极端降水的增加与全球变暖有关。通过分析全球陆地地区观测到的每年最大日降水量,结果表明全球的极端降水有显著的增加,且全球平均地面温度每增加 1℃,极端降水增加的中位数达到 7%(Westra et al.,2013)。CMIP3 和 CMIP5 的模拟结果表明,全球平均温度每升高 1℃ 时,重现期为每年 24 小时最大降水量的累计值将增加 6% 到 7%,而大多数模式模拟的结果在 4%/℃ 到 10%/℃ 范围内(Kharin et al.,2007,2013)。人类活动影响已在全球水循环的各方面被检测了出来(Stott et al.,2010),而全球水循环与极端降水的变化有直接的关系。人类活动将会造成大气中湿度的增加,大气中湿度的增加将导致极端降水量的增加,因为如果环流不发生变化的话,极端降水量和大气中总体的湿度有直接的对应关系。对观测资料的分析表明,北美冬季最大日降水量与当地大气湿度有显著的正相关关系(Wang et al.,2008)。

虽然平均降水量和极端降水显著增加,但是很少有直接证据表明自然强迫或人类活动强迫会影响全球的平均降水(Sarojini et al.,2012)。但由于能量的约束,平均降水的增加被认为会少于极端降水的增加(Allen et al.,2002)。一个全球模式模拟的集合结果表明,在 20 世纪后半叶半球尺度上,人类活动对极端降水的影响可以被检测出来;在大陆尺度上也可以被检测出来,只是影响没有那么显著(Min et al.,2008;Hegerl et al.,2004)。一项研究利用有限的气候模式和观测资料,将观测到的北半球降水极值强度增加(包括最大日降水量和连续 5 天最大降水量与人类活动相联系。然而,如果将同时结合了人类活动影响和自然影响的指纹法与只考虑人类活动影响的指纹法对比,可以发现结合了两种影响的显著性更弱,这可能是由于包括弱的信噪比在内的一系列因素的影响以及观测和模式结果的不确定性。同时,对比观测站点的资料,模式对于模拟日极端降水还有一定的偏差,这被 Min 等(2011)的研究在一定程度上证实了,他们通过将模式模拟出的逐年降水极值和观测的逐年降水极值转化成无量纲量以便于两者进行对比。由于区域尺度上噪声、不确定性增加以及复杂的因子影响,在更小的空间尺度上检测人类活动的影响会更加困难。Fowler 等(2010)研究表明,英国冬季降水可能只有 50% 的可能性检测出人类活动的影响,而在其他季节被检测出的可能性则更小。

证据表明,人类活动对全球水循环各个方面的影响显示出极端降水将会增加,同时,有限的直接证据表明人类活动将直接影响极端降水。然而,通过气候模式和有限的观测范围,模拟极端降水方面存在一定的困难,这一结论和 SREX(Seneviratne et al.,2012)相一致。SREX 认为 20 世纪后半叶人类活动强迫对全球尺度的陆地区域强降水有影响这一说法只有中等可信度。

7.4　中国区域气候变化的检测与归因

在全球范围内,人类活动影响气候变化已经得到大量的检测结果。然而,对陆地和更小尺度气候变化的检测和归因的研究要比全球尺度的研究更困难(Stott et al.,2010;Hegerl et al.,2007)。首先,对于小尺度的变化,内部变率比强迫响应的相对贡献要大,因为在大尺度范围内部变率的空间差异被平均掉了。其次,气候强迫响应的模式往往是大尺度的,当注意力集中在全球区域范围内时,有较少的空间信息帮助区分不同强迫响应之间的差别。第三,在一些全球气候模式模拟中忽略的强迫或许在区域尺度上是重要的,例如土地利用变化或者黑碳气溶胶等。最后,模拟的内部变化和强迫响应的可靠性在小尺度比全球尺度要低,虽然网格单元格变化通常在模式中没有被低估。

鉴于上述原因,区域尺度检测归因的研究起步相对要晚。而在中国,这一领域的研究相对也比较少。针对中国区域的气温变化,一些研究利用简单或复杂的气候模式,考虑自然强迫(如太阳活动、火山活动)以及人类活动(如温室气体排放、硫酸盐气溶胶的直接和间接效应等)研究了气温变化的原因。也有试验考虑全球气候系统中圈层之间的相互作用,如考虑海温或 ENSO 的作用,以检测东亚温度和降水变化的原因。大多数气候模式模拟 20 世纪的全球气候变化,也有些模式模拟1000 年中国的气候变化。下面本文将从地表气温、降水和极端事件三个方面回顾在该领域的研究成果。

7.4.1　对中国平均温度变化的检测与归因

在气候增暖的检测归因方面,中国学者从观测分析到数值模拟开展了大量工作,而对降水的检测归因则多与季风的变化联系在一起。在对气温的归因方面,利用全球和区域气候模式,多数研究的共识是:20 世纪东亚和中国变暖,除了气候的自然变化,人类活动可能起了一定作用,尤以 20 世纪 50 年代以来最明显(《气候变化国家评估报告》编写委员会,2007;周天军等,2006)。Zhou 等(2006)检验了参加IPCC AR4 的 19 个耦合模式对 20 世纪全球和中国气温变化的模拟,其中对全球地表平均温度的模拟效果较好,但是对 20 世纪中国气温演变的耦合模式模拟效果要差。外强迫解释了 20 世纪中国年平均气温变化的 32.5%,而内部变率(噪音)的贡献则高达 67.5%,信噪比仅为 0.69。这意味着对区域尺度的气温变化而言,强迫机制较之全球平均情况要复杂得多。Duan 等(2006)利用海气耦合模式对青藏高原 20 世纪气候的模拟发现,全球温室气体浓度增加对青藏高原变暖有贡献,而且由于高原上空臭氧浓度下降,温室气体浓度的增加对青藏高原的影响可能比其他地区更重要。满文敏等(2012)基于气候系统模式 FGOALs_g1 对 20 世纪气温变化的模拟表明,对中国地区而言,20世纪早期的气温变化受自然变率影响,但20世纪后期的变暖主要是温室气体增加的结果。在自然和人为因子共同作用下,模式能够再现20世纪50年代以来中国东部气温变化冬、春两季增暖的特征,但没有模拟出夏季长江中下游地区及淮河流域的降温趋势。Menon等(2002)认为中国黑碳气溶胶对区域气候变冷作用具有显著影响;另外,硫酸盐气溶胶的辐射影响具有明显的季节变化和地理分布特征,大量的模拟研究显示,夏季硫酸盐气溶胶对中国东部区域气温变冷具有显著贡献(Huang et al.,2007)。上述研究工作虽对中国地区的温度变化的原因进行了分析,但基于最优指纹法的对外强迫影响的研究还比较少。

Xu等(2015)利用CMIP5的多个全球气候模式的模拟结果对中国地区1961—2005年45年的平均温度变化进行了检测与归因分析,结果表明,与全球平均温度的变化一致,近45年中国地区的平均温度的变化主要由人类活动引起。温室气体和气溶胶强迫对于观测到的中国地区平均温度变化的影响能够很清楚地被检测到,人类活动的影响也能与自然强迫的影响区分开,只有人类活动的影响能够解释最近几十年中国地区平均温度的变化,但土地利用的影响没有被检测到(图7.4)。研究还对不同人为强迫因子和自然因子对中国地区平均温度变化的相对贡献进行了分析(图7.5)。

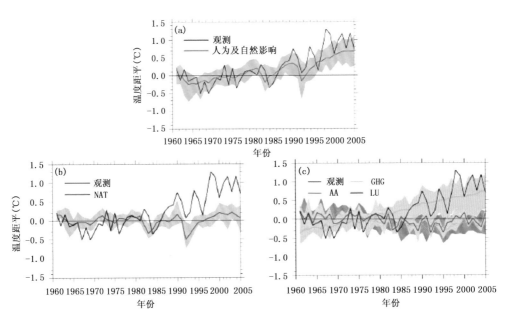

图7.4　观测和模拟的中国地区1961—2005年平均温度变化
(相对1961—1990年平均值,阴影部分为多模式的范围)(Xu et al.,2015)

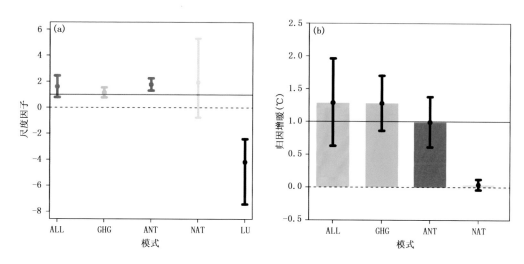

图 7.5　中国地区平均温度变化的尺度因子和相对贡献(Xu et al.,2015)

7.4.2　对中国地区极端温度变化的检测与归因

在极端事件的归因方面,中国的研究相对较少。龚道溢等(2003)指出北极涛动(AO)对中国大部分地区冬季气温有一定影响,通过最高和最低气温计算得来的冬季极端温度指数(暖日、冷日、暖夜和冷夜)也必将受到同期北极涛动的影响。冬季 AO 对这些地区的冬季极端温度指标有显著的影响。龚志强等(2009)研究表明,中国温度升高及极端温度出现频数变化的原因可能在于三个方面:(1)全球范围内的温室效应的增强;(2)经济发达地区、人口密集地区的城市热岛效应乃至区域热岛效应的加强;(3)火山活动等各种外强迫的加强。杨萍等(2011)的研究表明,20 世纪 90 年代以来夏季显著的热岛效应,是城区极端高温事件发生频次明显高于其他地区的重要原因;但城区极端低温事件的发生频次有可能发生了与热岛效应无关的突变过程。中国科学家利用近百年资料和分辨率较高的区域气候模式对极端天气事件进行的分析和模拟表明,温室效应将使中国区域的日最高和最低气温明显升高,而日较差减小。模拟得到的年平均日最高气温的显著增加区基本位于中国南部,而最低气温在黄河以北和长江以南地区增加更显著。

Sun 等(2014)利用多源气候观测资料,结合最新一代国际耦合模式比较计划(CMIP5)的结果,在最优检测和总体最小二乘法等数理统计方法的基础上,对中国东部地区 2013 年极端温度事件的归因进行了研究,分析了人为强迫因子以及自然变率对中国东部地区 2013 年夏季极端高温变化的相对贡献。结果清楚地表明人类活动对中国东部地区极端高温事件的影响,同时对人类活动对像 2013 年这样高温事件的影响给出了量化的数据结果。数据分析显示,中国东部 2013 年夏季的高温比 1955 至 1984 年的平均值高出了 1.1℃,其中 0.8℃ 的增温可以归因于人类活动的影响,而另外的 0.3℃ 是由于气温的年际变率引起,气候变暖会增加发生极端高温事件的风险(图 7.6 和图 7.7)。

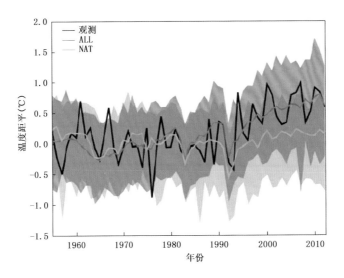

图 7.6　观测和模拟的中国地区平均温度的变化(Sun et al.,2014)

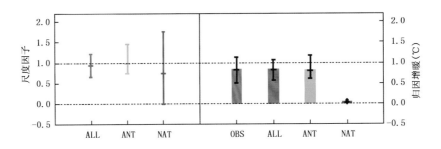

图 7.7　不同强迫的尺度因子和对 2013 年夏季高温的贡献(Sun et al.,2014)

7.5　干旱变化的检测与归因

IPCC AR4 得出结论:在 20 世纪后半叶之后,干旱风险的增加较为可能是由于人类活动导致的。这一结论主要是基于一项人类活动对全球 Palmer 干旱指数(PDSI)数据集的指纹法归因研究(Burke et al.,2006)和若干个对区域的研究,对区域的研究表明,这些区域的干旱与海表温度的变化相关或者与大气环流对人类活动强迫的响应相关。IPCC SREX 报告(Seneviratne et al.,2012)认为人类活动对 20 世纪后半叶观测到的干旱形势的变化有影响这一说法只有中等可信度,这个可信度是基于人类活动强迫对降水变化和温度变化已经归因了的影响以及单一区域干旱变化的估计可信度只是低可信度给出的。

干旱是一个复杂的现象,它主要受到降水的影响,并且也受到其他气候变量(如温度、风速、太阳辐射)的影响(Seneviratne,2012;Sheffield et al.,2012)。一些非大气条件,如前期土壤湿度和地面条件,也会影响干旱。在全球范围内,两种重要的与干旱有关的气候变量(降水和温度)都一致被认为与人类活动的强迫有关。但是,观测的干旱变化有很大的不确定性,并且干旱的归因要考虑全球的各种因素。自 1950 年以来土壤湿度指数的变化和干旱指数的变化是相互矛盾的(Hoerling et al.,2012;Sheffield et al.,2012;Dai,2013),这可能是由于驱动陆表模式的因子在时间尺度和空间尺度的不同以及陆表模式的不确定性造成的(Pitman et al.,2009;Seneviratne et al.,2010;Sheffield et al.,2012)。

在最近的研究中,Sheffield 等(2012)认为潜在蒸发只依赖于温度(运用基于 Thornthwaite 方程),这是他们发现基于 Palmer 干旱指数可能会高估历史时期的干旱趋势这一研究结果的可能解释。这一结论和之前的研究结果在一定程度上不一致,之前的研究结果表明运用更加复杂的方程(Penman-Monteith)来计算潜在蒸发不会影响相应的 PDSI 趋势的结果(Dai,2011;van der Schrier et al.,2011)。Sheffield 等(2012)认为对大气强迫数据的处理和/或对测量口径的选择能解释这些矛盾的结果。这些矛盾的结论表现了在定量定义和检测多变量现象(如干旱)上的困难。

最近的北美西部的长期干旱不能认为与该地区很大的自然降水变率无关(Cayan et al.,2010;Seager et al.,2010),特别是考虑到古气候重建记录表现出的干旱时期和多雨时期的大幅度降水差别。在所有大洋中的低频热带海洋温度距平似乎迫使大气环流发生变化,这一变化使得区域干旱事件更频繁发生(Hoerling et al.,2003;Seager et al.,2005;Dai,2011)。而海表温度的一致性变化不能有效地解释干旱事件的频繁发生(Schubert et al.,2009;Hoerling et al.,2012)。因此,将自然变率和受强迫的气候变化的有效分离需要能够准确反映所有时间尺度的大尺度海表温度梯度变化。

总而言之,新的观测数据与对自然和受强迫的气候变率的模拟表明,IPCC AR4 认为 20 世纪 70 年代以来全球干旱有增加趋势这个结论是有一定问题的。由于观测资料的不确定性以及不同区域之间结果的差别,没有足够的证据支持干旱的增加趋势是由于人类活动造成的这一结论有中等或者高等可信度。结合之前描述的从长期气候变化中区分出年代际尺度干旱变率存在一定困难,因此,这里的结论与 SREX 报告一致,即 20 世纪中期之后全球陆地区域的干旱变化的检测和归因只有低可信度。

7.6　气旋变化的检测与归因

7.6.1　温带气旋

IPCC AR4 的结论表明:由于大的温带气旋内部变率以及观测系统的变化问题,人类活动对温带气旋的影响没能被检测出来。虽然有证据表明风暴路径已经向极地方向变换,由于外部驱动的影响造成包括海洋升温在内的不同因素(Butler et al. ,2010)以及大尺度环流的变化。中纬度地区海表温度梯度的增大将导致向极的更强风暴路径,而亚热带地区海表温度梯度的增加可能导致风暴路径转向赤道方向(Brayshaw et al. ,2008;Semmler et al. ,2008;Kodama et al. ,2009;Graff et al. ,2012)。然而,风暴路径强度的变化则复杂得多,因为他们对不同层次上的温度梯度和静态稳定度敏感,因此风暴路径不能简单地和全球地面平均温度相联系(Ulbrich et al. ,2009;O'Gorman,2010)。虽然在一项研究中,人类活动对地转风的能量和浪高的影响被检测了出来,在中等温室气体强迫下,全球平均的气旋活动被认为几乎没有变化(O'Gorman et al. ,2008;Ulbrich et al. ,2009;Bengtsson et al. ,2011)。

7.6.2　热带气旋

IPCC AR4 的结论指出人类活动较为可能造成了热带气旋强度的增加(IPCC,2007)。研究表明,能量消散指数(PDI,一种表征热带气旋破坏性的指数)与热带大西洋海表温度之间有着强正相关关系(Emanuel,2005;Elsner,2006),大西洋变暖和全球平均地表温度的增加有关(Mann et al. ,2006;Trenberth et al. ,2006),这两种相关关系支持着 AR4 的结论。观测表明,最强热带气旋强度在全球尺度上增加(Elsner et al. ,2008),但是却很难将这些变化归因于某些因素上(Knutson et al. ,2010)。美国气候变化科学项目(CCSP)(Kunkel et al. ,2008)运用一种两步归因法,讨论了人类活动对近年来飓风活动的贡献。他们得出结论是人类活动导致的温室气体增加非常可能导致飓风生成区域的海表温度上升,并且在过去的 50 年中,大西洋的海表温度和大西洋的飓风的活动有着强的统计联系。Knutson 等(2010) 认为过去的气候变化对热带气旋活动的影响是否超过了气候自然变率对其的影响,这一说法还存在很大的不确定性。Seneviratne 等(2012) 也得出了类似的结论。

没有研究表明热带气旋活动的变化与人类温室气体的排放有直接的联系。在众多可能影响热带气旋活动的因素中,只有热带海表温度的增加这一个因素与人类活动的强迫有一定的关系(Gillett et al. ,2008)。然而,对于热带气旋活动和海表温度之间的关系有很多不同的看法。Palmer 干旱指数和热带大西洋海表温度之间的强相关（Emanuel，2005；Elsner，2006）可以表明人类活动对热带气旋的影响。最近的研究表明区域热带气旋活动强度的可能上升与该区域海表温度及热带海表温度的平均值之差有关（Vecchi et al.，2007；Xie et al.，2010；Ramsay et al.，2011）；不确定 21 世纪在温室气体的驱动下海表温度是否上升（Vecchi et al.，2008；Xie et al.，2010；Villarini et al.，2012，2013）。通过分析 CMIP5 模式模拟结果发现，虽然在 21 世纪末期北大西洋地区的 Palmer 干旱指数将上升，但 20 世纪 Palmer 干旱指数没有明显的变化（Villarini et al.，2013）。另一方面，Emanuel 等（2013）指出虽然全球模式的结果能够预测出 20 世纪热带气旋的变化，但是再分析资料降尺度的结果与观测资料更为接近，并且再分析资料表明 20 世纪末期的热带气旋数量确实有所增加。

一些最近的研究成果表明，20 世纪 70 年代以来大西洋地区气溶胶（包括人类活动导致的和自然的）强迫的减少可能导致该区域热带气旋的增加；类似的在早年大西洋区域气溶胶强迫增加时，气溶胶也导致了热带气旋的减少（Villarini et al.，2013）。然而，在这些研究中，对于气溶胶、气候系统年代际自然变率对观测到的大西洋热带气旋活动变化之间的贡献有着不同的看法。一些研究认为气溶胶的变化是主要的驱动因素（Mann et al.，2006；Evan et al.，2009；Booth et al.，2012；Villarini et al.，2012，2013）。而另一些研究认为自然变率的影响和气溶胶的影响差不多，或者自然变率的影响大于气溶胶的影响（Zhang et al.，2009）。

从全球尺度来看，热带气旋活动的长期增加只有低可信度，也不认为它在全球范围内的变化可归因为任何一个因素。在北大西洋地区，自 20 世纪 70 年代以来，该地区气溶胶强迫的减少导致了观测到的热带气旋数量的上升这一说法有中等可信度。气候系统内部变率、温室气体强迫和气溶胶这三种因素对观测到的热带气旋数量的不确定性的影响是不一致的。现在还不确定过去气候变化对热带气旋的影响是否不仅仅是由于气候系统内部自然变率导致的。

参考文献

《气候变化国家评估报告》编写委员会. 2007. 气候变化国家评估报告［M］. 北京：科学出版社.

曹永福. 2005. 格兰杰因果性检验评述［J］. 世界经济统计研究，**52**：16-21.

龚道溢，王绍武. 2003. 近百年北极涛动对中国冬季气候的影响［J］. 地理学报，2（4）：906-922.

龚志强，王晓娟，支蓉，等. 2009：中国近 58 年温度极端事件的区域特征及其与气候突变的联系［J］. 物理学报，**58**（6）：4342-4353.

满文敏，周天军，张丽霞，等. 2012. 20 世纪温度变化中自然变率和人为因素的影响：基于耦合气候模式的归因模拟［J］. 地球物理学报，**55**（2）：372-383.

孙颖，尹红，田沁花，等. 2013. 全球和中国区域近 50 年气候变化检测归因研究进展［J］. 气候变化研究进展，**9**（4）：235-245.

王绍武,罗勇,赵宗慈,等. 2012. 气候变暖的归因研究[J]. 气候变化研究进展,**8**(4):308-312.

杨萍,刘伟东,侯威. 2011. 北京地区极端温度事件的变化趋势和年代际演变特征[J]. 灾害学,**26**(1):60-64.

周天军,赵宗慈. 2006. 20 世纪中国气候变暖的归因分析[J]. 气候变化研究进展,**2**(1):28-31.

Alexander L V,Arblaster J M. 2009. Assessing trends in observed and modelled climate extremes over Australia in relation to future projections[J]. Int J Climat,**29**:417-435.

Allan P R,Soden J B. 2008. Atmospheric warming and the amplification of precipitation extremes[J]. Science,**321**:1481-1484.

Allen M R,Stott P A. 2003. Estimating signal amplitudes in optimal fingerprinting. Part I:Theory[J]. Clim Dyn,**21**:477-491.

Allen M R,Tett S F B. 1999. Checking for model consistency in optimal fingerprinting[J]. Clim Dyn,**15**:419-434.

Allen M R,Ingram W J. 2002. Constraints on future changes in climate and the hydrologic cycle [J]. Nature,**419**:224-232.

Bengtsson L,Hodges K I. 2011. On the evaluation of temperature trends in the tropical troposphere[J]. Clim Dyn,**36**:419-430.

Berliner L M,Levine R A,Shea D J. 2000. Bayesian climate change assessment[J]. J Climate,**13**:3805-3820.

Booth B B,Dunstone N J,Halloran P R,et al. 2012. Aerosols implicated as a prime driver of twentieth-century North Atlantic climate variability[J]. Nature,**484**:228-232.

Brayshaw D J,Hoskins B,Blackburn M. 2008. The storm-track response to idealized SST perturbations in an aquaplanet GCM[J]. J Atmos Sci,**65**:2842-2860.

Burke E J,Brown S J,Christidis N. 2006. Modeling the recent evolution of global drought and projections for the twenty-fist century with the Hadley Centre climate model[J]. J Hydrometeorol,**7**(5):1113-1125.

Butler A H,Thompson D W,Heikes R. 2010. The steady-state atmospheric circulation response to climate change-like thermal forcings in a simple general circulation model[J]. J Clim,**23**:3474-3496.

Cayan D R,Das T,Pierce D W,et al. 2010. Future dryness in the southwest US and the hydrology of the early 21st century drought[J]. Proc Natl Acad Sci USA,**107**:21271-21276.

Christidis N,Stott P A,Brown S J. 2011. The role of human activity in the recent warming of extremely warm daytime temperatures[J]. J Clim,**24**:1922-1930.

Christidis N,Stott P A,Hegerl G C,et al. 2013. The role of land use change in the recent warming of daily extreme temperatures[J]. Geophys Res Lett,**40**:589-594.

Dai A. 2011. Drought under global warming:A review[J]. WIREs Clim Change,**2**:45-65.

Dai A. 2013. Increasing drought under global warming in observations and models[J]. Nature Clim Change,**3**:52-58.

Duan A M,Wu G X,Zhang Q,et al. 2006. New proofs of the recent climate warming over the Tibetan Plateau as a result of the increasing greenhouse gases emissions[J]. Chin Sci Bull,

51(11):1396-1400.

Elsner J B,Kossin J P,Jagger T H. 2008. The increasing intensity of the strongest tropical cyclones[J]. Nature,**455**:92-95.

Elsner J B. 2006. Evidence in support of the climate change-Atlantic hurricane hypothesis[J]. Geophys Res Lett,**33**:L16705.

Emanuel K,Solomon S,Folini D,et al. 2013. Inflence of tropical tropopause layer cooling on Atlantic hurricane activity[J]. J Clim,**26**:2288-2301.

Emanuel K. 2005. Increasing destructiveness of tropical cyclones over the past 30 years[J]. Nature,**436**:686-688.

Evan A T,Vimont D J,Heidinger A K,et al. 2009. The role of aerosols in the evolution of tropical North Atlantic ocean temperature anomalies[J]. Science,**324**:778-781.

Fowler H J,Wilby R L. 2010. Detecting changes in seasonal precipitation extremes using regional climate model projections:Implications for managing fluvial flood risk[J]. Water Resour Res,**46**:W03525.

Gillett N P,Stott P A,Santer B D. 2008. Attribution of cyclogenesis region sea surface temperature change to anthropogenic influence[J]. Geophys Res Lett,**35**:L09707.

Graff L S,LaCasce J H. 2012. Changes in the extratropical storm tracks in response to changes in SST in an GCM[J]. J Clim,**25**:1854-1870.

Hasselmann K. 1997. Multi-pattern fingerprint method for detection and attribution of climate change[J]. Clim Dyn,**13**:601-612.

Hasselmann K. 1998. Conventional and Bayesian approach to climate-change detection and attribution[J]. Quart J R Met Soc,**124**:2541-2565.

Hegerl G C,Zwiers F W,Stott P A,et al. 2004. Detectability of anthropogenic changes in annual temperature and precipitation extremes[J]. J Clim,**17**:3683-3700.

Hegerl G C,Hoegh-Guldberg O,Casassa G,et al. 2010. Good practice guidance paper on detection and attribution related to anthropogenic climate change[R/OL]. 2010[2012-12-20]. http://www. ipcc. ch/pdf/supporting-material.

Hegerl G C,Crowley T J,Allen M,et al. 2007. Detection of human influence on a new,validated 1500-year climate reconstruction[J]. J Clim,**20**:650-666.

Hoerling M,Kumar A. 2003. The perfect ocean for drought[J]. Science,299:691-694.

Hoerling M P,Eischeid J K,Quan X W,et al. 2012. Is a transition to semipermanent drought conditions imminent in the U. S. great plains? [J]. J Clim,**25**:8380-8386.

Huang Y,Chameides W L,Dickinson R E. 2007. Direct and indirect effects of anthropogenic aerosols on regional precipitation over East Asia[J]. J Geophys Res,**112**:D03212,DOI:10. 1029/2006JD007114.

Huber M,Knutti R. 2012. Anthropogenic and natural warming inferred from changes in Earth's energy balance[J]. Nature Geoscience,**5**:31-36.

IPCC. 1990. Climate Change 1990:The IPCC Scientific Assessment [M]. Cambridge:Cambridge University Press.

IPCC. 1996. Climate Change 1995：The Science of Climate Change：Contribution of Working Group I to the Second Assessment Report of the Intergovernmental Panel on Climate Change ［M］. Cambridge：Cambridge University Press.

IPCC. 2001. Climate Change 2001：The Scientific Basis：Contribution of Working Group I to the Third Assessment Report of the Intergovernmental Panel on Climate Change ［M］. Cambridge：Cambridge University Press.

IPCC. 2007. Climate Change 2007：The Physical Science Basis：Contribution of Working Group I to the Fourth Assessment Report of the Intergovernmental Panel on Climate Change ［M］. Cambridge：Cambridge University Press.

IPCC. 2013. Climate Change 2013：The Physical Science Basis：Contribution of Working Group I to the Forth Assessment Report of the Intergovernmental Panel on Climate Change ［M］. Cambridge：Cambridge University Press.

Jones G S，Christidis N，Stott P A. 2011a. Detecting the influence of fossil fuel and bio-fuel black carbon aerosols on near surface temperature changes［J］. Atmospheric Chemistry Physics，**11**：799-816.

Jones G S，Stott P A. 2011b. Sensitivity of the attribution of near surface temperature warming to the choice of observational dataset［J］. Geophys Res Lett，38：L21702，DOI：10.1029/ 2011GL049324.

Kharin V V，Zwiers F W，Zhang X，et al. 2007. Changes in temperature and precipitation extremes in the IPCC ensemble of global coupled model simulations［J］. J Clim，**20**：1419-1444.

Kharin V V，Zwiers F W，Zhang X，et al. 2013. Changes in temperature and precipitation extremes in the CMIP5 ensemble［J］. Clim Change，DOI：10.1007/ s10584-013-0705-8.

Knutson T R，Mcbride J L，Chan J，et al. 2010. Tropical cyclones and climate change［J］. Nature Geosci，**3**：157-163.

Kodama C，Iwasaki T. 2009. Inflence of the SST rise on baroclinic instability wave activity under an aquaplanet condition［J］. J Atmos Sci，**66**：2272-2287.

Kunkel K E，Bromirski P D，Brooks H E，et al. 2008. Observed Changes in Weather and Climate Extremes // Weather and Climate Extremes in a Changing Climate. Regions of Focus：North America，Hawaii，Caribbean，and U. S. Pacifi Islands. A Report by the US Climate Change Science Program and the Subcommittee on Global Change Research：35-80.

Lambert F H，Allen M R. 2009. Are changes in global precipitation constrained by the tropospheric energy budget? ［J］. J Clim，**23**：499-517.

Lambert F H，Stott P A，Allen M R，et al. 2004. Detection and attribution of changes in 20th century land precipitation［J］. Geophys Res Lett，31：L10203，dio：10. 1029/2004GL019545.

Mann M E，Emanuel K A. 2006. Atlantic hurricane trends linked to climate change［J］. Eos Trans Am Geophys Union，**87**：233-238.

Meehl G A，Arblaster J M，Tebaldi C. 2007. Contributions of natural and anthropogenic forcing to changes in temperature extremes over the US［J］. Geophys Res Lett，**34**：L19709.

Menon S，Hansen J，Najarenko L，et al. 2002. Climate effects of black carbon aerosols in China and India[J]. Science,**297**:2250-2252.

Min S K,Zhang X,Zwiers F W,et al. 2011. Human contribution to more intense precipitation extremes[J]. Nature,**470**:378-381.

Min S K,Zhang X,Zwiers F W,et al. 2008. Signal detectability in extreme precipitation changes assessed from Twentieth Century climate simulations[J]. Clim Dyn,**32**:95-111.

Min S K,Zhang X,Zwiers F,et al. 2013. Multimodel detection and attribution of extreme temperature changes[J]. J Clim,DOI:10. 1175/JCLI-D-12-00551. w.

Morak S,Hegerl G C,Kenyon J. 2011. Detectable regional changes in the number of warm nights [J]. Geophys Res Lett,**38**:L17703.

Morak S,Hegerl G C,Christidis N. 2013. Detectable changes in the frequency of temperature extremes[J]. J Clim,**26**:1561-1574.

O'Gorman P A,Schneider T. 2008. Energy of midlatitude transient eddies in idealized simulations of changed climates[J]. J Clim,**21**:5797-5806.

O'Gorman P A. 2010. Understanding the varied response of the extratropical storm tracks to climate change[J]. Proc Natl Acad Sci USA,**107**:19176-19180.

Pall P,Allen M R,Stone D A. 2007. Testing the Clausius-Clapeyron constraint on changes in extreme precipitation under CO2 warming[J]. Clim Dyn,**28**:353-361.

Pitman A J,Noblet-Ducoudré N D,Cruz F T,et al. 2009. Uncertainties in climate responses to past land cover change:First results from the LUCID intercomparison study[J]. Geophys Res Lett,**36**:L14814.

Ramsay H A,Sobel A H. 2011. The effects of relative and absolute sea surface temperature on tropical cyclone potential intensity using a single column model[J]. J Clim,**24**:183-193.

Santer B D,Painter J F,Mears C A,et al. 2013. Identifying human influences on atmospheric temperature[J]. PNAS,**110**(1):26-33.

Sarojini B,Stott B P,Black E,et al. 2012. Fingerprints of changes in annual and seasonal precipitation from CMIP5 models over land and ocean[J]. Geophys Res Lett,**39**:L23706.

Schubert S,Wang H L,Koster R,et al. 2009. A US CLIVAR project to assess and compare the responses of global climate models to drought-related sst forcing patterns:Overview and results[J]. J Clim,22:5251-5272.

Seager R,Naik N,Vecchi G A. 2010. Thermodynamic and dynamic mechanisms for large-scale changes in the hydrological cycle in response to global warming[J]. J Clim,**23**:4651-4668.

Seager R,Kushnir Y,Herweijer C,et al. 2005. Modeling of tropical forcing of persistent droughts and pluvials over western North America:1856-2000[J]. J Clim,**18**:4065-4088.

Semmler T,Varghese S,McGrath R,et al. 2008. Regional climate model simulations of NorthAtlantic cyclones:Frequency and intensity changes[J]. Clim Res,**36**:1-16.

Seneviratne S I,Thierry C,Edouard L D,et al. 2010. Investigating soil moisture-climate interactions in a changing climate:A review[J]. Earth Sci Rev,**99**:125-161.

Seneviratne S I,Nicholls N,Easterling D,et al. 2012. Changes in Climate Extremes and Their Impacts on the Natural Physical Environment∥ Managing the Risks of Extreme Events and

Disasters to Advance Climate Change Adaptation. A Special Report of Working Groups I and II of the Intergovernmental Panel on Climate Change(IPCC). Cambridge：Cambridge University Press：109-230.

Seneviratne S I. 2012. Historical drought trends revisited[J]. Nature，**491**：338-339.

Shakun J D，Clark P U，He F，et al. 2012. Global warming preceded by increasing carbon dioxide concentrations during the last deglaciation[J]. Nature，**454**：49-54.

Sheffield J，Wood E F，Roderick M. 2012. Little change in global drought over the past 60 years [J]. Nature，**491**：435-438.

Stott P A，Jones G S，Christidis N，et al. 2011. Single-step attribution of increasing frequencies of very warm regional temperatures to human influence[J]. Atmos Sci Lett，**12**：220-227.

Stott P A，Jones G S. 2012. Observed 21st century temperatures further constrain likely rates of future warming[J]. Atmos Sci Lett，**13**：151-156.

Stott P A，Gillett N P，Hegerl G C，et al. 2010. Detection and attribution of climate change：A regional perspective[J]. WIREs Clim Change，**1**：192-211.

Sun Y，Zhang X，Zwiers F W，et al. 2014. Rapid increase in the risk of extreme summer heat in Eastern China[J]. Nature Climate Change，**4**：1082-1085.

Trenberth K E，Shea D J. 2006. Atlantic hurricanes and natural variability in 2005[J]. Geophys Res Lett，**33**：L12704.

Ulbrich U，Leckebusch G C，Pinto J G. 2009. Extra-tropical cyclones in the present and future climate：A review[J]. Theor Appl Climatol，**96**：117-131.

van der Schrier G，Jones P D，Briff K R. 2011. The sensitivity of the PDSI to the Thornthwaite and Penman-Monteith parameterizations for potential evapotranspiration[J]. J Geophys Res Atmos，**116**：D03106.

Vecchi G A，Soden B J. 2007. Global warming and the weakening of the tropical circulation[J]. J Clim，**20**：4316-4340.

Vecchi G A，Swanson K L，Soden B J. 2008. Whither hurricane activity[J]. Science，**322**：687-689.

Villarini G，Vecchi G A. 2012. Twenty-first-century projections of North Atlantic tropical storms from CMIP5 models[J]. Nature Clim Change，**2**：604-607.

Villarini G，Vecchi G A. 2013. Projected increases in North Atlantic tropical cyclone intensity from CMIP5 models[J]. J Clim，**26**：3231-3240.

Wang J，Zhang X. 2008. Downscaling and projection of winter extreme daily precipitation over North America[J]. J Clim，**21**：923-937.

Wen Q H，Zhang X，Xu Y，et al. 2013. Detecting human influence on extreme temperatures in China[J]. Geophys Res Lett，**40**：1171-1176.

Wentz F J，Ricciardulli L，Hilburn K，et al. 2007. How much more rain will global warming bring? [J]. Science，**317**：233-235.

Westra S，Alexander L V，Zwiers F W. 2013. Global increasing trends in annual maximum daily precipitation[J]. J Clim，DOI：10.1175/JCLI-D-12-00502.1.

Xie S P,Deser C,Vecchi G A,et al. 2010. Global warming pattern formation:Sea surface temperature and rainfall[J]. J Clim,**23**:966-986.

Xu Y,Gao X,Shi Y,et al. 2015. Detection and attribution analysis of annual mean temperature changes in China[J]. Climate Res,DOI:10.3354/cr01283.

Zhang R,Delworth T L. 2009. A new method for attributing climate variations over the Atlantic Hurricane Basin's main development region[J]. Geophys Res Lett,**36**:L06701.

Zhang X B,Zwiers F W,Hegerl G C,et al. 2007. Detection of human influence on twentieth-century precipitation trends[J]. Nature,**448**:461-465.

Zhou Y,Ren G. 2011. Change in extreme temperature event frequency over mainland China,1961-2008[J]. Clim Res,**50**:125-139.

Zhou T J,Yu R C. 2006. Twentieth century surface air temperature over China and the globe simulated by coupled climate models[J]. J Clim,**19**(22):5843-5858.

Zwiers F W,Zhang X,Feng Y. 2011. Anthropogenic inflence on long return period daily temperature extremes at regional scales[J]. J Clim,**24**:881-892.

第8章　中国的气候系统模式及其
对气候变化的模拟、评估与预测

主　　笔:吴统文　俞永强

贡献者:王在志　李伟平　辛晓歌　张　莉　李江龙　张　洁

　　　　吴方华　储　敏　林鹏飞　房永杰

8.1　我国模式发展现状

在全球气候变暖的情况下,未来的气候将如何演变是科学界、公众、媒体和决策者共同关心的问题。目前,对当今气候变化的成因分析以及对人类活动造成的未来气候变化的预估等主要还是依靠气候系统模式或地球系统模式。气候系统模式是描述气候系统圈层之间的相互作用和人类活动的影响的客观工具,其中关键的分量模式有大气、陆面、海洋、海冰、气溶胶、碳循环、植被生态和大气化学模式等。这一章阐述中国气候系统模式及其对气候变化的模拟、评估与预测。

8.1.1　全球大气环流模式

大气环流模式(AGCM)通常包含动力框架和物理过程两大部分。我国的大气环流模式在模式动力框架方面开展了许多有特色的工作,如参考大气扣除、完全平方守恒差分格式、两步保形平流算法等。近几年在消化吸收国外模式的基础上,在物理过程参数化方面也开展了许多工作(如李立娟等,2009;刘琨等,2010;曾庆存等,2010;Wu et al.,2010),在自主研发方面也取得了可喜的进展(Wu,2011)。通过参与国际模式比较计划,在气溶胶模式、大气化学过程模式方面也开始了相关工作。

中国科学院大气物理研究所自20世纪80年代初就开始研发全球大气环流模式。目前研发的模式有IAP AGCM、GAMIL、SAMIL等。IAP AGCM-4的动力框架(张贺等,2009)除沿用了前几代模式的各项有特色的技术,如IAP变换、保持总有效能量守恒的完全平方守恒差分格式、参考大气扣除、非线性迭代积分方案等,还引入了其他多项技术和方法,如在地表气压预报方程中引入了耗散项、灵活性跳点格式、可允许替代、时间分解算法等,并做到内部完全协调且不因离散化计算而引入虚假的源和汇。在 IAP AGCM-4 中采用了全新的物理过程,即研制了云—气溶胶—辐射相互作用集合模式,它将从现有的 1019 种组合方案中选取出最优的大约几十种或更少的方案集合组成。云型包括所用可能的高、中、低云和各相水含量和滴谱分布、云的重叠和云在次网格的不均匀性等;还要由预报云各种变量组成的云超级参数化方案。在 IAP AGCM-4 中还包括气溶胶模式(CACTUS)和大气化学模式(GEATM),可以模拟气溶胶和化学反应过程及其对辐射的影响。SAMIL 是一全球大气环流谱模式,采用了改进后的新辐射方案 SES2(李剑东等,2009),该辐射方案在光谱分辨率、气体吸收、气溶胶辐射效应参数化和计算效率等方面作了诸多改进;修改了原 Tiedtke 对流方案的云顶高度判断标准、浅对流闭合假设以及湍流夹卷率等参数(刘琨等,2010),改变了对流层低层至地面的温度分布状态,进而影响了风速及散度场的模拟,最终通过垂直速度的调整反作用于对流过程,有效地削弱了"热带偏差"。SAMIL 模式还引入了一种新型近海层湍流通量参数化方案——LGLC 方案(王自强等,2010),该方案是非迭代方法,避免了通过循环迭代计算 Monin-Obukhov 长度。引入 LGLC 方案的 SAMIL 模式对洋面风应力、感热通量、潜热通量和降水率的模拟能力有了进一步的提高,尤其对北半球夏季印度季风和南海季风区的降水改善明显。GAMIL 是一全球大气环流格点模式。GAMIL2.0 中对流参数化方案的改进(李立娟等,2009)主要在于:(1)基于对流和大尺度过程平衡的新闭合假设方案;(2)相对湿度阈值的设置,为避免对流在较干的边界层内发生;(3)去掉对流只能源于边界层之内的限制,这就允许了云底在边界层之上的中层对流的发生。GAMIL2.0 中还采用了新的云微物理过程方案(MG),这是一个双参数方案,预报变量由一个(云水和云冰的质量浓度之和)增加为四个:云水、云冰的质量浓度和数浓度,云滴有效半径由温度诊断改为由云粒子分布计算而得,降水仍然是诊断量。此外,该方案还包括了气溶胶的活化过程、次网格云水变率的处理等。

　　国家气候中心自 1995 年开始研发全球大气环流模式。发展的第一代全球大气环流模式 BCC-AGCM1.0,其原始模型为国家气象中心的中期天气预报业务谱模式,其更早的来源可追溯到欧洲中期天气预报中心 1988 年的中期预报模式。BCC_AGCM1.0 模式水平方向采用三角形截断,取 63 波(T63,近似于 $1.875° \times 1.875°$),垂直方向分成 16 层。自 2005 年开始研发的第二代全球大气环流模式 BCC_AGCM2,是在美国 NCAR CAM3.0 基础上发展的大气环流谱模式,水平分辨率可调(缺省为 T42 波,近似于 $2.8125° \times 2.8125°$),垂直 26 层。在 BCC_AGCM2.0.1 中提出了独特的动力框架(Wu et al.,2008),引入的参考大气满足静力平衡条件,且参考温度廓线在平流层与观测比较接近,即能反映温度在平流层的增加；除水汽预报方程采用半隐式半拉格朗日方法求解外，涡度、散度、温度偏差和地面气压偏差预报方程均采用显式或半隐式欧拉方法求解。而模式物理参数化方案大多以 CAM3.0 为基础，有以下几个方面的特点：引入了 Zhang et al. (2005) 最新质量通量型积云对流参数化方案，并对其作了进一步调整；引入了颜宏 (1987) 的整层位温守恒干绝热调整方案；采用 Wu et al. (2004) 提出的积雪面积覆盖度参数化方案；考虑到海浪的影响，对洋面感热和潜热通量参数化方案进行了调整；其他模式物理参数化方案与 CAM3.0 相同，详细的说明及有关该模式的全面介绍可参考相关论文 (Wu et al.，2010)。

我国自主提出了新的积云对流参数化方案 (Wu，2011)。该积云对流参数化方案属于质量通量型积云对流参数化方案。该方案连同单气柱模式 (SCAM) 中的浅对流方案以及大尺度凝结降水参数化方案，能够模拟再现主要的降水过程。该方案已在最新版的 BCC＿AGCM2.1 和 BCC＿AGCM2.2 中得到应用。在 BCC＿AGCM 中还耦合了中国气象科学研究院发展的气溶胶模式 CUACE (Zhang et al.，2011) 和大气化学模式 MOZART-2。CUACE 模式是分档、多分量气溶胶过程的综合系统，包括了气溶胶的形成、碰并、核化、冷凝、沉降等过程，还包括了气态化学过程、气溶胶排放过程。

8.1.2　陆面过程模式

陆面过程模式是描述土壤内部以及陆－气界面物质、能量交换过程的数值模型，是气候系统模式的重要分量。用于气候数值模拟的陆面模式迄今大致经历了三个发展阶段：20 世纪 60 年代末至 70 年代建立在水分质量守恒基础上的"吊桶"模式，被认为是第一代陆面模式；70 年代末到 90 年代，以 BATS、SiB 为代表的第二代陆面过程模式，显式地引入植被生理过程，将植被冠层近似处理为一个薄层，也称"大叶"模式，较为真实地描述了植被在陆面过程中的作用，特别是细致地刻画了植被蒸腾对陆面水分和能量收支的影响；90 年代以后逐渐发展的第三代陆面模式引入植被吸收 CO_2 进行光合作用的生物化学过程，不仅更加真实地刻画了陆－气界面水、热交换过程，还可以模拟地表碳通量和 CO_2 浓度的变化，NCAR LSM 和 SiB2 是该阶段的代表。

顺应蓬勃发展的气候数值模拟研究的需求，中国学者在陆面模式发展方面的工作始于 20 世纪 80 年代，先后建立起不同的陆面过程模式，如 AVIM (Ji，1995)、IAP94 (Dai et al.，1997)、CLSM (陈海山等，2004) 等，以及针对具体陆面物理过程而发展的各种参数化方案，如针对积雪的 SAST (Sun et al.，1999)、针对冠层内辐射传输的 GRTM (Dai et al.，2007) 等。

中国科学院大气物理研究所在陆面过程模式发展方面做了大量的工作。戴永久所发展的陆面模式 IAP94 是基于多孔介质混合扩散过程，允许土壤中水分各相共存,能够比较客观地反映植被、雪盖和土壤内部水分的垂直交换。在计算表面湍流通量时,考虑了不同下垫面粗糙度的差异。该模式作为我国陆面过程模式的代表参加了国际陆面过程模式比较计划(PILPS),后来进一步发展成为 CoLM 并得到广泛应用(Dai et al.,2003)。季劲钧发展了大气—植被相互作用模式 AVIM(Ji,1995),该模式在反映植被、土壤、大气之间热量和水分交换的生物物理过程的同时,也包含了植被光合作用、植被呼吸等生物化学过程。其改进版本 AVIM2(Ji et al.,2008)包含三个模块:描述植被—大气—土壤之间辐射、水分、热量交换过程的陆面物理过程模块;基于植被生态生理过程(如光合、呼吸、光合同化物的分配、物候等)的植被生长模块;土壤有机碳分解和转化模块。孙菽芬在精细积雪模型基础上,发展了简化的雪盖与大气相互作用方案(SAST)(Sun et al.,1999)、简化的通用土壤水热耦合模型(Sun et al.,2003;Zhang et al.,2007a)以及湖泊和湿地模型(孙菽芬等,2008)。阳坤等发展了裸土表面湍流参数化方案,并基于观测数据进行了验证(Yang et al.,2002,2008)。在地下水的描述方面,田向军等根据潜水面坡度的不同,建立了同时考虑潜水面水分储存和非饱和层水分入渗两方面影响的地下径流机制(Tian et al.,2006)。基于包含新发展的径流机制的 VIC 模型,谢正辉提出了模型参数移植方法,使陆面过程模型的有效性从资料丰富的区域扩展到资料缺乏的区域以改进陆面水文过程模拟(Xie et al.,2007)。为描述不同植被类型的竞争演替,曾晓东等提出了森林—草原—灌木竞争方案,并发展了用于全球植被动力学模式的温带及寒带灌木林子模式(Zeng et al.,2008;Zeng,2010)。

　　国家气候中心在陆面过程模式研发方面也取得了较大的进展。在 NCAR CLM3 和 AVIM2 的基础上发展了陆面模式 BCC_AVIM,该模式对 CLM3 中的积雪覆盖率和土壤冻融临界温度判据进行了修订,同时融合了 AVIM2 的植被生长和土壤碳循环模块。在综合分析前人关于积雪覆盖率的计算方案基础上(李伟平等,2009),BCC_AVIM 采用了考虑多种因子(积雪深度、地面粗糙度以及次网格地形起伏)的积雪覆盖率计算方案,改进了对地形起伏较大地区积雪覆盖率的模拟。利用土壤水势与温度和土壤液态水含量的函数关系,计算得到随着土壤液态水含量变化而变化的临界冻融温度(低于 0℃),将此临界冻融温度判据代替 CLM3 中的常数 0℃,改进了对季节性冻土分布的模拟(夏坤等,2011)。BCC_AVIM 作为气候系统模式 BCC_CSM 的陆面分量,已经用于 CMIP5 试验(Wu et al.,2013)。

8.1.3　海洋环流模式

　　全球海洋环流模式是气候系统模式中非常重要的分量。LICOM 是 LASG/IAP 自主研发的全球海洋环流模式,是耦合气候系统模式 FGOALS 的海洋分量。LICOM 是一个 z 坐标的、自由表面的、并行化的模式,是在金向泽等发展的海洋环流模式 L30T63 的基础上改进而来的,保留了 L30T63 的基本特点,包括:非刚盖近似的完全原始方程模式和相应的守恒差分格式、水平方向球坐标和垂直方向 η 坐标的坐标系统、中尺度涡参数化方案、基于 Richardson 数的 PP(Pacanowski and Philander)垂直混合方案。LICOM 的水平分辨率有全球均匀的 0.5°和 1.0°两种不同分辨率可选,除了北极点被处理成一个孤岛外,模式范围是全球的,模式在垂直方向上共有 30 层,其中上层 300 m 均分为 12 层。LICOM 已经广泛地应用于海洋环流、气候变化模拟、海气相互作用等多个研究领域,结果表明 LICOM 能够成功再现大尺度海洋环流和温盐结构的主要特征和主要变率。

为了满足气候系统模式发展的需求,海洋环流模式也逐渐向高分辨率、模块化方面发展。近年来,LASG/IAP 在 LICOM 1.0 基础上又发展了 LICOM2.0,对模式精度、分辨率、强迫方式、湍流混合方案、等位密度混合方案、太阳穿透方案等物理参数化方案都进行了更新和改进。与 LICOM1.0 不同,LICOM2.0 覆盖范围为 75°S~90°N,纬向分辨率为均匀的 1°,经向分辨率由南北纬 10°之间的 0.5°逐渐过渡到南北纬 20°之外的 1°,垂直方向 30 层,其中上层 150 m 间隔 10 m 均匀分布(Wu et al.,2004)。强迫方式由原来的恢复方式改为块体公式强迫,改进了年际变化模拟。垂直混合参数化方案由原来的仅适用于热带的 Richardson 数依赖方案更新为适用全球且随纬度变化的二阶湍流闭合方案。太阳穿透方案由全球一致的常系数方案更新为具有水平分布和时间变化的方案(Lin,2007),能够用于简单研究海洋生物对物理过程的影响。

国家气候中心所研发的气候系统模式 BCC_CSM 中的全球海洋环流模式分量 MOM4_L40,是在美国地球流体力学实验室(GFDL)的海洋环流模式 MOM4 基础上发展起来的。MOM4_L40 在 MOM4 的基础上,进行如下修改:(1)调整水平和垂直分辨率。采用三极网格,将北极点放在北美和欧亚大陆上。水平分辨率调整为在纬向上 1°,经向上南北纬 30°以外 1°,南北纬 30°以内逐渐递减至赤道 1/3°。垂直方向 40 层,其中上层 200 m 每 10 m 一层。(2)示踪物平流采用三阶 Swedy 方案,示踪物扩散采用等密度面混合,水平摩擦采用 Laplace 形式方案,垂直混合方案采用 KPP 方案,对流调整采用 Rahmostorf 完全对流调整,海底边界/陡峭地形处理使用溢出方案("overflow" scheme),使得重力不稳定流体微团能够借助迎风平流方案向下坡方向流动,短波穿透考虑叶绿素的空间分布。在 MOM4_L40 中引入了 MOM4 FMS 版本中的海洋碳循环模块,使 MOM4_L40 能够模拟海洋碳循环过程。这个海洋碳循环模块是在 OCMIP2(Ocean Carbon Model Intercomparison Project,海洋碳循环比较计划)生物碳模式基础上发展起来的,包括了较为完整的海洋碳循环过程。MOM4_L40 作为 BCC_CSM 模式的海洋分量模式,已经进行了包括 IPCC AR5 在内的多种试验,模拟结果说明 MOM4_L40 能够合理模拟全球大洋的基本特征和海洋碳收支,大尺度海洋的主要变率也能够得到再现。在下一版本中,为了考虑波浪的作用,将引入中国科学院青岛海洋研究所的波致混合方案。

8.1.4　全球海冰模式

海冰是地球气候系统的一个重要组成部分,通过与大气、海洋的非线性相互作用对全球气候变化有着重大的影响,因此,对海冰的准确模拟是正确评价及预估全球气候变化的一个重要基础。

海冰模式的发展经历了一个不断完善的过程。早在 20 世纪 60 年代中期,Campbell(1965)发展了第一个以流变学计算海冰内部应力的海冰动力学模式;在此基础上,Hibler(1979)提出了黏塑流变学的动力学模式,Hunke et al. (1997)对此模式进行了进一步的改进,在海冰流变学中引入了类似弹性的成分,称为弹黏塑流变学模式,从而改善了 Hibler(1979)的方法,并显著提高了计算的效率。较为完备的海冰热力学模式最先由 Maykut et al. (1971)建立起来,但是,该模式计算过于复杂,Semtner(1976)对此进行了简化,减少了垂直层数,其中的三层模式用一层雪层和两层冰层;同时,改变了差分方案,并对扩散方程进行了简化,从而在气候模拟中得到了广泛的应用。随着对海冰认识的不断深入,新的过程,如盐泡在海冰融解中的作用、海冰表面的融池等对短波辐射的影响等也不断加入到模式中来,这使得模式不断趋于完善。到目前为止,海冰模式主要分为动力学模式、热力学模式和动力－热力学模式三类;其中,动力学模式描述海冰在表面风应力、海流应力和海冰内部应力作用下的运动及变化过程,海冰的运动会导致其厚度和分布的变化;热力学模式主要研究海冰与大气、海洋间的热力相互作用过程和海冰内部的热力过程,以及这些过程引起的能量收支对海冰温度、热力生长和融解的影响。目前,国内的海冰数值模拟研究主要集中在对中国近海海冰的模拟,而对于大洋海冰的模拟研究相对较少,且大多采用国外的海冰模式。

BCC_CSM 中的海冰分量模式是美国 GFDL(Geophysical Fluid Dynamics Laboratory)开发的全球海冰热力学－动力学海冰模式 SIS(Sea Ice Simulator),模式的水平分辨率与海洋分量模式 MOM4-L40 的水平分辨率相同。该模式以 Semtner 模式为基础,在垂直方向上分为三层,包括一层积雪和两层海冰,其中两层海冰的厚度相同,并根据厚度的不同将海冰分为 5 类(Winton,2000)。在模式中,假设积雪层是没有热容量的,而海冰层均有感热容量,特别是上层海冰考虑了高盐水泡的影响(Bitz et al. ,1999)。在动力学过程上,模式采用 Hunke 等(1997)的弹黏塑流变学计算海冰的内部应力,用迎风方案计算守恒量,如海冰密集度、冰总量、冰的热含量等的平流过程。试验研究表明,模式能较好地模拟海冰的分布和面积的变化。

8.1.5　耦合气候系统模式

在发展各分量气候模式的同时,我国在耦合模式的研发方面也开展了大量的工作。中国科学院大气物理研究所大气科学和地球流体力学数值模拟国家重点实验室(IAP/LASG)在发展气候模式方面具有长期的工作积累(Zhou et al. 2007)。近年来,IAP/LASG 基于自己发展的大气环流模式和大洋环流模式,在引进国外先进气候系统模式特别是美国国家大气研究中心(NCAR)的气候系统模式 CCSM 的耦合框架基础上,发展建立了新版本的气候系统模式 FGOALS。FGOALS 的大气模式分量有 IAP/LASG 谱大气模式和格点大气模式两种选择:一是与大气谱模式 SAMIL 对应的版本,简称 FGOALS-s;二是与大气格点模式 GAMIL 对应的版本,简称 FGOALS-g。海洋模式分量为 IAP/LASG 第三代大洋环流模式 LICOM,陆面模式分量采用了通用陆面过程模式 CLM,海冰模式分量为 NCAR 研制的海冰模式 CSIM4,其水平分辨率与海洋模式保持一致,考虑了海冰的热力学和动力学过程。新版的气候系统模式采用耦合器技术(主要采用 NCAR CCSM2 的耦合器 CPL5)进行"非通量订正"的海洋与大气的直接耦合。与此同时,为适应千年气候模式试验的巨大计算量要求,IAP/LASG 还通过适当降低耦合模式系统中最为耗时的大气模式分辨率、提高计算效率的方法,发展了 FGOALS 的快速耦合版本 FGOALS_gl,并利用其结合 IPCC AR5 的要求,进行了过去千年气候演变的数值模拟试验(张洁等,2009;周天军等,2011)。

"九五"期间,国家气候中心和 IAP/LASG 合作研制了用于季节气候预测的全球大气-海洋耦合模式,耦合模式由全球大气环流模式(BCC_AGCM1.0)与全球海洋环流模式(NCC/LASG L30T63)通过日通量距平耦合方案在开洋面上逐日耦合而形成,被称作 BCC_CM1.0。进入 21 世纪,高性能计算机迅速发展,气候模式的发展也出现了模块化、标准化和并行化的趋势,以耦合的气候系统模式为代表的动力气候模式发展方向成为主流趋势。2004 年起,中国气象局着手开发新一代气候系统模式 BCC_CSM,新版的气候系统模式 BCC_CSM1.0 也是基于耦合器结构(以 NCAR CSM2 为蓝本),其中的大气分量模式是正在发展的全球大气环流模式 BCC_AGCM2.0(Wu et al.,2008,2010),陆面分量模式为 CLM3,全球海洋环流分量模式为 POP,海冰模式为 CSIM。同时也开发了包含全球碳循环过程在内的 BCC_CSM1.1 版本,其中大气分量模式是 BCC_AGCM2.1,陆面过程模式为在 AVIM 基础上发展的 BCC_AVIM1.0,海洋环流模式和海冰模式分量分别在 GFDL MOM4 和 SIS 的基础上改进发展。中国气象局 BCC_CSM 下一代模式版本同时还将考虑嵌套大气化学模式和气溶胶模式等,从而建立多圈层的气候系统模式耦合平台。

在 IPCC 第五次评估报告(AR5)中,特别关注全球碳循环过程对气候和气候变化的影响。因此,参与针对 AR5 的第五次耦合模式比较计划(CMIP5)的多数气候系统模式已考虑了陆地生态系统的碳源汇变化和海洋碳循环过程,能够模拟人为温室气体排放对全球碳循环的影响。与此同时,高分辨率模拟是正在进行中的 CMIP5 的一个显著特点,用于未来三十年气候预估试验的耦合模式的大气部分,发达国家的模式水平分辨率可以到 25～50 km。国家气候中心发展的大气 T42 粗分辨率(全球近 280 km)气候系统模式 BCC_CSM1.1 和大气 T106 中等分辨率(全球近 110 km)的气候系统模式 BCC_CSM1.1-m,以及中国科学院大气物理研究发展的 FGOALS-s 和 FGOALS-g 气候系统模式都参与了 CMIP5 耦合模式比较计划的大量试验。本章将重点基于参加 AR4 和 AR5 的试验结果开展模式对气候变化的预测、模拟及评估方面的分析。

8.2　模式对近千年历史气候的模拟

虽然自工业革命以来气候系统受人类活动的影响越来越大,但是当前观测到的气候变化特征及物理机制实际上是自然变率与人为因素共同作用的结果,只是各因子间的反馈过程更加复杂。因此,非常有必要在更长时间尺度的气候背景下讨论 20 世纪气候变暖(20CW),以深入了解并正确理解气候变化的形成机制及演变趋势。中世纪气候异常期(MCA)和小冰期(LIA)是近千年全球尺度的典型冷暖时期。气候重建结果指出,至少在某些地区,MCA 时期的温暖程度可能接近或超过 20 世纪(Moberg et al.,2005；Guiot et al.,2010)。因此,通过比较 MCA、LIA 和 20 世纪气候变暖这三个特征时期气候特征,特别是通过比较中世纪自然增暖和近百年变暖,能够揭示出自然变率和人类活动影响在千年气候演变不同时期的作用和贡献,并探讨不同时期气候演变的机理。

中国科学院大气物理研究所的科学家利用气候系统模式 FGOALS_gl,对过去千年气候演变的三个特征时期进行了两类共 6 组数值试验:在模拟积分过程中将外强迫因子取特征期平均值的 3 组"平衡态"试验(满文敏等,2010；周天军等,2011)和外强迫因子取为逐年变化给定值的 3 组"瞬变试验"(周天军等,2011；满文敏等,2011a,2011b；张洁等,2009)。利用 FGOALS_gl 进行的 6 组强迫试验中不同特征时期年平均表面温度距平(相对于 1860 年 CTL 平均值)的分布如图 8.1 所示。首先,在中世纪暖期(MWP),热带和副热带地区除赤道东太平洋外一致增暖,北美大陆中高纬度地区存在一暖中心,而欧亚大陆高纬度则为冷距平；其次,MWP 自然增暖的幅度整体上较 20 世纪要弱,后者在全球范围内更为显著；第三,LIA 的自然变冷在近乎全球范围内存在,但北美大陆高纬度地区为暖距平,大西洋地区呈现出赤道以北冷、赤道以南暖的"双核"特征；第四,平衡态试验和瞬变强迫试验的结果在温度变化分布和强度上都有所区别,尤其在 MWP 和 LIA 两个特征期。如 MWP-T 试验的自然增暖区域较之 MWP-E 空间分布更为广泛、强度亦明显增强,LIA-T 试验的冷距平分布较之 LIA-E 明显偏强。此外,北美大陆高纬度地区的暖距平在三个特征期均存在,原因和控制试验模拟的该地区温度偏冷有关。

重建资料表明,MWP 期间盛行类 La Nina 状态,LIA 期间盛行类 El Nino 状

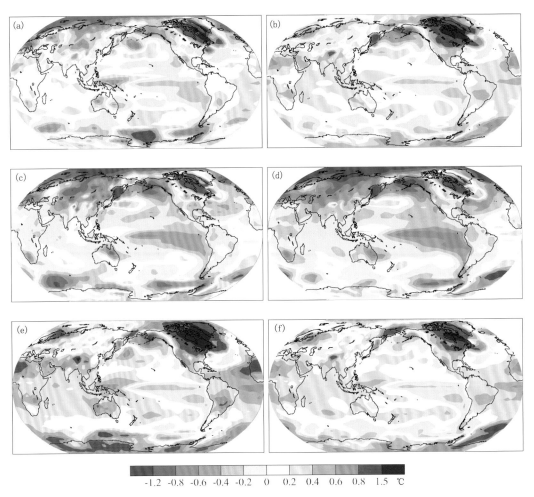

-1.2　-0.8　-0.6　-0.4　-0.2　0　0.2　0.4　0.6　0.8　1.5　℃

图 8.1　FGOALS_gl 模拟的过去千年三个特征时期年平均表层气温的距平

（相对于 1860 年 CTL 平均值，左列为平衡态试验，右列为瞬变强迫试验）（周天军等，2011）

(a)MWP-E；(b)MWP-T；(c)LIA-E；(d)LIA-T；(e)20CW-E；(f)20CW-T

态。而 FGOALS_gl 的模拟结果并不能再现这一特征。前人对重建资料中 ENSO 型海温的物理机制解释如下（Mann et al.，2005）：MWP 时期太阳辐射增加，赤道太平洋地区海表温度（SST）增加，由于西太平洋暖池区温跃层厚度较深，冷水上翻较弱，而赤道中东太平洋温跃层较浅，冷水上翻较强，容易把底层冷海水带到表层，使得表层海温冷却，导致暖池区 SST 大于赤道中东太平洋，纬向 SST 梯度增加，信风增强，通过 Bjerknes 正反馈作用，暖池区与赤道中东太平洋 SST 梯度进一步增大，赤道太平洋地区类 La Nina 事件偏多；反之，LIA 太阳辐射减少时，赤道太平洋地区类 El Nino 事件偏多。目前多数全球海气耦合模式对上述动力反馈过程的刻画偏弱，使得模式均难以再现上述特征（Latif et al.，2001）。而 Mann 等（2005）利用 Zebiak-Cane 热带太平洋海气耦合模式进行的千年模拟试验则较好地再现了 MWP 期间热带太平洋的类 La Nina 状态及 LIA 期间热带太平洋的类 El Nino 状态。

温度的变化因纬度而异。为检验耦合模式对不同纬度温度变化模拟结果的可靠性，基于王绍武等(2002)重建的全球 30 个站点千年温度变化序列，图 8.2 按照自北而南的顺序，把 FGOALS_gl 的模拟结果和重建资料进行比较。由于代用资料存在误差，要精确给出温度变化的幅度尚有难度。因此，参照通常的做法(张洁等，2009)，重点比较模拟和重建温度距平的"符号一致性"。由图 8.2 可见，符号一致性以 20CW-T 试验最高、MWP-T 试验次之、LIA-T 试验最低。假定重建资料是可靠的，这意味着当前的耦合模式对暖期的模拟能力要强于对冷期的模拟能力。该结论是否具有模式依赖性，尚有待通过多模式比较来加以验证。

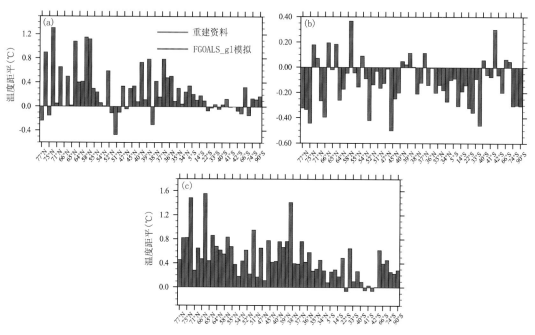

图 8.2　重建(红色)和 FGOALS_gl 模拟(蓝色)的全球 30 个重建站点的温度异常
(依纬度自北向南排序)(周天军等，2011)
(a)MWP-T；(b)LIA-T；(c)20CW-T

另外，不管对于暖期还是冷期，"模拟—重建"结果的符号一致性，在热带和副热带地区要高于高纬度地区。对于 MWP 和 20CW 特征期而言，重建资料显示，北半球高纬地区的温度变化幅度要大于南半球高纬地区(图 8.2a，c)，该特征在模拟结果中亦有体现。

千年气候模拟结果对模式性能的依赖性，是一个需要注意的问题。基于 LASG/IAP 气候系统模式对过去千年的特征期气候进行的模拟，与国际上其他模拟工作相比，从全球、半球和大陆尺度来看，模拟结果彼此接近。但是，受模式性能、强迫资料重建中的误差等影响，模拟结果在区域特征细节上尚存在不同之处。目前，国家气候中心已完成了基于 IPCC AR5 的千年气候模拟试验。图 8.3 为 BCC_CSM1.1 模拟的北半球平均表面温度序列，阴影区为 11 条北半球平均表面重建温度序列的重叠密度，阴影颜色越深表示重建不确定性越小。由于受代用资料数量及质量的限制，中世纪表面温度重建序列的重叠覆盖范围较大，即不确定性较大。LIA 时期重建和模拟序列的相似性较高，模式可以基本再现 LIA 时期的三个冷期：The Sporer(1450—1540 年)、Maunder(1645—1715 年)和 Dalton(1790—1820 年)。关于 BCC_CSM1.1 千年模拟的试验方案及结果参见 Zhang 等(2012)。

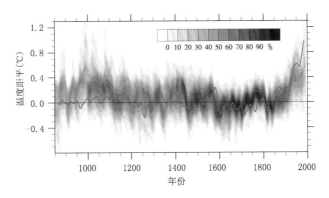

图 8.3　BCC_CSM1.1 模拟的北半球年平均表面温度异常序列(相对于 1500—1899 年的平均值)。图中阴影部分为 11 条北半球平均表面温度重建序列的重叠密度(参见 Jansen 等(2007) 中图 6.14d)。所有序列均经过 30 年低通滤波(Zhang et al.，2012)

8.3　当代气候平均态的模拟评估

8.3.1　温度

从参与 IPCC AR4 的 CMIP3 耦合模式比较结构来看，几乎所有气候系统模式都能再现当代全球地表气温气候平均态的空间分布特征，全球绝大部分地区模拟的地表气温与实测值的绝对误差一般都在 3℃ 以内，较大的误差主要出现在极区和有陡峭地形变化的地区(IPCC，2007)。

国家气候中心发展的新一代气候系统模式 BCC_CSM1.1 参与 CMIP5 模式比较计划。该模式能够模拟出全球地表气温由热带到极区逐渐减小的梯度分布特征(图 8.4a)。同 CMIP3 模式一致，模拟与 NCEP/NCAR 再分析资料的显著误差主要出现在极区和有地形变化的地区，包括南极、格陵兰岛、青藏高原、非洲东岸和北美洲西岸的安第斯山脉地区。这些区域的地表气温均比再分析资料偏冷,其中格陵兰岛、南极地区和青藏高原偏冷 10℃以上。模式在格陵兰岛和南极地区的模拟误差可能与模式模拟的海冰偏多有关,而青藏高原地区的差异则可能是由于模式地形与实际地形之间的不匹配所造成。除这些区域之外,大部分地区的绝对误差值在 2℃以内,这表明 BCC_CSM1.1 模式的总体模拟能力与过去 CMIP3 国际多模式模拟结果接近,模式基本能够再现全球温度的分布型。

8.3.2　降水

降水是评估模式性能非常重要的物理量,同时也是气候系统模式模拟的难点。IPCC AR4 对 20 余个气候系统模式的评估分析发现,模式能够抓住降水的大尺度纬向分布特征(IPCC,2007)。从 BCC_CSM1.1 对历史气候的模拟试验可知,虽然模式对某些区域降水的模拟结果存在偏差,但总体而言,该模式能够模拟出降水的大尺度纬向分布特征,这一结果也说明了该模式对大气环流特征模拟的合理性。如图 8.5 所示,BCC_CSM1.1 模式能够模拟出冬季和夏季全球降水的主要空间分布型。冬季,模拟场(图 8.5a)与观测场(图 8.5c)的空间相关系数为 0.83,模拟的平均降水率相对观测的均方根误差为 1.52 mm/d,具体来看,近赤道地区降水普遍偏少,北半球近赤道地区降水普遍偏少幅度更大,南半球南太平洋低纬度地区存在降水偏多的纬带,北半球中纬度地区以降水偏多为主(图 8.5e);夏季,模拟场(图 8.5b)与观测场(图 8.5d)的全球空间相关为 0.79,模拟相对于观测值的均方根误差为 1.68 mm/d,南印度洋近赤道地区、印度半岛北部、中国的南海及中南半岛以东洋面、北半球太平洋近赤道大部地区、拉丁美洲和南美东北部近赤道地区降水明显偏少,东亚、欧洲大陆大部和北美部分地区降水也偏少,印度半岛南部及其附近洋面、中南半岛向北至青藏高原东部、太平洋赤道以北的中部偏南地区、南美洲西北部近赤道地区降水明显偏多,南半球中纬度大部地区降水也以偏多为主(图 8.5f)。

从图 8.6 所示的模式模拟的降水和观测值的年内变率来看,BCC_CSM1.1 的模拟结果(图 8.6b)在总体的分布上与观测(图 8.6a)有相似之处,但也存在明显差异。模式模拟的印度半岛南端、青藏高原东部及其以南至中南半岛、南美洲东北部及其以东洋面等地区降水变率比观测明显偏大,南半球近赤道地区大部分地区的降水变率也比观测偏大;北半球赤道东太平洋和赤道大西洋降水变率偏小,东亚地区降水变率明显比观测偏小。

以 110°~120°E 平均和 130°~140°E 平均的降水季节推进分别代表东亚陆地和海上的降水季节进程,将模拟结果与观测进行对比,总的来看,BCC_CSM1.1 能够模拟东亚降水的季节进退过程,只是具体的时间和降水量值相对观测存在偏差。从 110°~120°E 平均的雨带季节进退来看(图 8.7a),模式模拟的冬季 5°S~10°S 之间的降水中心位置偏北,强度偏强,且持续时间偏长;关注 4 mm/d 等雨量线最早

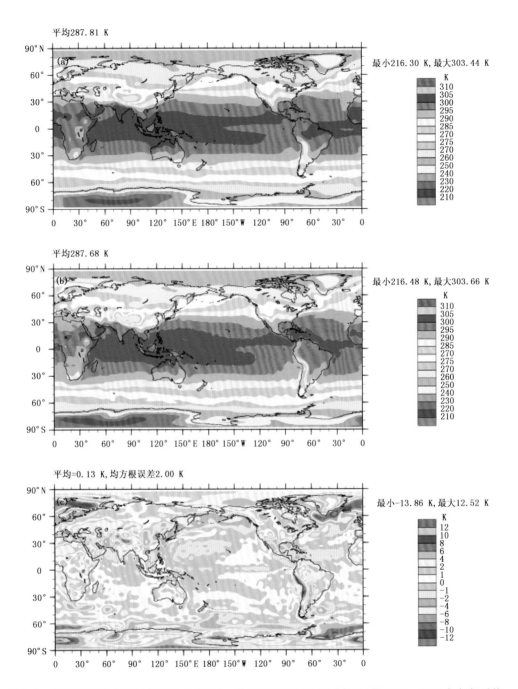

图 8.4   气候系统模式 BCC_CSM1.1 模拟(a)和 NCEP/NCAR 再分析(b)的 1961—1990 年气候平均地表气温以及二者的差异(c)(图 c 中阴影区表示差异通过 0.05 显著性检验)(吴统文等提供)

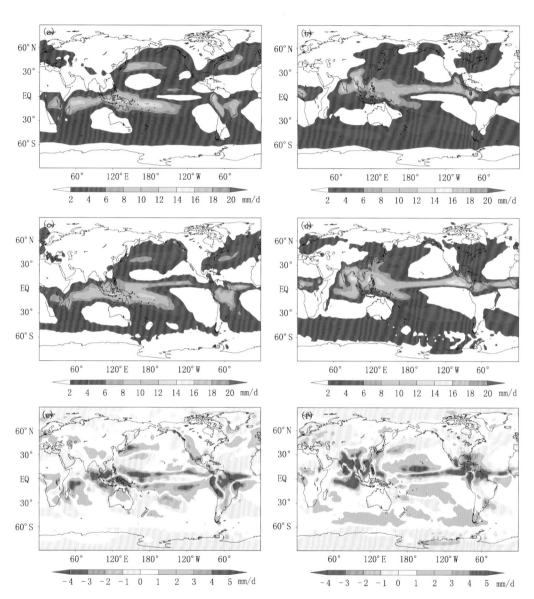

图 8.5　模拟(a、b)和观测(c、d)以及模拟－观测(e、f)的 1980—1999 年
全球冬季(左列)和夏季(右列)降水空间分布(吴统文等提供)

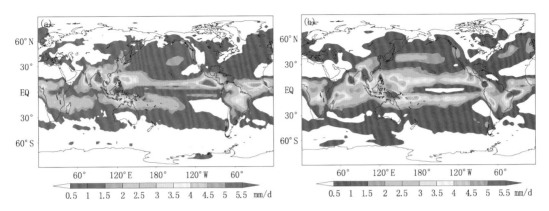

图 8.6　观测(a)和模拟(b)的全球降水年内变率(吴统文等提供)

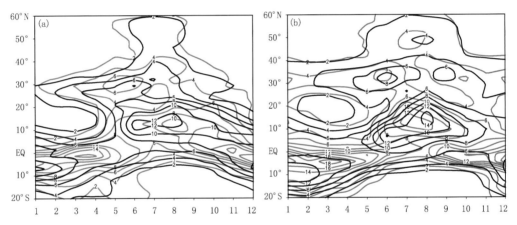

图 8.7　模拟(红线)和观测(黑线)的东亚降水的季节进程(单位:mm/d)(吴统文等提供)
(a)110°~120°E 平均;(b)130°~140°E 平均

出现在长江以南地区的时间发现,模式比观测明显偏晚,观测在 2 月初,模式结果在 3 月初,且位置稍偏北。模式对东亚雨带降水量的模拟存在明显偏差,在 30°N 以南地区尤其是中国的华南地区雨季降水明显偏少;对 30°N 以北地区的降水模拟偏多,30°~40°N 之间的降水偏多幅度超过 2 mm/d,模式雨带能够达到比观测更北的位置。如图 8.7b 所示,从 130°~140°E 平均的雨带季节进退来看,观测结果显示,12 月至次年 2 月主雨带位于 10°S 附近,并稳定维持,北方 30°~40°N 范围内也存在弱的降水区,模式能够模拟出这一基本特征,但南半球雨带中心位置明显偏北,持续时间偏长,强度偏强,雨带中心强度偏强 4 mm/d 以上,北方的弱降水区强度也偏强,位置稍偏北;对于观测中 5 月初到达 5°N 左右的降水中心,模式模拟结果时间偏晚到 5 月底 6 月初,且强度偏弱、持续时间偏短;观测中 30°N 附近的降水中心模拟结果偏弱,但从 2 mm/d 等雨量线的范围来看,模拟雨带能够达到更北的位置。从时间角度来看,东亚海上 $20°\sim40°N$ 之间的范围内,冬季降水偏多,春夏和初秋降水偏少,尤其夏季降水明显偏少。

8.3.3　东亚季风环流

由于东亚季风区特殊的地理位置和季风环流的复杂性,东亚季风环流是气候系统模式模拟的难点之一。IPCC AR4 指出,大部分模式对季风模拟效果仍然不理想,模拟的季风区降水量偏大,中国中部地区的虚假降水中心仍然存在。Annamalai 等(2007)评估了参与 IPCC AR4 的 18 个耦合模式对亚洲季风区降水的模拟,发现 6 个模式能够合理地模拟出 20 世纪气候平均的季风降水及其季节循环,且其中 4 个模拟的季风与 ENSO 具有较好的遥相关关系。这说明对于大部分模式来说,季风的模拟仍然存在较大问题。

国家气候中心模式 BCC_CSM1.1 开展的 CMIP5 历史试验对东亚季风和降水的模拟见图 8.8。模式能够在中国东部地区模拟出与观测一致的西南风的特征,但由于孟加拉湾槽后西风气流偏强,使得南海地区西风气流偏强,南海季风槽偏浅,也使得西太平洋副热带高压偏西偏北。因此,东亚季风气流的两支输送气流,包括来自南海的南风气流和副热带高压西侧的西南风气流均偏弱,所以东亚季风偏弱,中国中东部地区降水普遍偏少。另一方面,高原上空降水偏多,模式中由高原引起的虚假降水中心仍然存在。

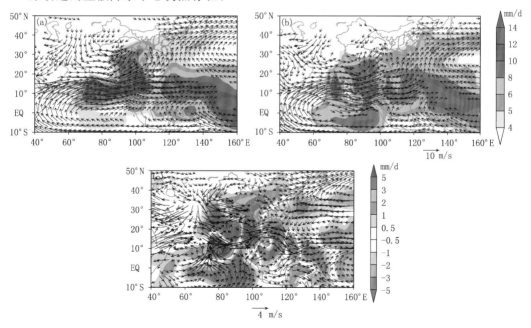

图 8.8　1979—2005 年气候平均 850 hPa 风场(矢量)和降水(阴影)(吴统文等提供)

(a)BCC_CSM1.1 模式;(b)NCEP/NCAR 再分析和 Xie-Arkin 观测;(c)二者之差(模拟−观测)

　　中国科学院大气物理研究所发展的新一代气候系统模式 FGOALS_s1.1 对东亚季风和降水有较好的模拟能力,东亚地区雨带的季节性北移和撤退都与观测具有较好的一致性(Bao et al.,2010)。该模式还能够捕捉东亚季风年际变率的第一模态特征及其与 El Nino 衰减期的联系,但却未能模拟出第二模态与 El Nino 发展期的联系。

8.4　过去近百年气候变化的归因及未来百年气候变化评估

8.4.1　温度

　　在自然因子和人为因子的共同强迫作用下,多数耦合模式能够成功再现全球平均气温在过去百年的实际演变。IPCC AR4 22 个耦合模式集合平均结果与观测序列的相关系数可以达到 0.87,这种高相关系数主要来自 20 世纪的变暖趋势,多模式集合的变暖趋势为 0.67℃/100a,非常接近观测的 0.53℃/100a(Zhou et al.,2006)。对这些模式的方差分析表明,外强迫可以解释 20 世纪全球年平均气温变化的 60%,而内部变率(噪音)则解释了 40%,这种内部变率来自耦合系统内部的相互作用。对于中国区域来说,外强迫解释了 20 世纪中国年平均温度变化的 32%,而内部变率(噪音)的贡献则高达 68%。这意味着对区域尺度的温度变化而言,强迫机制较之全球平均情况要复杂得多。分析还发现(Zhou et al.,2006),考虑了自然变化的模式集合平均模拟的 19 世纪末至 20 世纪中期中国区域平均地表气温相对于仅使用人类活动作为外强迫更接近于观测,这表明 20 世纪前半叶的中国气温变化受到太阳活动、火山爆发等自然因素的影响较大。对于 20 世纪后半叶,那些考虑了温室气体变化的模式所模拟的中国区域平均气温变化与观测值都存在显著的正相关,因而中国气温变化受到温室气体作用的显著影响。

　　国家气候中心模式 BCC_CSM1.1 开展 CMIP5 历史试验三个样本及其集合平均对全球和中国平均地表气温 1850—2005 年的模拟见图 8.9。分析发现,模式模拟的全球平均气温演变与观测较为一致,集合平均与观测的相关系数达到 0.9。但模式全球气温异常的模拟在 19 世纪后半叶略低于观测,而在 21 世纪初高于观测。1850—2005 年间,模式模拟的全球气温变化趋势为 0.66℃/100a,高于观测值的 0.42℃/100a。这可能与模式尚未考虑气溶胶的间接效应有关。模式模拟的中国区域平均温度 21 世纪升温幅度与观测较为一致,约为 1℃。但模式对中国区域气温演变的刻画更有难度,模式集合平均与观测的相关系数仅为 0.57。

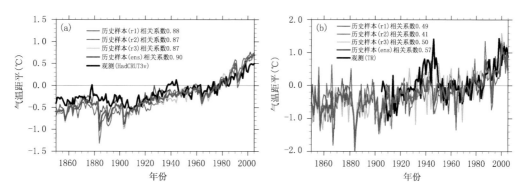

图 8.9　BCC_CSM1.1 三个历史试验样本及其集合平均对全球(a)和中国(b)平均地表气温异常
　　　　　(相对于 1961—1990 年平均)的模拟(吴统文等提供)

　　近几十年中国地区温度变化在不同季节具有不同表现,秋、冬季表现为一致变暖,北方增暖幅度大于南方。这在 BCC_CSM1.1 模式中也有较好的体现,且模式能够模拟出冬季增暖最为显著的特征,北方地区增暖趋势达到 3℃/100a。在春季和夏季,除了大部分地区的增暖之外,局地区域出现了变冷特征。春季变冷发生在中国西南部,夏季变冷发生在中国中东部。但 BCC_CSM1.1 仅能部分模拟出中国西南部的变冷特征,在中国中东部反而模拟出一个增暖的中心(图 8.10)。值得一提的是,过去 IPCC AR4 中绝大多数模式也不能再现中国中东部夏季变冷的特征(Zhou et al.,2006)。这可能是因为这一个与全球增暖相反的气候变化现象原因较为复杂,当前模式尚不能合理模拟这一现象的物理机制。

　　在 CMIP5 试验中,未来百年气候变化的预估情景有了较大改变,不同于 IPCC AR4 中 A2、A1B 和 B1 排放情景,新的排放情景以 2100 年达到的辐射强迫大小命名,由高到低分别为 RCP8.5、RCP6.0、RCP4.5 和 RCP2.6。BCC_CSM1.1 模式所预估的 21 世纪全球平均气温在 RCP8.5 和 RCP6.0 情景下直线上升,在 RCP4.5 情景下 21 世纪后 30 年基本保持不变,在 RCP2.6 情景下 21 世纪后 30 年有降温趋势,这与四种排放情景的 CO_2 浓度变化基本一致。在 21 世纪末,四种情景下的全球增温幅度分别为 4.3℃、2.6℃、2.0℃ 和 1.5℃(图 8.11a)。对于中国地区来说,区域平均地表气温变化年际变率比全球平均要大,增温趋势也更明显。21 世纪末,中国区域平均增温幅度分别为 5.9℃、3.8℃、2.4℃ 和 2.0℃(图 8.11b)。

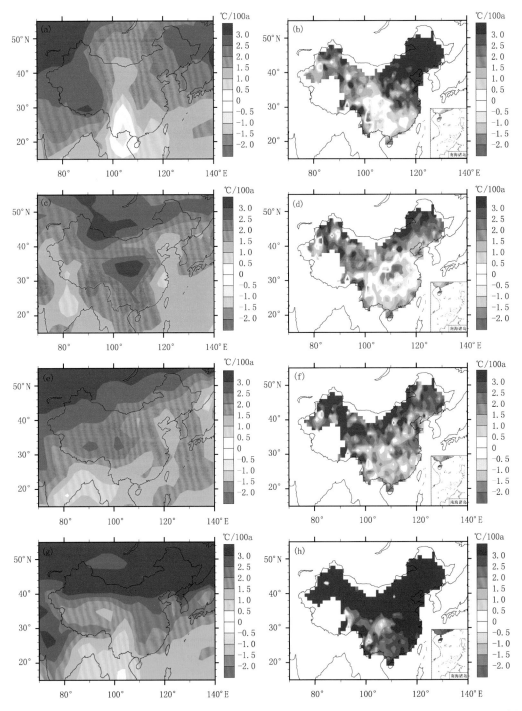

图 8.10   BCC_CSM1.1 历史试验三个样本集合模拟(左列)和 560 站站点观测(右列)的中国区域四个季节
春、夏、秋、冬(由上至下)地表气温在 1958—2004 年线性趋势分布(吴统文等提供)

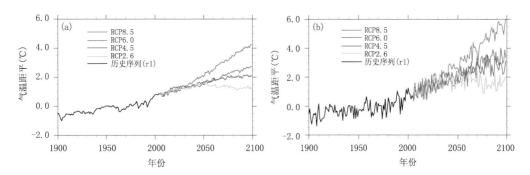

图 8.11 四种未来排放情景下 BCC_CSM1.1 对全球(a)和中国(b)平均地表气温异常
(相对于 1961—1990 年平均)的模拟(吴统文等提供)

四种排放情景下中国区域 21 世纪后 20 年平均气温相对于气候平均态变化分
布见图 8.12。在 RCP2.6 情景下,中国大部分区域气温增幅在 1~2℃;RCP4.5 情

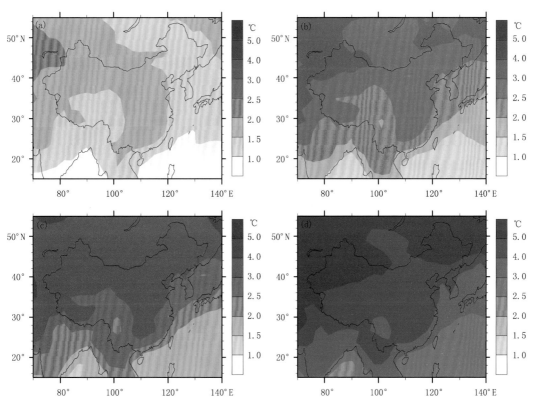

图 8.12 BCC_CSM1.1 未来排放情景试验模拟的 2080—2099 年平均气温相对于
气候平均态(1961—1990 年均)的变化(吴统文等提供)
(a)RCP2.6;(b)RCP4.5;(c)RCP6.0;(d)RCP8.5

景下,增温介于 2℃ 和 3℃ 之间;RCP6.0 情景下,中国增温在 2.5～4℃;RCP8.5 情景下,中国大部分地区升温 4～5℃,西北和东北地区升温在 5℃ 以上。

8.4.2　降水

观测资料分析显示,全球平均年陆地降水在 20 世纪有弱的增加趋势,但这种趋势有一定不确定性,且存在明显的年代际变化(IPCC,2007)。这种弱的增加趋势与全球变暖背景下大气中水汽含量的增加有一定关系,因为根据克劳修斯-克拉珀龙方程,随着温度的升高,大气中的饱和水汽压将升高(Trenberth et al.,2005)。根据 CMIP5 的试验设计,BCC_CSM1.1 模式模拟了 1850 年以来的历史气候。结果显示,过去百年(1901—2005 年)全球陆地降水模拟与观测(CRU)之间相关系数为 0.11,9 年滑动平均序列的相关也为 0.11,这说明模式在模拟全球陆地平均降水的长期变化方面还有待进一步改进(图 8.13)。但同时也注意到,BCC_CSM1.1 在一定程度上抓住了 20 世纪后半叶全球陆地降水年代际变化的信号,如图 8.13b 所示 20 世纪 40 年代至 20 世纪末陆地降水变化模拟与观测之间在年代际尺度上有一定的一致性,相关系数为 0.23。

国家气候中心使用 BCC_CSM1.1 开展了 CMIP5 提供的四种不同典型浓度路径下的气候情景预估试验。结果显示,未来百年全球陆地平均降水均表现出不同程度的增加趋势,其中 RCP85 情景下的增加趋势最大,RCP2.6 情景下的增加趋势最小。到 21 世纪末期(2080—2099 年),RCP2.6 情景下降水的增加幅度最小为 4.2%,RCP4.5 情景下为 6.3%,RCP6.0 情景下为 5.7%,RCP8.5 情景下最大为 8.6%(详见图 8.13)。尽管温室气体排放情景设计存在差异,但这一结果与 IPCC AR4 中多模式预估的变暖背景下 21 世纪降水增加的总体趋势是一致的(IPCC,2007)。

中国地区平均的降水距平百分率序列显示(图 8.14),与观测(站点观测)类似,模式模拟的 20 世 50 年代以来的中国地区平均降水没有显著的变化趋势,但没能再现近 50 多年中国地区平均降水的年际变化特征,1961—2005 年模拟与观测序列的相关为 −0.11,且模拟降水的年际变率比观测偏小。BCC_CSM1.1 的模拟结果显示,在四种不同典型浓度路径下,未来百年中国地区降水均有不同程度增加,到 21 世纪末,RCP8.5 情景下的增加幅度最大为 14.1%,RCP6.0 情景下次之为 10.0%,RCP4.5 情景下增加 8.9%,RCP2.6 情景下增加幅度最小为 7.6%。

计算四种典型浓度路径下 21 世纪末期(2080—2099 年)中国东部 110°～120°E 平均的候平均降水变化(图 8.15)。结果显示,RCP2.6 情景下(图 8.15a),中国东部大部分地区夏季降水将有所增加,其中,华南和华北部分地区 8 月降水有一定程度减少;长江中下游以南地区,尤其是华南大部,2 月中下旬至 5 月初和 9 月中旬至 12 月初降水将持续偏少,后者的偏少幅度更大。RCP4.5 情景下(图 8.15b),夏季

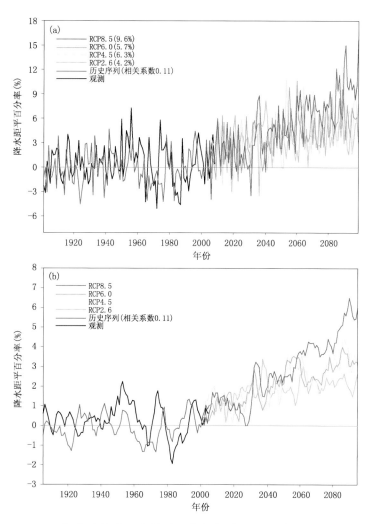

图 8.13 1901—2099 年全球陆地降水距平百分率序列(a)和 9 年滑动平均序列(b)(相对1971—2000 年平均)(图例中 RCP2.6,RCP4.5,RCP6.0 和 RCP8.5 后的数字为 2080—2099 年平均值)(吴统文等提供)

降水的变化由北向南总体上表现为"＋－＋"的格局,江淮地区降水减少,江淮以北和以南地区降水均增加,其中华南 7 月和 8 月上旬的增加幅度最大;但从 9 月中下旬开始,华南部分地区降水开始偏少,这种变化特征一直持续到 12 月,这说明在RCP4.5 情景下,华南部分地区可能湿季更湿,干季更干。RCP6.0 情景下(图8.15c),从 5 月初开始,伴随雨带的北推南撤,存在干湿干交替的降水变化分布,这可能说明了未来该情景下北方雨带的北移;华南大部地区从 10 月开始降水以偏少为主,且 10 月降水的偏少非常明显,从图 8.15c 可以看出 9 月底 10 月初容易出现

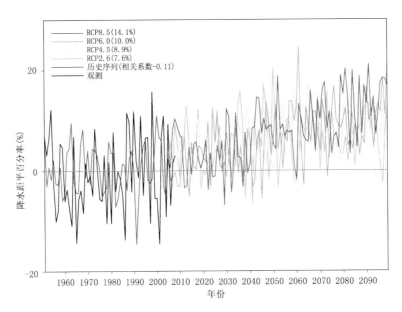

图 8.14   1951—2099 年中国区域平均降水距平百分率序列(相对 1971—2000 年平均)
(图中 RCP2.6,RCP4.5,RCP6.0 和 RCP8.5 后的数字为 2080—2099 年平均值)(吴统文等提供)

由涝转旱的变化。RCP8.5 情景下(图 8.15d),长江以北大部地区冬春季降水持续
以偏多为主,而长江以南大部地区从 1 月底开始至 4 月底 5 月初以降水减少为主,
之后长江中下游及其以南部分地区降水增加,这种变化可能引起该地区旱涝急转
的情况;4 月底 5 月初至 8 月底,伴随雨带的北推,存在一个从长江中下游地区向北
的降水增加带,同时,在该降水增加带的北部降水减少,其中 7 月、8 月降水减少的
范围较大,江淮至华南北部局部地区都在此范围内;5 月底至 8 月中旬,华南大部
降水持续偏多,之后至 9 月上旬降水减少,9 月中旬至 10 月初降水增加,之后至 11
月下旬降水减少。总体来看,排放情景不同,未来降水的变化有所差异,但不同情
景下华北大部夏季降水均将有所增加,华南部分地区 6 月、7 月降水也均将有所
增加。

　　分析四种不同典型浓度路径下中国东部地区(110°~120°E)21 世纪年总降水
距平百分率的时间纬度剖面发现(图略),BCC_CSM1.1 模拟的中国东部南方降水
变化有明显的年代际变化信号,阶段性的降水负位相峰值普遍小于降水正位相峰
值,说明降水总体上有一定的增加趋势;而北方地区降水均以增加为主,且这种变
化中也包含了年代际变化的信号。值得关注的是,四种不同情景下,华北地区 21
世纪 30 年代末或 40 年代初均存在一个增幅较大的时期,峰值均超过了 30%,其中
RCP8.5 情景下的增幅最大,超过 60%。

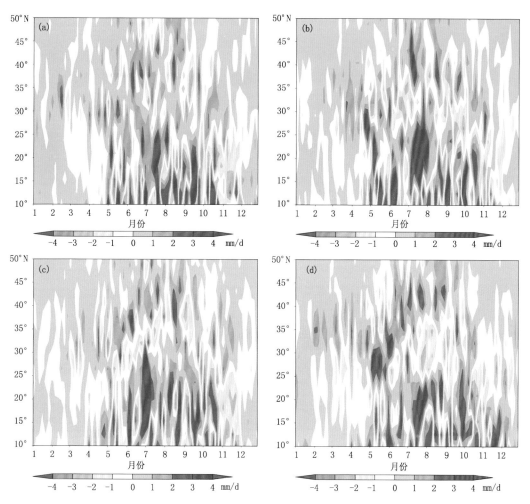

图 8.15　BCC_CSM1.1 预估的不同典型浓度路径下 21 世纪末期

（2080—2099 年）110°～120°E 平均降水变化（吴统文等提供）

（a）RCP2.6；（b）RCP4.5；（c）RCP6.0；（d）RCP8.5

8.4.3　太平洋平均态及 ENSO

（1）赤道太平洋平均态

赤道太平洋海洋和大气环流气候平均态的模拟一直是耦合气候模式的难点之一。很多研究指出，参与耦合模拟比较计划第三阶段（CMIP3）的直接耦合模式在赤道太平洋区域存在显著的模拟误差，主要表现为赤道冷舌偏西、赤道东南太平洋海温偏高、降水出现虚假的"双赤道辐合带（Double ITCZ）"（Latif et al.，2001；Lin，2007），这些误差很可能与模式的积云对流参数化、边界层参数化等物理过程的偏差有关。

　　图 8.16 为观测、BCC_CSM1.1 和 LASG/IAP FGOALS_s2 模拟的热带太平洋地区年平均海表温度、海表风应力和降水率的空间分布。观测的降水在热带太平

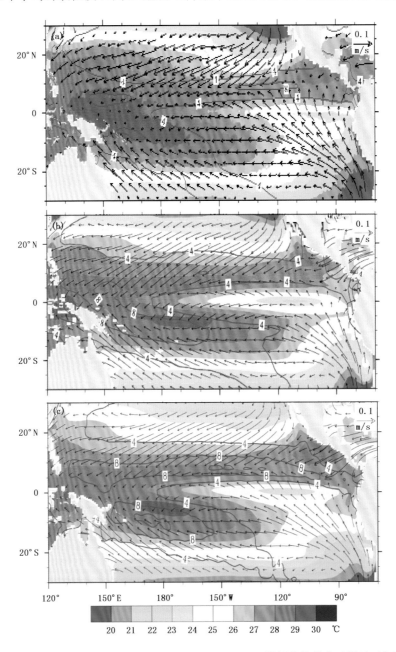

图 8.16　观测(a),BCC_CSM1.1(b)和 FGOALS_s2(c)模拟的热带太平洋地区年平均海表温度(阴影)、海表风应力(矢量)和降水率(红线,单位:mm/d)的空间分布(吴统文等提供)

洋有两个主要降水带,一个是赤道辐合带(ITCZ),另外一个则是位于南半球、自暖池区向东南方向伸展的南太平洋辐合带(SPCZ)。BCC_CSM1.1 和 FGOALS_s2 两个耦合模式都可以较好地重现 ITCZ,但是模拟的 SPCZ 都过度东伸,并呈现与赤道平行的结构,这就是所谓的"Double ITCZ"现象。模式对降水的模拟误差,实际上与耦合模式海温的模拟误差关系密切。两个耦合模式模拟的冷舌都由于 SPCZ 的东伸断裂为两个冷中心,一个位于赤道附近并且过于西伸,另外一个位于南美沿岸。上述热带地区的模拟误差现象是当前多数耦合模式共同存在的一个问题(Latif et al.,2001),且最近十多年以来一直未能得到妥善的解决。此外,BCC_CSM1.1 模拟的太平洋东岸越赤道南风偏弱,赤道以北甚至出现弱北风,也是引起模拟的海表温度偏差的可能原因。

　　图 8.17 给出了观测资料 HadSST2、BCC_CSM1.1 和 FGOALS_s2 模拟的赤道 2°S~2°N 平均海表温度的季节循环。尽管太阳每年直射赤道两次,但是只有西太平洋海表温度才显示出半年循环且振幅较小,赤道东太平洋海表温度主要表现出年循环,这是因为在赤道东太平洋影响海温的因子主要是海洋的动力过程,而赤道西太平洋海温则更多地受到热力过程的影响。对于参与 CMIP3 比较计划的耦合模式,大部分模式都不能很好地模拟东太平洋海温季节变化的位相和振幅。BCC_CSM1.1 能很好地模拟出赤道西太平洋的半年循环特征,但赤道东太平洋观测的海温出现显著的半年变化分量,特别是在 3 月还存在一冷异常,并且西传信号不显著。这与海表风场在 3 月模拟出北风异常有关。图 8.16 中模拟的东太平洋海表温度相对观测偏暖也反映这个问题。FGOALS_s2 不仅能很好地模拟出西太平洋的半年循环、东太平洋年循环以及西传特征,而且海表温度变化幅度也与观测相当。

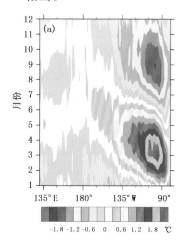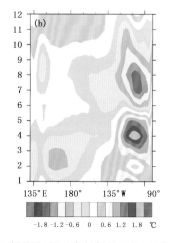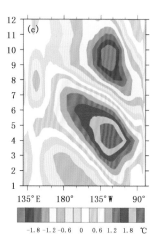

图 8.17　赤道 2°S~2°N 平均海表温度距平(相对多年气候平均)季节变化(单位:℃)(吴统文等提供)
(a)观测;(b)BCC_CSM1.1;(c)FGOALS_s2

（2）ENSO 特征

由于 ENSO 是气候系统在年际时间尺度上最强的气候异常信号，因此除了对热带太平洋平均气候态的模拟，能否再现观测的 ENSO 年际变率特征是检验耦合模式性能的另外一个重要指标。

图 8.18 为 SODA 再分析资料和两个耦合模式模拟的热带太平洋上层 300 m

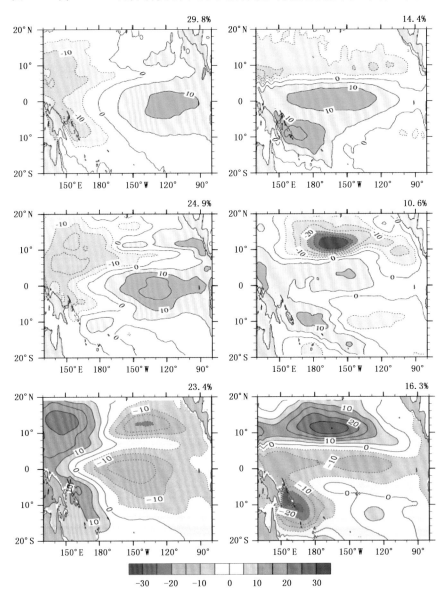

图 8.18　观测（上）、BCC_CSM（中）以及 FGOALS_s2（下）模拟的热带太平洋上层 300 m 热含量 EOF 分析第一（左）和第二（右）特征向量（吴统文等提供）

海洋热含量前两个 EOF 模态的空间分布。再分析资料第一个模态主要是表现为热含量在赤道东西太平洋的反位相特征,实际上是反映了在 ENSO 冷暖事件达到峰值时赤道温跃层的空间分布特征,即冷(暖)事件达到极大值时,赤道东(西)太平洋温跃层抬升(加深)。两个耦合模式基本上可以重现再分析资料显示出的 EOF 第一模态空间特征,但是模拟的赤道东太平洋异常中心比再分析资料大约偏西 20° 左右,这可能与耦合模式模拟的冷舌位置过于偏西有关。再分析资料 EOF 第二模态则主要表现经向的结构,即赤道太平洋温跃层一致的加深或者抬升,而赤道外温跃层的变化与赤道区域相反。耦合模式 BCC_CSM1 和 FGOALS_s2 都能够模拟出这种温跃层经向变化的空间特征。在再分析和模拟结果中,热带太平洋上层海洋热含量的这种经向结构主要反映了 ENSO 循环中充电和放电(Recharge et al.)过程(Jin,1997)。图 8.19 给出了上述两个 EOF 模态的时间系数,分析表明无论对于模式还是再分析资料第一模态的时间系数与 Nino3.4 指数都有极高的相关性,相关系数可以达到 0.9 左右,这进一步表明第一模态就是代表了 ENSO 循环中冷(暖)位相时刻温跃层的空间结构特征。从图中还可以看出,第一模态和第二模态时间系数具有显著的超前滞后相关关系。对于再分析资料,第二模态大约超前第一模态 10~12 个月左右;但是对于模式,第二模态大约超前第一模态 8 个月左右。上述滞后相关关系说明,观测和模式中的 ENSO 循环可以用“充电－放电”理论来解释。对第一模态时间系数的进一步功率谱分析表明(图略),观测中 ENSO 周期为 2~7 年不规则周期,其中主周期 4 年左右,次周期 2~3 年左右。BCC_CSM1.1 和 FGOALS_s2 模拟的主周期为 2~3 年,比观测的周期短。

　　ENSO 事件在 20 世纪下半叶表现出越来越明显的冷暖事件的不对称性,即暖事件时海表温度异常的强度要明显强于冷事件时海温异常的强度。参照 An 等 (2006)定义的偏斜度(skewness)指数,可以从统计学的意义上衡量 ENSO 的这种不对称性。由于 ENSO 冷暖事件在强度和周期上的不对称性,形成了赤道太平洋上海温呈现东部升温、西部降温的结构。BCC_CSM1.1 和 FGOALS_s2 均能模拟出这一不对称性的空间型(图略),但中心强度比观测弱,这表明两个耦合模式模拟冷暖事件强度的不对称性较弱。

　　Jin 等(1993)的理论研究工作指出,ENSO 事件的发展可能存在两个模式:(1)海表温度模式,其受中东太平洋海表温度与海表风应力相互作用的影响,表现为海表温度异常从东太平洋向西传播;(2)温跃层模式,其是包括西太平洋在内的温跃层和风应力间相互作用的结果,表现为热含量在次表层向东传播,进而影响海表温度变化。Guilyardi(2005)的分析发现在 1976 年前 ENSO 事件主要表现为海表温度模式,而 1976 年后表现为温跃层模式,但是 CMIP3 计划的大部分耦合模式均不能模拟出这一特征。BCC_CSM1.1 能很好地模拟出 1976 年前的海表温度模式,但 1976 年后模态特征不明显。FGOALS_s2 模拟出单一的海表温度模式,即海表

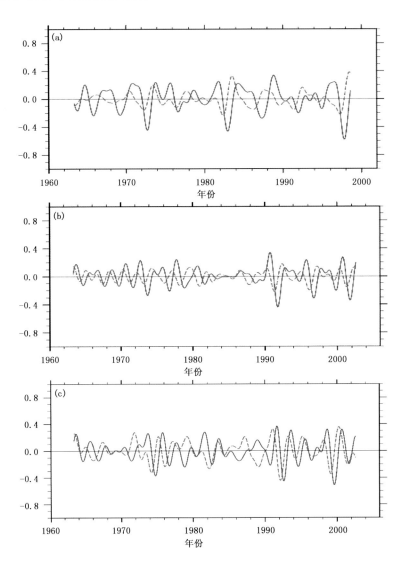

图 8.19   观测(a)、BCC_CSM1.1(b)以及 FGOALS_s2(c)模拟的热带太平洋上层 300 m 热含量
EOF 分析第一(蓝线)和第二(红线)主分量(吴统文等提供)

温度异常是赤道中东太平洋海表温度和风应力相互作用的结果,海表温度信号从
东向西传播(图略)。

8.4.4   海冰的变化

为了评估模式的性能,并且研究过去一个多世纪以来全球海冰的变化情况,这
里对 BCC_CSM1.1 海冰分量模式的模拟结果做简要的分析,其中模式结果为
CMIP5 的历史试验,海冰密集度的观测数据来源于英国气象局哈得来中心

(Rayner et al.，2003)，海冰面积的观测资料来源于 SSMI 微波卫星观测数据。

图 8.20 给出了北半球和南半球海冰面积的季节循环，模式结果和观测资料均采用 1978—2006 多年平均的结果。海冰面积是一个表示海冰覆盖状态的重要指标，而海冰面积的季节循环则表征了海冰面积的季节变化特征，反映一种气候态的规律。从观测图可以看到，北半球海冰面积在 3 月达到最大为 15.8×10^6 km²，随后海冰开始融解，在 9 月达到最小值为 7.2×10^6 km²，而南半球海冰则是在 2 月面积最小，9 月面积最大，分别为 3.1×10^6 km² 和 18.9×10^6 km²，这也表明南极海冰比北极海冰的季节变化特征更加明显。模式的模拟结果很好地反映了海冰面积的季节特征，在最大及最小海冰面积达到的时间上与观测相同，而海冰面积总量也与观测资料基本一致。总体而言，模拟的北极海冰在冬季偏多、面积偏大，在夏季面积偏小，而南极海冰则与观测非常接近，表现了较好的模式性能。

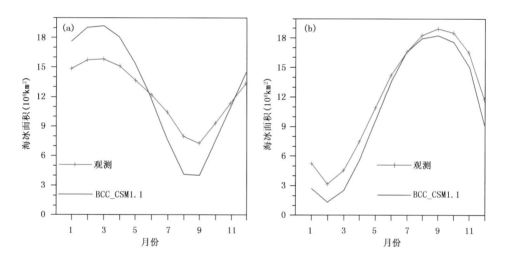

图 8.20　北半球(a)和南半球(b)海冰面积季节循环(吴统文等提供)

作为海冰特征的重要因素之一，密集度反映了海冰的分布范围及海冰覆盖程度，直观地反映了动力及热力过程的影响，因此模拟结果的好坏能直观地反映模式的模拟能力。图 8.21 为北极 3 月和南极 9 月的海冰密集度分布，模拟结果和观测资料均为 1981—2005 年多年平均的结果。3 月属于北半球的冬季，是北极海冰覆盖范围最大的月份；对比模式结果和观测资料，两者分布形态基本相似，但是模拟的海冰比观测明显偏多，无论是在鄂霍次克海，还是格陵兰海以及挪威海，海冰的覆盖范围都偏大。9 月则是南极海冰最多的月份，从观测资料可以知道，南极大陆沿岸的海冰密集度为 100%，向北逐渐递减，最北一直扩展到 60°S 附近；模拟的结果也反映了这种分布特征，但是南大西洋对应的海域密集度偏小，只有靠近南极大陆的部分全部被海冰覆盖，随后向北快速减少。由于南大洋开放的环境，南极海冰

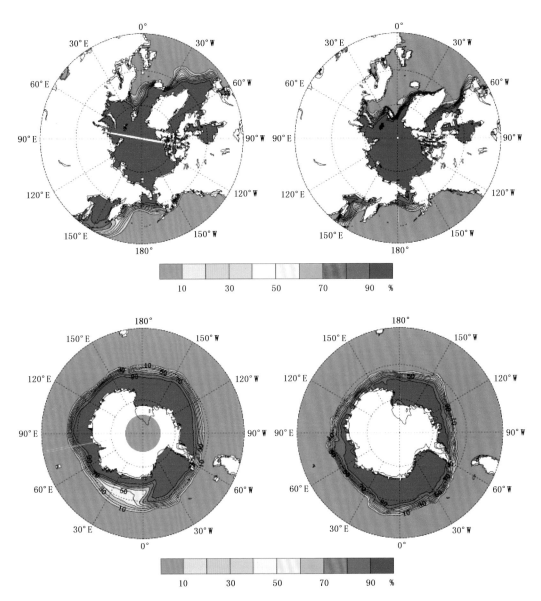

图 8.21   模拟(左)和观测(右)的 3 月北极海冰(上)和 9 月南极海冰(下)密集度(吴统文等提供)

受到海洋的影响更为显著,海冰的模拟结果也与南极绕流和海面温度的模拟结果更为相关。

图 8.22 为自 1850 年至 2012 年北半球和南半球年平均海冰面积的时间变化图,其中观测资料时间为 1979 年至 2005 年。从结果来看,北极海冰有着很大的年际变化,且总体下降的趋势非常明显,其中 1850 年年平均海冰面积为 14.7×10^6

km^2,而 2012 年为 10.9×10^6 km^2,在过去一个多世纪的时间里减少了约 25.8%;与观测资料对比,模拟得到的海冰面积年际变化与观测相符。

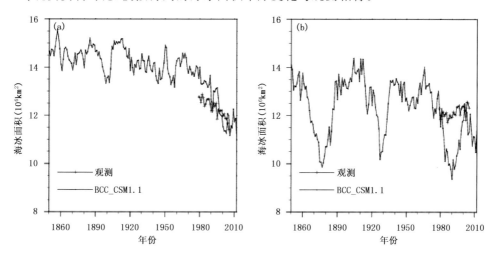

图 8.22　1850—2012 年北半球(a)和南半球(b)年平均海冰面积变化(吴统文等提供)

南极海冰的年际变化与北极海冰有很大的不同,由于南极海冰的北界位于开放的南大洋上,受到大气和海洋环流等多种因素的影响,南极海冰的覆盖范围具有明显的年际变化特征。观测中自 1979 年至 2005 年的南极海冰面积变化范围在 11.7×10^6 km^2 至 12.5×10^6 km^2 之间,与北极海冰面积快速减少的趋势不同,南极海冰呈现了微弱的增长态势(Cavalieri,2008)。因此,比较而言,模式模拟的海冰面积年际变化过于剧烈,且在观测资料对应的年份海冰面积偏小。从南极海冰面积的季节循环图(图 8.20b)可以发现,模拟得到的海冰面积尽管与观测接近,却在所有的月份都比观测的值要小。由于海冰的变化与大气环流、海洋环流及近地面温度、海表温度的高低都有密切的关系,南极海冰的模拟还需更多的研究。

8.4.5　海平面高度

大量观测事实表明,过去几十年全球海平面高度一直在增加,全球平均海平面增加的幅度大约是每年 $1 \sim 3$ mm(Moore et al.,2011)。影响海平面高度变化的因子很多,例如陆地冰川融化、海水密度变化(即比容海平面高度变化)、海洋动力过程以及地质过程等等。对于全球平均海平面的变化,主要影响因子为陆地冰川融化和比容海平面高度变化,对于过去几十年中观测到的平均海平面变化,二者的贡献大约各占一半。由于目前的耦合气候模式不包含冰川模式,且大部分海洋分量模式方程组通常采用所谓的 Boussinesq 近似(即海水体积守恒而不是质量守恒),所以通常只能利用模拟的温度和盐度估算比容海平面高度的变化。

（1）气候平均海平面高度

图 8.23 是观测和两个耦合模式模拟的气候平均海平面高度。由于大尺度海洋环流满足准地转关系，因此海平面高度的空间分布基本上反映了垂直平均大尺度海洋环流的水平结构，与海洋正压流函数的结构基本类似（图略）。在各个洋盆，模拟和再分析的海面高度极大值和极小值都位于海洋的西边界区域，并且在西边界附近具有最强的海表高度梯度，这反映了海洋西边界流强化的特征。根据地转关系，可以看出在副热带地区海洋环流呈顺时针旋转，而在副极地区域海洋环流则呈现逆时针旋转的特征。在赤道太平洋 $5° \sim 10°N$，模拟和观测的海平面高度都表现出相对低值区，这对应着北赤道逆流（NECC）。在热带太平洋 $10°S$ 左右，两个耦合模式也模拟出一个海面高度相对低值区，但是观测没有类似的特征，这是因为耦合模式中虚假的双赤道辐合带对应的风应力旋度在南半球强迫出一支终年存在的南赤道逆流（SECC），而观测中的南赤道逆流一般只出现在北半球的春季（Zhang et al.，2007b）。此外，在南大洋 $40° \sim 60°S$ 附近区域海表高度等值线也十分密集，与此对应的是所谓的南极绕极环流（ACC）。

（2）海水热含量的变化趋势

温室效应引起的全球变暖不仅仅体现地球表面气温，而且在对流层和海洋深层都有明显的表现。图 8.24 和图 8.25 分别是 BCC_CSM1.1 和 FGOALS_s2 两个模式模拟海水热含量在上层（$0 \sim 700$ m）、中层（$700 \sim 2000$ m）以及深层（2000 m 以下）的线性趋势。总体来说，全球海洋从表层到深层都是增温为主，而且 2000 m 以上的增暖显著大于 2000 m 以下的深层海洋。特别是在 2000 m 以下，海温的变化主要位于北大西洋和南极附近，这是因为在上述两个区域是全球大洋主要的深水形成区，海表的浮力强迫可以通过深对流过程迅速影响到深海的温度变化。除了大范围的增温之外，还有不少海区出现了降温趋势。例如，两个模式在北大西洋区域高纬度和低纬度从海表到深海都出现了一定的降温区域，这可能是因为全球增暖导致了热盐环流和经向热输送减弱（图略），使得热输送在北大西洋空间分布特征发生了变化，于是有些海区海温下降。在南极周围，也有类似的降温区域，可能与南极绕流（ACC）以及南极底水（AABW）的变化有关，以后还需要进一步研究。同样在太平洋区域中层，南北半球中纬度都有显著的降温区域，赤道太平洋温度变化很小，副热带是增温的极大值区，这种温度变化的空间分布，显然与海表风应力的变化以及温跃层的调整过程有关，值得深入研究。

图 8.24 和图 8.25 中上层和深层海水大范围增温显然意味着海水可能因为热膨胀引起海表高度增加。考虑到海水的状态方程中海水密度是压力、温度和盐度的非线性函数，利用两个耦合模式输出的海水温度和盐度的变化，首先计算出密度的变化，然后据此诊断出全球平均海平面的变化趋势，同时还假定盐度不变仅考虑温度变化诊断出来的因热膨胀引起的全球平均海平面高度的变化（图 8.26）。从

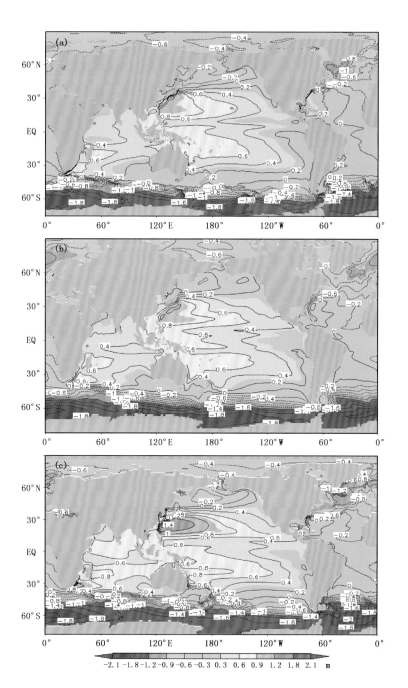

图 8.23　1958—2001 年平均海平面高度(吴统文等提供)

(a)SODA 再分析;(b)BCC_CSM1.1;(c)FGOALS_s2

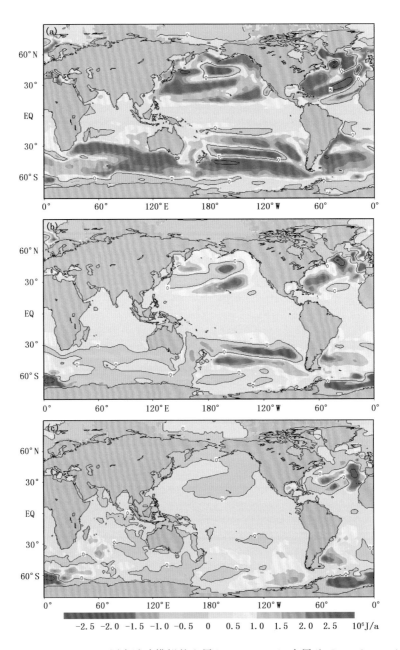

图 8.24　BCC_CSM1.1 历史试验模拟的上层(a,0～700 m)、中层(b,700～2000 m)和
深层(c,2000 m 以下)海洋热含量 1958—2001 年线性趋势空间分布(吴统文等提供)

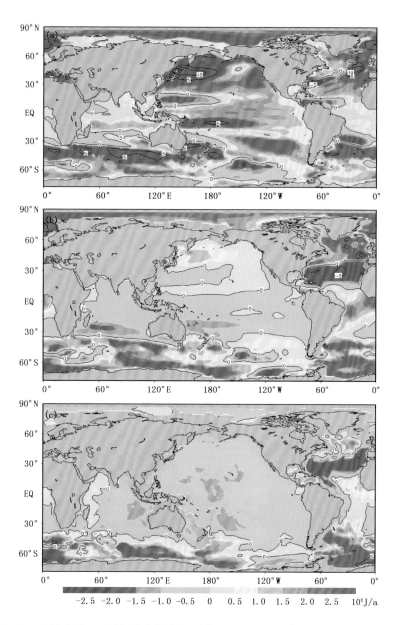

图 8.25　FGOALS_s2 历史试验模拟的上层(a,0～700 m)、中层(b,700～2000 m)和深层(c,2000 m 以下)海洋热含量 1958—2001 年线性趋势空间分布(吴统文等提供)

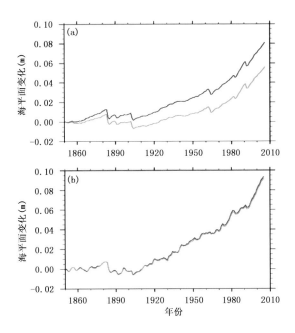

图 8.26　BCC_CSM1.1(a)和 FGOALS_s2(b)模拟的 1850—2006 年全球平均海平面
高度变化(蓝线为比容项,绿线为热比容项)(吴统文等提供)

1850 年到 2005 年,两个耦合模式给出的海平面高度变化趋势基本上一致,即海平面高度基本上从 20 世纪初期开始增加,而且增加的速率越来越大,到了 2005 年全球平均比容海平面高度(Steric Height)大约增加 8～9 cm,这与目前许多观测估计的量级基本一致。对于 BCC_CSM1.1,如果仅仅考虑海水热膨胀导致的海平面高度的变化,全球海平面高度大约增加 6～7 cm,即对于比容海平面高度的变化,海水热膨胀的贡献大约为 80% 左右;但是 FGOALS_s2 模拟的比容海平面高度变化与热膨胀几乎完全一致。两个耦合模式的差别可能来自模式的耦合方案,BCC_CSM1.1 考虑河流径流对海水盐度的影响,但是 FGOALS_s2 没有考虑,因此在 FGOALS_s2 中盐度的变化几乎对海平面高度没有任何影响。

参考文献

陈海山,孙照渤.2004.陆面模式 CLSM 的设计及性能检验:I.模式设计[J].大气科学,**28**(6):801-819.

李剑东,刘屹岷,孙治安,等.2009.辐射和积云对流过程对大气辐射通量的影响[J].气象学报,**67**(3):355-369.

李立娟,王斌.2009.两种对流参数化方案对辐射能量收支的影响研究[J].气象学报,**67**(6):1080-1088.

李伟平,刘新,聂肃平,等.2009.气候模式中积雪覆盖率参数化方案的对比研究[J].地球科学进展,**24**(5):512-522.

刘琨,刘屹岷,吴国雄.2010.SAMIL 模式中 Tiedtke 积云对流方案对热带降水模拟的影响[J].大气科学,**34**(1):163-174.

满文敏,周天军.2011a.外强迫驱动下气候系统模式模拟的近千年大气涛动[J].科学通报,**56**:2096-2106.

满文敏,周天军,张洁,等.2011.气候系统模式 FGOALS_gl 模拟的 20 世纪温度变化[J].气象学报,**69**(4):644-654.

满文敏,周天军,张洁,等.2010.一个气候系统模式对小冰期外强迫变化的平衡态响应[J].大气科学,**34**(5):914-924.

孙菽芬,颜金凤,夏南,等.2008.陆面水体与大气之间的热传输研究[J].中国科学 G 辑,**38**(6):1-10.

王绍武,谢志辉,蔡静宁,等.2002.近千年全球平均气温变化的研究[J].自然科学进展,**12**(11):1145-1148.

王自强,缪启龙,高志球,等.2010.SAMIL 大气环流模式海面湍流通量参数化方案研究[J].大气科学,**34**(6):1155-1167.

夏坤,罗勇,李伟平.2011.青藏高原东北部土壤冻融过程的数值模拟研究[J].科学通报,**56**(22):1828-1838.

颜宏.1987.复杂地形条件下嵌套细网格模式的设计(二):次网格物理过程的参数化[J].高原气象,**6**(增刊 I):64-139.

曾庆存,林朝晖.2010.地球系统动力学模式和模拟研究的进展[J].地球科学进展,**25**(1):1-6.

张贺,林朝晖,曾庆存.2009.IAP AGCM-4 动力框架的积分方案和模式检验[J].大气科学,**33**(6):1267-1285.

张洁,周天军,满文敏,等.2009.气候系统模式 FGOALS_gl 模拟的小冰期气候[J].第四纪研究,**29**(6):1125-1134.

周天军,李博,满文敏,等.2011.过去千年三个特征期气候的 FGOALS 耦合模式模拟[J].科学通报,**56**:2083-2095.

An S,Ham Y,Kug J S,et al.2006.El Niño-La Niña Asymmetry in the Coupled Model Intercomparison Project Simulations[J].J Clim,**18**:2617-2627.

Annamalai H,Hamilton K,Sperber K R.2007.South Asian summer monsoon and its relationship with ENSO in the IPCC AR4 simulations[J].J Clim,**20**:107121083.

Bao Q,Wu G X,Liu Y M,et al.2010.An introduction to the coupled model FGOALS1.1-s and its performance in East Asia[J].Adv Atmos Sci,**27**:131-1142.

Bitz C M,Lipscomb W H.1999.A new energy-conserving sea ice model for climate study[J].J Geophys Res,**104**:15669-15677.

Campbell W J.1965.The wind-driven circulation of ice and water in a polarocean[J].J Geophys Res,**70**:3279-3301.

Cavalieri D J,Parkinson C L.2008.Antarctic sea ice variability and trends,1979-2006[J].J Geophys Res,**113**:C07004,DOI:10.1029/2007JC004564.

Dai Q F,Sun S F.2007.A simplified scheme of the generalized layered radiative transfer model

[J]. Adv Atmos Sci,**24**(2):213-226.

Dai Y,Zeng Q. 1997. A land surface model (IAP94) for climate studies. Part I:Formulation and validation in off-line experiments[J]. Adv Atmos Sci,**14**:433-460.

Dai Y,Zeng X,Dickinson R E,et al. 2003. The Common Land Model[J]. Bull Amer Meteor Soc,**84**:1013-1023.

Guilyardi E. 2005. El Nino-mean state-seasonal cycle interactions in a multi-model Ensemble-Climate Dynamics[J]. Clim Dyn,**26**(4):329-348. DOI:10. 1007/s00382-005-0084-6.

Guiot J,Corona C,ESCARSEL members. 2010. Growing season temperatures in Europe and climate forcings over the past 1400 years[J]. PLoS ONE,**5**(4):e9972. DOI:10. 1371/journal. pone. 0009972.

Hibler III W D. 1979. A dynamic thermodynamic sea ice model[J]. J Phys Oceanogr,**9**:815-846.

Hunke E C,Dukowicz J K. 1997. An elastic-viscous-plastic model for sea ice dynamics[J]. J Phys Oceanogr,**27**:1849-1867.

IPCC. 2007. Climate Change 2007:The Physical Science Basis[M]. Contribution of Working Group I to the Fourth Assessment Report of the Intergovernmental Panel on Climate Change. Cambridge:Cambridge University Press.

Jansen E,Overpeck J, Briffa K R,et al. 2007. Palaeoclimate//Solomon S,D Qin,M Manning,et al. eds. Climate Change 2007:The Physical Science Basis Contribution of Working Group I to the Fourth Assessment Report of the Intergovernmental Panel on Climate Change. Cambridge:Cambridge University Press:435-484.

Ji J,Huang M,Li K. 2008. Prediction of carbon exchange between China terrestrial ecosystem and atmosphere in 21st Century[J]. Science in China series D:Earth Science,**51**(6):885-898.

Ji J J. 1995. A climate-vegetation interaction model-simulating the physical and biological process at the surface[J]. J Biogeography,**22**:445-451.

Jin F, Neelin J D. 1993. Modes of Interannual tropicalocean-atmosphere interaction-A unified view. Part I:Numerical results[J]. J Atmos Sci,**21**(50):3477-3503.

Jin F. 1997. An Equatorialocean Recharge Paradigm for ENSO. Part II:A stripped-down coupled model[J]. J Atmos Sci,**54**:830-847.

Latif M,Sperber K,Arblaster J,et al. 2001. ENSIP:the El Nino simulation intercomparison project[J]. Clim Dyn,**18**(3):255-276.

Lin J. 2007. The double-ITCZ problem in IPCC AR4 Coupled GCMs:Ocean-atmosphere feedback analysis[J]. J Climate,**20**(18):4497-4525. DOI:10. 1175/jcli4272. 1.

Mann M E,Cane M A,Zebiak S E,et al. 2005. Volcanic and solar forcing of the tropical Pacific over the past 1000 years[J]. J Clim,**18**:447-456.

Maykut G A,Untersteiner N. 1971. Some results from a time-dependent thermodynamic model of sea ice[J]. J Geophys Res,**76**:1550-1575.

Moberg A,Sonechkin D M,Holmgren K,et al. 2005. Highly variable Northern Hemisphere temperatures reconstructed from low- and high-resolution proxy data[J]. Nature,**433**(7026):613-617.

Moore J C,Jevrejeva S,Grinsted A. 2011. The historical global sea-level budget[J]. Annals of Glaciology,**52**(59):8-14.

Rayner N A,Parker D E,Horton E B,et al. 2003. Global analyses of sea surface temperature,sea ice,and night marine air temperature since the late nineteenth century[J]. J Geophys Res,**108**(D14):4407,DOI:10. 1029/2002JD002670.

Semtner A J. 1976. A model for the thermodynamic growth of sea ice in numerical investigations of climate[J]. J Phys Oceanogr,**6**:379-388.

Sun S F,Jin J M,Xue Y K. 1999. A simple snow-atmosphere-soil transfer(SAST) model[J]. J Geophy Res,**104**(D16):19587-19597.

Sun S F,Zhang X,Wei G A. 2003. A simplified version of the coupled heat and moisture transport model[J]. Global and Planetary Change,**37**:265-276 .

Tian X J,Xie Z H,Zhang S L,et al. 2006. A subsurface ruoff parameterization with water storage and recharge based on the Boussinesq-Storage Equation for a land surface model[J]. Science in China(D),**49**(6):622-631.

Trenberth K E, Fasullo J,Smith L. 2005. Trends and variability in column-integrated water vapour[J]. Clim Dyn,**24**:741-758.

Winton M. 2000. A reformulated three-layer sea ice model[J]. J Atmos Ocean Tech,**17**:525-531.

Wu T,Yu R,Zhang F. 2008. A modified dynamic framework for the atmospheric spectral model and its application[J]. J Atmos Sci,**65**(7):2235-2253.

Wu T,Yu R,Zhang F,et al. 2010. The Beijing Climate Center atmospheric general circulation model:Description and its performance for the present-day climate[J]. Clim Dyn,**34**:123-147.

Wu T,Wu G. 2004. An empirical formula to compute snow cover fraction in GCMs[J]. Adv Atmos Sci,**21**:529-535.

Wu T W,Li W P,Ji J J,et al. 2013. Global carbon budget simulated by the Beijing Climate Center Climate System Model for the last century[J]. J Geophys Res Atmos,118:4326-4347, DOI:10. 1002/jgrd. 50320.

Wu T. 2011. A mass-flux cumulus parameterization scheme for large-scale models:Description and test with observations[J]. Clim Dyn,DOI:10. 1007/s00382-011-0995-3.

Xie Z H,Yuan F,Duan Q Y,et al. 2007. Regional parameter estimation of the VIC land surface model:Methodology and application to river basins in China[J]. J Hydrometeorology,**8**(3):447-468,DOI:10. 1175/JHM568-1.

Yang K,Koike T,Ishikawa H,et al. 2008. Turbulent flux transfer over bare soil surfaces:Characteristics and parameterization[J]. J Appl Meteorol Clim,**40**:276-290.

Yang K,Koike T,Fujii H,et al. 2002. Improvement of surface flux parameterizations with a turbulence-related length[J]. Quart J Roy Meteor Soc,**128**:2073-2087.

Zeng X D,Zeng X,Barlage M. 2008. Growing temperate shrubs over arid and semiarid regions in the Community Land Model-Dynamic Global Vegetation Model[J]. Global Biogeochem Cycles,**22**:DOI:10. 1029/2007GB003014.

Zeng X D. 2010. Evaluating the dependence of vegetation on climate in an improved dynamic global vegetation model[J]. Adv Atmos Sci,**27**:977-991,DOI:10. 1007/s00376-009-9186-0.

Zhang G J,Mu M. 2005. Effects of modifications to the Zhang-McFarlane convection parameterization on the simulation of the tropical precipitation in the National Center for Atmosphere Research co mmunity climate model,version 3[J]. J Geophys Res,**110**:D09109,DOI:10. 1029/ 2004JD005617.

Zhang H,Wang Z L,Wang Z Z,et al. 2011. Simulation of direct radiative forcing of aerosols and their effects on East Asian climate using an interactive AGCM-aerosol coupled system[J]. Clim Dyn,DOI:10. 1007/s00382-011-1131-0.

Zhang J,Wu T W,Li L,et al. 2012. The impact of external forcings on climate during the past millennium:Results from transient simulation with the BCCCSM1. 1[J]. (submitted).

Zhang X,Sun S F,Xue Y K. 2007a. Development and testing of a frozen soil parameterization for cold region studies[J]. J Hydrometeorology-Special Section,**8**:DOI:10. 1175/JHM605. 1, 690-701.

Zhang X,Lin W,ZhangM. 2007b. Toward understanding the double intertropical convergence zone pathology in coupled ocean-atmosphere general circulation models[J]. J Geophys Res, **112**:D12102,DOI:10. 1029/2006JD007878.

Zhou T J,Yu R C. 2006. Twentieth-century surface air temperature over China and the Globe simulated by coupled climate models[J]. J Clim,**19**:5843-5858.

第9章 气候变化对中国的主要影响及阈值分析

主笔：王会军 李巧萍 孙建奇

9.1 气候变化阈值

9.1.1 气候变化阈值提出的原因

气候变化阈值是指当系统外部强迫（如大气中不断增加的温室气体浓度）达到某一点而触发显著的气候或环境事件。这些事件（如珊瑚普遍白化或海洋环流系统崩溃）被视为无法改变的，而且只有在很长的时间尺度上才能恢复。

《联合国气候变化框架公约》（UNFCCC）第二条指出：公约以及任何相关的法律条文的最终目的是把大气中温室气体的浓度稳定在一定水平上，以防止对气候系统产生危险的人类干扰，使生态系统有足够的时间自然地适应气候变化，确保粮食生产不受威胁和经济得到可持续发展。

气候变化导致了地球物理、生物和社会—经济系统的改变，这改变可以是有益的或有害的，并且其产生的有益和有害程度，不但决定于其影响的强度、范围、持续时间，也决定于系统本身对气候变化胁迫的敏感程度以及承受与恢复力。从适应和减缓气候变化的观点出发，关注的重点是气候变化的有害影响，即这些系统对有害影响的敏感程度和不能应对程度的问题，也就是气候变化的脆弱性。其中具有严重或不可逆后果的气候变化影响又特别受到人们的重视，这就是所谓关键脆弱性问题。因而确定气候变化阈值，首先是根据气候变化影响的综合研究确定关键脆弱性。关键脆弱性与许多气候敏感系统有关，包括粮食供应、基础设施、健康、水资源、沿岸系统、生态系统、全球地球化学循环、冰盖以及海洋和大气环流模态。关键脆弱性的判据是影响的量值、影响的时间、影响的持续性和可逆性、影响与脆弱性发生的可能性与估算的信度、适应的潜力、影响和脆弱性的分布状况、处于风险的系统的重要性。

首先，为了能够帮助决策者客观决定什么是温室气体的危险浓度水平，重点应考虑以下问题：(1)温室气体浓度的增加与某种有价值系统的过度危害及不可逆损失是否有因果关系；(2)用常规的观测和集成方法能否确定温室气体浓度与整体危害的关系。这包括：所有温室气体增加水平是否都是负影响；如果有负影响，将呈线性还是指数增强；有没有拐点；温室气体浓度与整体影响的关系是否有地区差异；大范围极端事件的发生与温室气体浓度增加的关系如何。

不同立场的价值标准是完全不同的。即便如此，依然有一些基本原则可以遵守，即所有人应有的公平的权利，要考虑后代人的需求，即可持续发展的要求。当然，科学成果可以提供确定危险水平的基础，但要通过确定一种确切的临界值的方法来定义危险水平，其合理性还难以定论。不同国家、不同地域危险水平也不同，因而，实际上很难得到所有或大多数国家赞同的阈值水平。

9.1.2 气候变化阈值研究方法

从温室气体减排的角度，即需要减排多少才能避免潜在的关键脆弱性或危险的人类干扰气候系统，这涉及减排量、时间、路径、气候敏感性与海洋与陆地的碳循环等一系列问题，因而确定阈值的问题首先是一个十分复杂的科学问题。在从科学上确定阈值之后，如何转变成减排目标与行动又涉及社会、经济、道德等一系列问题，即所谓价值判断问题。因而不论采取何种方法，阈值的确定都包括有很大的不确定性。目前有三种方法用于确定气候变化的阈值。

(1)目标法

确定避免超过危险水平预定目标的战略，也称反演法，这个方法是先从影响研究入手确定影响阈值，重点关注有害影响的程度和范围；然后，以不超过此阈值为前提向前推算因果关系的源头；最后，确定温室气体排放应该如何。所以目标法是从气候影响反推温室气体排放，即反推排放情景和浓度稳定水平。

(2)确定性与概率分析

确定性是根据不确定参数的最优猜值计算得到一个结果；而概率分析是直接考虑耦合社会—自然系统的关键不确定性，用概率分布描述一个或多个参数，最后给出的是在什么排放条件下达到阈值的可能性如何变化。

(3)优化方法与非优化方法

前者是根据预设目标确定推荐战略以使花费最小，而后者并不要求这样的目标函数。根据 Stern 的估算(IPCC,2007)，为达到最小花费，越早减排，经济成本越低，减缓效果越好。

9.1.3 气候变化阈值的研究进展和主要认识

1992 年联合国环境与发展大会通过的《联合国气候变化框架公约》并没有明确规定什么样的大气温室气体浓度或多少摄氏度的升温是"危险水平"。1995 年发布的政府间气候变化专门委员会(IPCC)第二次评估报告认为,如果全球平均温度比工业化前增加 2℃,气候变化产生严重影响的风险将显著增加。2009 年 7 月 8 日,在意大利拉奎拉召开的 G8 峰会首次达成了全球升温幅度与工业化前相比不应超过 2℃ 的政治共识。2009 年 12 月,联合国气候变化框架公约第 15 次缔约方大会通过了《哥本哈根协议》,认同了全球升温幅度与工业化前相比不应超过 2℃ 的目标。

IPCC AR4 第二工作组发布了《气候变化 2007:影响、适应和脆弱性》的评估报告,该报告在对气候变化已经产生的经济、社会和环境影响进行科学评估后,将气候变化的未来影响直接与温度升高密切联系。报告指出:若全球平均温度增幅超过 1.5～2.5℃,约有 20%～30% 的物种有可能会灭绝,伴随着大气二氧化碳浓度增加对生物多样性、淡水和食物供应等产生不利影响;若全球地表气温增暖 1～3℃,局地粮食生产潜力预计会增加,但如果超过这一范围则预计会降低,在低纬地区,特别是热带季节性干旱地区,即使局地温度有少量增加(1～2℃),农作物产量预计也会降低,这会增大饥荒风险;当海表温度升高 1～3℃,预计会导致更为频繁的珊瑚白化事件和大范围死亡。如"全球平均温度升高所产生的重要影响"图(图 9.1),这张图的重要性在于给出了在 21 世纪全球地表平均温度升高的不同程度下,预计的气候变化在五个方面对全球影响的结果。根据影响结果,随温度增加的变化可以确定温度阈值或其区间。不难看出,随着全球变暖的增加,负面影响在增加。据此可选择"温度阈值"。

IPCC AR4 关于临界阈值的主要结论主要有:平均温度增加 1～3℃,粮食生产潜力会增加,但如果超过这一范围则会降低;如果温度升高超过 2～3℃,很可能所有区域都将会减少净效益,增加净损失;如果变暖 4℃,全球平均损失可达国内生产总值(GDP)的 1%～5%。但这些结果主要来自发达国家或欧洲与北美地区的研究,对于非洲、拉丁美洲与亚洲的研究尚不足,因而上述结果包含相当的不确定性。

2012 年 11 月 18 日,在联合国多哈气候变化大会召开前夕,世界银行发布了《降低热度:为什么必须避免 4℃ 升温》报告(以下简称为世行报告),该报告基于最新的科学成果和新的分析结论,总结了 21 世纪升温 4℃ 的可能影响和风险,呼吁国际社会一定要在本世纪把全球升温幅度控制在 4℃ 以下。世行报告指出全球平均气温目前约高于工业化前水平 0.8℃,且其气候影响已经开始出现。自 1960 年以来,人类活动引起的气候变化导致热浪的频率和强度均增加;在过去十年里,极端热浪席卷全球并造成了严重的影响。世行报告预估了未来在 4℃ 升温情景下气候系统的可能变化,指出 4℃ 增暖带来的影响并不是 2℃ 增暖影响的简单翻倍,陆地上最大增暖的范围将达 4～10℃;极端高温事件的强度和频率显著增加,类似于 2010 年发生在俄罗斯的极端热浪事件很可能变成夏季一个较为常态的事件。除

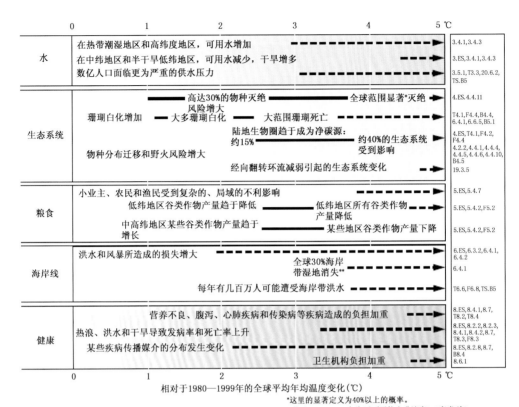

与21世纪全球平均地表温度不同升幅相关的气候变化(和海平面高度以及相关的大气二氧化碳浓度)全球预估影响示例。用黑线把各种影响联系起来。虚线箭头表示随温度不断升高所产生的影响。所有条目的排列是左侧的文字表示某个特定影响的大致起始时间。水短缺和洪水的量化条目代表气候变化的额外影响,相对于排放情景特别报告(SRES)的A1FI、A2、B1和B2情景下的预估状况。这些估值不包括对气候变化的适应。所有条目均引自本次评估报告各章节中记载的已发表的研究结果。信息出处在本表右侧一栏中给出。所有陈述均为高信度。

图 9.1　全球平均温度升高所产生的重要影响(IPCC,2007)

气候系统的增暖外,大气中二氧化碳浓度的增加将导致海洋的酸化;海洋酸化、气候变暖、过度捕捞和栖息地的破坏等对海洋生物和生态系统带来了十分不利的影响。到 2100 年 4℃的增暖将可能导致海平面上升 0.5~1 m,并将会在接下来的几个世纪内带来几米的上升。未来增加的极端事件的强度可能会对减少贫困的努力产生不利影响,这在发展中国家将特别明显,极端事件(如大规模的洪水、干旱等)可通过影响粮食生产引起营养不良、流行性疾病发病率升高。报告强调,全球气温升高 4℃并非不可避免,采取持续的政策行动和气候智能型的应对措施,气温上升仍然能够控制在 2℃以下。图 9.2 给出了不同排放情景下全球平均地面气温相对于工业革命之前平均水平的变化,可见,两种非减排情景下(SRES A1F1 情景和一个接近 SRES A1B 的参考情景)气温的预估值均在 2100 年之前超过 4℃,当前承诺减排情景下升温幅度也将超过 2℃。

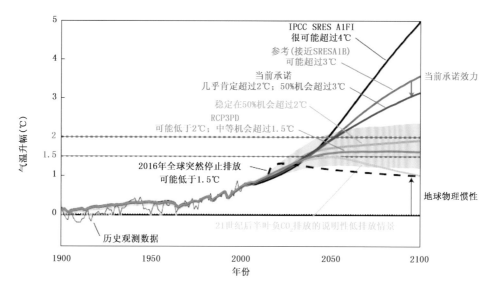

图 9.2　全球平均地面气温变化(以工业革命之前的水平为基准)

世行报告在观测事实部分基本引用了 IPCC 第四次评估报告(AR4)的评估结论,有关气候系统变化的观测事实结论也基本上与 IPCC 的评估结果一致。与 IPCC 评估报告不同的是,世行报告在介绍观测事实的基础上更多强调了气候变暖后对气候系统之外的其他系统(如经济社会系统)造成的不利影响和经济损失,着重列举了极端事件(如高温热浪)对人类生命、财产及经济的危害、高温造成的农业减产,以及全球变暖对贫困国家农业生产、经济发展和政治稳定的负面影响。在未来气候变化对不同领域的影响方面,世行报告与 IPCC AR4 气候变暖导致极端事件增加、水资源时空分布失衡等关于变化趋势、发生区域的结论基本一致,但 4℃升温影响程度更大,个别影响地区存在差异。

9.2　气候变化对中国气候平均态的主要影响

自 IPCC 第一次评估报告以来,气候模式的模拟结果为 IPCC 评估报告提供了气候变化模拟预估的科学分析依据。2007 年发布的 IPCC 第四次评估报告中,有 24 个耦合模式参与并提供了试验结果,科研人员利用全球海洋—大气环流耦合模式、中等复杂程度地球系统模式以及简化气候模式,在一系列温室气体和气溶胶排放情景下,对 21 世纪全球气候的变化情景进行了多个模式的集合预估。近两年,耦合模式比较计划第五阶段(CMIP5)中全球主要模式组已经完成模拟试验并相继公布结果,基于 CMIP5 的新一代全球气候模式的评估和预估研究也已经开始。

9.2.1　降水

　　研究表明,由于大气温室气体和气溶胶浓度的持续增加,地表气温和对流层大气温度的平均增加将会导致全球水循环的加速,从而引起全球降水发生改变。根据多模式、多情景的集合预估结果,IPCC AR4 指出,在全球变暖的背景下,全球平均降水量将会增加。然而,预估的降水变化存在着很大的空间变率和季节变率,21世纪全球高纬度地区和热带季风区、热带海洋等热带降水大值区的降水量可能会增多,特别是在热带太平洋地区;而多数副热带大陆地区的降水量可能减少(在A1B 情景下,到 2100 年会减少多达 20%)。

　　尽管当前国际上先进的全球海气耦合模式对于全球平均气候场的模拟误差已经减少,但在东亚季风区,由于其特殊的地理位置和季风降水物理过程的复杂性,大部分模式对于东亚季风区降水的模拟效果仍然不是很好,例如模式不能合理模拟出东亚夏季风主要雨带的季节北进过程,青藏高原东南侧的地形性虚假降水中心仍然存在,等等。因此,在利用模式结果进行中国区域未来气候变化预估时,全面检验模式对东亚或中国区域气候的模拟性能是非常重要的。张莉等(2008)分析了参加 IPCC AR4 的 17 个全球海气耦合模式对东亚季风区夏季降水和环流的模拟能力。结果表明:模式基本上都能够模拟出降水由东亚东南部海洋至东亚西北部中国内陆减少的空间分布特征,部分模式能够模拟出降水的部分主要模态;大部分模式基本上能够模拟出中国东部陆地降水的季节进退。但同时也存在相当的差异,这包括:多数模式普遍存在模拟降水量偏少、降水变幅偏小的缺陷;雨带的季节推进过程与观测存在一定偏差,尤其海洋上的季节进退过程模拟较差,有的模式甚至不能模拟出东亚季风区东部海洋上大致的季节进程。孙颖等(2008)使用多种观测资料和分类方法评估了 IPCC AR4 气候模式对东亚夏季风降水与环流年代际变化的模拟性能。结果表明,在评估的 19 个模式中,有 9 个模式可以较好地再现中国东部地区多年平均降水场,但仅有 3 个模式(第 1 类模式)可以较好地对东亚夏季风降水的年代际变化做出模拟。进一步的分析表明,大部分模式对东亚夏季风变化模拟能力的缺乏是因为这些模式没有抓住东亚夏季风降水变化的主要动力和热力学机制,即东亚地区在过去所出现的大范围对流层变冷和变干。

　　对于不同温室气体排放情景下未来东亚或中国区域降水变化时空特征主要基于 IPCC AR4 的多模式集合分析。姜大膀等(2004a)分析了 SRES A2 温室气体和气溶胶排放情景下中国大陆 21 世纪前 30 年的 10 年际气候变化趋势;江志红等(2008)利用 IPCC AR4 提供的 13 个气候系统模式结果分析了中国 21 世纪气候变化的趋势,结果表明,21 世纪中国气候显著变暖、变湿,北方增温幅度大于南方,降水的增加也主要集中在北方。李巧萍等(2008)采用与全球海气耦合模式(BCC_CM1.0)嵌套的区域气候模式(BCC_RegCM),对 SRES A2 情景下中国 2001—

2030 的气候变化趋势进行了预估,结果认为中国区域年平均降水在北部地区呈现增加的趋势,且北方地区降水增加主要以对流性降水增加为主,南部地区有所减少,降水距平代表的夏季降水增加区域转到华北地区,东北南部及西北地区降水也表现为不同程度的增加,但长江以南地区降水减少较为明显。孙颖等(2009)利用 IPCC AR4 多模式集合结果对 SRES A1B 情景下的东亚夏季降水和季风环流未来演变特征进行了预测。结果表明,东亚地区的降水在未来将会增加,在 21 世纪 40 年代末出现阶段性变化,中国东部地区进入全面的多雨期。图 9.3 给出了整个中国东部和三个关键区——华南、长江中下游地区和华北地区 2010—2099 年多模式集合的降水百分率变化情况。可见,这些地区的未来降水将会增加,而一个比较明显的特征是,在 21 世纪 40 年代末,中国东部的夏季降水有一个明显的变化,从之前降水增加较少(增加约 1%)的时期进入到一个降水量全面增加(增加约 9%)的时期,这种明显的变化在整个东部和三个地区的时间演变中都能看到,以华北地区最为明显,华南地区次之,长江中下游地区在 2075 年前后有一次较大的波动,但以 21 世纪 40 年代末的这次变化最为明显。这说明,多模式集合的结果显示,未来

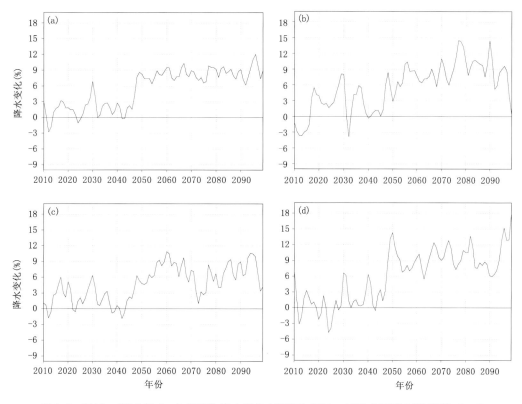

图 9.3 2010—2099 年 6—8 月平均降水变化(相对于 1980—1999 年平均)(孙颖等,2009)

(a)中国东部地区;(b)华南地区;(c)长江中下游地区;(d)华北地区

100 年中国东部地区的降水将增加,但这种增加存在着阶段性变化,即在 21 世纪 40 年代末之前中国东部的降水只是小幅增加,并存在着较大的波动,而之后中国东部地区进入一个全面多雨区,从华南到华北的地区相对于当前气候平均都是多雨的。

孙颖等(2009)利用滑动 t 检验(通过 0.05 显著性检验)分析了 19 个模式对于华北、长江中下游地区和华南地区降水的突变时间。结果发现,在华南地区,19 个模式中有 10 个模式出现了降水的突然增加,有 6 个模式的突变点出现在 2040—2060 年间;长江流域的情况类似,10 个模式降水有突然增加,6 个模式的突变点在 2040—2060 年间;华北地区有 9 个模式出现突然增加,7 个模式的突变点出现在 2040—2060 年间。而对整个中国东部地区平均而言,19 个模式中有 13 个模式出现降水突增,11 个模式突变点出现在 2040—2060 年间。采用 Mann-Kendall 方法对这些序列也进行了检验(表略),虽然由于不同统计方法各自的局限性,采用滑动 t 检验和 Mann-Kendall 两种方法对序列是否存在突变的检验和突变时间上都有一些区别,但总的特征是,基本都有约半数的模式在 21 世纪 40 年代末期出现了这种降水的突然变化,尤其对东亚地区的平均降水而言。如 Mann-Kendall 方法对整个东亚地区平均降水的检验表明,19 个模式中有 15 个模式出现降水突增,12 个模式突变点出现在 2040—2060 年间。

对夏季风环流的分析表明,南亚夏季风环流将要减弱,东亚夏季风环流将要加强。虽然一些东亚夏季风指数在分析未来东亚季风变化方面没有较好的代表性,但对高低层季风环流变化的研究表明,中国东部地区低层的西南夏季风气流和高层的东北风气流将会加强,并随着时间的增加强度加大。在低层,这主要是由于西太平洋—南海的反气旋环流北侧的西南风加强所引起,而在高层,则主要是由于南亚上空异常反气旋东侧东北气流加强的结果。同时,与降水的变化相对应,季风环流在 21 世纪 40 年代末有一个阶段性的变化,在此之后全面增加,使得盛行在中国东部的夏季风达到一个较强的强度(孙颖等,2009)。

Chen 等(2009)通过分析 IPCC AR4 的模式对于 20 世纪模式气候态(1980—1999 年)与观测资料的比较分析,选取了三个"最优"模式(分别为澳大利亚的 CSIEO_MK3.5 模式、日本的 MIROC3.2_medres 模式和英国的 UKMO_HadCM3 模式),认为这三个模式能够很好地再现 20 世纪中国夏季降水的空间分布形态。在此基础上,用这三个模式的集合结果对 SRES A1B 情景下 21 世纪中国降水变化进行了预测。研究结果认为,相对于模式气候场,21 世纪初期(2010—2029 年)黄河流域夏季降水将有所增加,中国的"北旱"现象将得到缓解,这主要是由于副热带高压的增强北移使得水汽输送向北输送增强,这与李巧萍等(2008)、孙颖等(2009)的结果相一致。中国南方地区特别是长江流域地区降水却有所减少,云南省降水减少率达 0.6 mm/d。21 世纪中期(2040—2059 年),中国西北地区夏季降水持续

减少且干旱面积将有所扩大,华南地区降水将增加,长江下游地区降水仍将减少,
华北、东北地区降水增加仍比较明显。21 世纪后期(2080—2099 年),降水减少的
区域仍集中的长江下游地区,干旱面积将继续扩大,同时,西北地区特别是新疆西
部地区的干旱趋势也在继续,所幸干旱面积有所减小(图略)。可以看到,该结果与
孙颖等(2009)对于未来三个时段降水变化的空间特征在大部分区域相一致,但对
于西北地区等地,两者的结果还存在一定的差异。基于这三个模式结果,图 9.4 给
出了华北、东北、华南、新疆及长江流域五个区域平均的夏季降水变化趋势(Chen
et al.,2009),可见,21 世纪东北、华北、华南地区夏季降水总体上呈增加趋势,到
21 世纪末,华北地区降水增加率可达 16.3%,东北地区次之(约 13.7%),华南地区
增加幅度最小(8.3%)。新疆地区夏季降水将略有减少,减少幅度约为 3.6%,长
江流域夏季降水也呈减少趋势。李博等(2010)对参加 IPCC AR4 的 22 个模式结
果分析也指出,在 A1B 情景下,全国年平均降水量显著增加,夏季降水在除塔里木
盆地西部等个别地区外,都表现为一致的增加趋势,而冬季青藏高原南部和华南部
分地区降水减少,其他地区降水则增多。

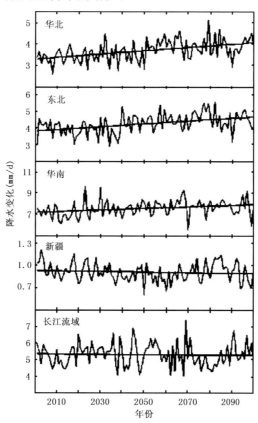

图 9.4　2001—2100 年 SRES A1B 情景下中国分区域夏季降水变化趋势(Chen et al.,2009)

但是需要指出的是,模式对东亚季风区降水的模拟能力还是比较有限的,即便是选出的最优模式对中国五个分区域 21 世纪夏季降水的模拟并不能完全很好再现各区域夏季降水的线性变化趋势(孙颖等,2008)。特别是由于模式分辨率及新疆地区的复杂地形,模式对于该区降水的预测具有较大的不确定性。模式对于长江流域地区夏季降水的模拟能力也有待于进一步提高。

9.2.2　温度

根据 IPCC 第四次评估报告的结论,在一系列 SRES 排放情景下,预估的未来全球 20 年增暖为每 10 年 0.2℃。即使温室气体浓度稳定在 2000 年水平,每 10 年也将进一步增暖 0.1℃。到 21 世纪末全球平均地表气温可能升高 1.1~6.4℃(6 种 SRES 情景,与 1980—1999 年相比)。不同排放情景对应的升温幅度差别较大,如对于低排放情景(B1),最佳估算值为 1.8℃(可能性范围 1.1~2.9℃),对于高排放情景(A1FI),最佳估算值为 4.0℃(可能性范围 2.4~6.4℃)。

对于参加 IPCC AR4 的众多模式对中国地面气温的模拟能力也有较多的检验评估,认为大部分模式对温度的模拟能力优于降水,能够较好地模拟出中国平均地面气温的空间分布特征。姜大膀等(2009)计算了 IPCC AR4 17 个模式模拟的东亚地区地面气温与 CRU 观测资料之间的空间相关系数在 0.948~0.992 之间,可见,模式对地面气温的模拟能力较好,不足的是模式仍未解决在模拟中国区域年平均地表气温的冷偏差问题(Jiang et al.,2005;Zhou et al.,2006;许崇海等,2007)。

与未来中国降水变化特征相比,21 世纪中国区域地面气温的变化表现为一致性的升高。姜大膀等(2009)通过对 IPCC AR4 17 个气候模式在三种排放情景(SRES B1、A1B 和 A2)下集合预估的中国区域年平均地表气温的变化分析表明,相对于 1990—1999 年基准气候,中国年平均地表气温持续上升,B1 低排放情景下增温速度相对较慢,21 世纪前期年平均地表气温的变暖幅度在 A1B 和 A2 情景之间差别不大;在 2028—2067 年,A1B 情景下的增温速度要略大于 A2 情景,三种排放情景下至 2099 年平均增温范围为 2.5~4.9℃,高于全球平均。冬季升温明显高于其他季节,未来年较差将逐渐减小。21 世纪前期,变暖预估受不同排放情景假设或不同模式的敏感性的影响较小,不同排放情景和不同模式之间的预估结果一致,中国大陆增温范围为 0.88~0.92℃,但从 21 世纪中期以后这种差异逐渐增大,21 世纪后期增暖范围为 2.44~4.28℃。中国大陆平均升温值在 21 世纪 50 年代前后达到 2℃,随后,A1B 及 A2 情景下中国大陆气温快速升高,在 21 世纪 60 年代末达到或超过 3℃,但区域差异明显,升温值达 2℃ 的时间由北至南在不同排放情景下相差 10~30 年,东北、西北地区将成为未来受气温升高影响最为敏感的地区。江志红等(2008)利用 IPCC AR4 提供的 13 个气候系统模式结果分析了不同排放情景下中国区域 21 世纪气候变化,对于未来气温季节变化趋势特征的分析结果与姜大膀等(2009)的结论一致,研究还指出,不同情景下气温线性趋势的分布型相似,都呈现出由南至北逐渐增大的特点。A2 情景增加趋势最大,B1 情景最小,图 9.5 给出 SRES A1B 排放情景下集合模式预估中国 21 世纪气温线性趋势空间分布,可见,东北、西北地区增温趋势较大,长江及其以南地区较小。

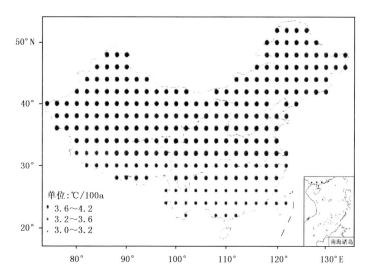

图 9.5　SRES A1B 排放情景下集合模式预估中国 21 世纪
气温线性趋势空间分布(江志红等,2008)

闫冠华等(2011)利用 IPCC AR4 提供的多模式气候模式在 B1、A1B、A2 三种排放情景下的预测结果集合分析表明,未来中国大陆的气温变化有着明显的时间和空间差异。从十年平均的东亚地区年平均地面气温的空间变化图可见(图 9.6 仅给出三种排放情景下 21 世纪 40 年代气温空间变化),三种排放情景下地面气温距平场等值线呈经向分布,高纬度地区增温幅度明显高于低纬度地区,这一特征与 IPCC AR4 的结论一致。21 世纪前期(20 年代)不同情景之间升温值差别较小,黄河流域升温范围约 1.0~1.2℃,长江流域地区约为 0.8~1.0℃,华南地区略低,青藏高原地区升温较显著,新疆天山以北地区升温幅度高达 1.3℃。不同季节之间温度变化存在较明显差异(图略),冬季三种情景下较普遍的特征是,除黄河以南地区温度变化与年平均一致外,东北地区、华北北部地区升温幅度较年平均偏高,东北地区最高升温值可达 1.8℃;西部地区较年平均偏低,但夏季则表现为西部地区升温较为明显。21 世纪 40 年代三种排放情景下中国大陆地面气温增值普遍在 1℃以上,高、低纬度地区之间升温差异可高达 1℃,显著升温区主要位于东北、西北、西南地区,且不同情景下升温差异较大,B1 情景下升温幅度最小,A1B 和 A2 情景下升温幅度明显增大,高、低排放情景下黄河以北的大部分地区升温幅度达到

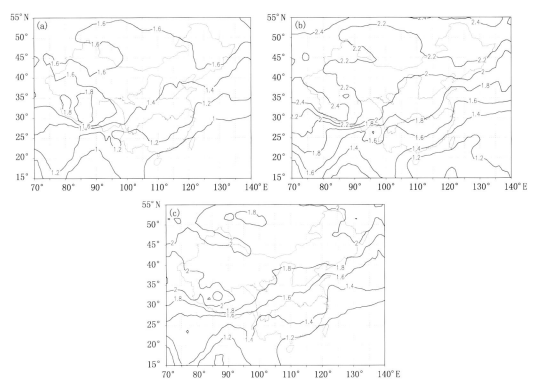

图 9.6　21 世纪 40 年代年平均地面气温变化(相对于 1980—1999 年,单位:℃)(闫冠华等,2011)
(a)B1 情景;(b)A1B 情景;(c)A2 情景

2℃。冬季在 A1B 和 A2 情景下黄河流域及其以北地区升温值均达到 2℃以上,东北地区最高值可达 2.8℃。夏季升温最明显的地区仍位于青藏高原西北部及新疆地区,最高升温值可达 2.4℃。

　　三种排放情景下,中国平均地表增暖幅度均高于 IPCC AR4 给出的最佳估算值。对中国大陆的分析结果与 IPCC AR4 给出的全球结果中一致性的特点是,21世纪前期,变暖预估受不同排放情景假设或不同模式的敏感性的影响较小,三种排放情景之间的升温幅度相差较小,全球平均增温范围在 0.64～0.69℃,中国为 0.88～0.92℃;但是到 21 世纪中、后期,不同排放情景下各区域升温差异逐渐明显,如 2088—2099 年全球增温范围为 1.79～3.13℃,中国为 2.44～4.28℃,A2 高排放情景下气温变化对二氧化碳浓度增加的响应更加显著。由此可见,中国未来不同时期的升温幅度均高于全球平均。中国大陆气温变化特征存在较大区域差异,至 2099 年,在 B1、A1B 和 A2 这三种排放情景下,各区域平均的温度增幅分别为:东北地区 2.68～5.26℃,华北地区 2.46～4.65℃,长江中下游地区 2.23～4.10℃,华南地区 2.03～3.68℃,西北地区 2.7～5.10℃,西南地区为 2.56～4.67℃。可见,东北、西北地区较其他区域相比,未来面临地面气温大幅度增加带来的压力更大,可能成为气候变化影响更加脆弱的地区。以往的研究也对西北地区未来气候变化较为关注(徐影等,2003a,2003b),这些研究结果均揭示了未来西北地区显著的增温趋势,尽管研究中也指出未来西北地区降水量可能增加,但在较大幅度的增温背景下未来该区仍可能面临干旱的威胁。

近两年来,耦合模式比较计划第五阶段(CMIP5)中全球主要模式组已经完成模拟试验并相继公布结果,基于 CMIP5 的新一代全球气候模式的评估和预估研究已经开始。冯婧(2012)对 CMIP5 的 5 个全球模式模拟和预估的集合平均结果分析表明,在 RCP8.5 和 RCP4.5 两种排放情景下,2006—2099 年,区域平均气温的增加趋势分别为 0.54℃/10a 和 0.25℃/10a;高排放情景下的增温趋势比中等排放情景下高 0.3℃/10a;到 2099 年,两种排放情景下中国区域平均气温比 1986—2005 年的均值分别增加 6.9℃和 9.9℃;在 RCP8.5 情景下,青藏高原地区的升温速率大于同纬度中东部地区,西部地区大于东部地区。

21 世纪中国区域极端气温也将发生显著变化,姚遥等(2012)利用 8 个 CMIP5 模式结果,采用加权平均方法进行多模式集合,对未来极端气温进行了预估分析,结果表明在 RCP4.5 情景下,我国在 21 世纪各极端气候指数呈冷指标减小、暖指标增大的趋势,且在 21 世纪初变化趋势明显,至 21 世纪末趋势减缓,这同 IPCC AR4 模式所得结果类似。空间上看,我国各地区模拟的极端气候指数与观测结果保持一致增加或减少的趋势,但变化程度不一。我国 20 年一遇最高、最低气温在 RCP4.5 情景下都有可能明显地升高,至 21 世纪末,局部增幅可能达到 4℃。未来极暖天气可能增多、增强,而极冷天气可能减少、减弱。

9.2.3　积雪

积雪作为地球冰雪圈的重要组成部分,对地球气候起着十分重要的调节作用。一方面,积雪的高反照率对地表辐射收支有着重要影响,并形成所谓的积雪—反照率反馈;另一方面,积雪融化会影响局地水分平衡和水循环,进而对大气环流产生影响。

随着全球变暖,积雪已经发生了明显的变化。IPCC 第四次评估报告(IPCC,2007)指出,全球大部分地区的积雪面积已经出现了减少,特别是在春季和夏季。基于 1966—2005 年的卫星观测分析表明,北半球积雪面积在除 11 月和 12 月外的所有月份都呈现下降趋势。但在中国西部,积雪面积在 1951—1997 年期间呈现弱的增加趋势,尤其是在气候变暖最为明显的 20 世纪 80 和 90 年代积雪面积并未出现不断减少(Qin et al.,2006)。这与台站观测结果较为一致。青藏高原积雪从 20 世纪 60 年代到 80 年代末呈现明显的增加趋势,但在 90 年代后又表现出减少趋势(韦志刚等,2002;You et al.,2011)。而在年代际尺度上,青藏高原积雪在 1977 年前后也经历了一次突然的增加过程(Ding et al.,2009)。

　　汪方等(2011)首先考察了气候模式对东亚地区积雪气候特征的模拟性能,用到的模式结果来源于 WCRP CMIP3 多模式数据集,在 23 个全球耦合模式中选取了 SRES A2、A1B 和 B1 排放情景下均有完整积雪输出的 8 个模式结果。与 NOAA 观测结果比较发现,多模式集合基本能够模拟出东亚地区积雪面积的主要空间分布特征,夏季积雪位于高原,而秋、冬、春季扩展到整个东亚大陆北部地区。但与 NOAA 资料对比,还存在明显的模拟偏差,尤其是夏季青藏高原周边从帕米尔高原到喜马拉雅山一线和念青唐古拉山东段多雪及高原腹地少雪的空间分布特征,不仅没有模拟好,甚至还有相反的趋势,这可能与复杂地形和下垫面特征以及较低的模式分辨率有关。此外,冬、春季在东亚大陆北部地区积雪面积模拟的偏少,尽管对未来积雪变化趋势预估时是相对于模式气候场而言,这样会在一定程度消除部分系统性误差,但模式对积雪模拟能力的局限性可能会造成模式对积雪面积趋势进行预估的不确定性。

　　利用 WCRP CMIP3 气候模式输出结果对 SRES A2、A1B 和 B1 排放情景下东亚地区积雪面积的未来变化趋势进行的多模式集合预测表明(汪方等,2011),未来东亚地区积雪面积将呈现减少趋势,尤其是在青藏高原($27.5°\sim40°N$,$70°\sim105°E$)和东亚大陆北部($40°\sim60°N$,$70°\sim140°E$)两个关键积雪区域,未来(2010—2099 年)积雪面积预测在所有季节都将呈现显著的下降趋势(图 9.7)。在 SRES A2 情景下,青藏高原上春、夏、秋、冬四个季节的线性趋势分别为 $-1.42\%/10a$、$-0.42\%/10a$、$-0.90\%/10a$ 和 $-1.16\%/10a$;对于 A1B 情景,线性趋势分别为 $-1.06\%/10a$、$-0.39\%/10a$、$-0.69\%/10a$ 和 $-0.82\%/10a$;对于 B1 情景,线性趋势分别为 $-0.62\%/10a$、$-0.26\%/10a$、$-0.44\%/10a$ 和 $-0.50\%/10a$。而在东亚大陆北部,SRES A2 情景下,春、秋、冬三个季节(东亚大陆北部夏季几乎没有积雪存在,此处不予考虑)的线性趋势分别为 $-1.17\%/10a$、$-0.93\%/10a$ 和 $-0.51\%/10a$;对于 A1B 情景,线性趋势分别为 $-0.86\%/10a$、$-0.70\%/10a$ 和 $-0.41\%/10a$;对于 B1 情景,线性趋势分别为 $-0.40\%/10a$、$-0.39\%/10a$ 和 $-0.20\%/10a$(以上趋势均通过 0.01 显著性检验)。总的说来,在同一种排放情景下,春季的减小趋势最大,冬季次之,秋季再次之,夏季最小;而不同区域之间比较,冬、春季青藏高原积雪面积变化趋势要明显大于东亚大陆北部,秋季二者差异不大;对不同排放情景而言,SRES A2 情景减小趋势最大,A1B 情景次之,B1 情景最小。

　　比较不同模式的预测结果(图 9.8),绝大多数模式在预测东亚未来积雪面积减小趋势上表现出了较好的一致性,模式间差异较小。但需要指出的是,由于当前气候模式在模拟积雪过程上仍然存在较大的差距,尤其在地形和下垫面复杂的高原积雪面积的模拟以及积雪面积的年际变化模拟上还存在明显的差距。加之模式性能本身的限制以及未来排放情景的不确定性,这里给出的未来积雪面积预测结果仅代表当前气候模式对未来积雪面积变化的模拟水平。

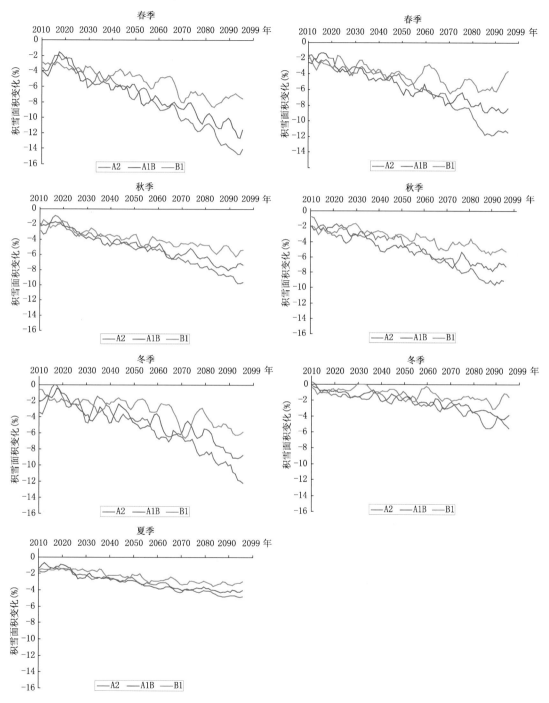

图 9.7　不同排放情景下多模式集合的青藏高原（左列）和东亚大陆北部（右列）
2010—2099 年积雪面积变化（相对于 1961—2000 年平均）（汪方等，2011）

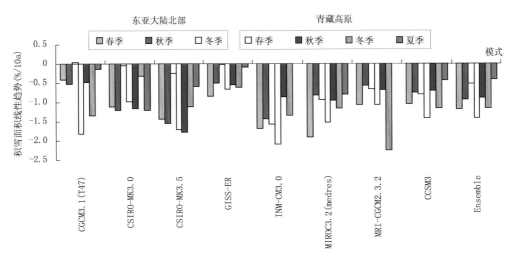

图 9.8　SRES A2 情景下不同气候模式模拟的 2010—2099 年积雪面积线性趋势(汪方等,2011)

马丽娟等(2011)利用CMIP3中 10 个模式产品进行多模式集合,分析了 A2 和 B1 情景下 2002—2060 年欧亚大陆雪水当量的变化。结果表明:欧亚大陆整体的雪水当量在未来 50 年呈现一致的减少趋势。空间上,除了欧亚大陆东北部存在显著正趋势外,其余地区均为显著负趋势。季节上,雪水当量在夏季减少的比率最大,量值上减少最大的是在春季。未来 50 年欧亚大陆冬、春季雪水当量呈现东增西减且青藏高原明显减少的特征,这将有利于我国东部夏季雨带的北抬。雪水当量在 A2 情景下的减小范围和速率都要大于 B1 情景,表明较高的温室气体排放将从时间和空间上加快雪水当量的减少,不利于积雪的维持,控制温室气体排放对于未来欧亚大陆积雪的生存至关重要。

9.2.4　其他方面的影响

气候变化的影响还体现在诸多方面,如对海平面上升、农业和自然生态系统等方面的影响。在年代际和更长时间尺度上,全球平均的海平面变化由两个主要过程导致,联系最紧密的就是最近的气候变化,它改变了全球海洋水体的体积:(1)热膨胀;(2)海洋和其他固体水库(冰川、冰盖、冰架,其他陆地水库——包括由人为影响而产生的陆地水循环的变化,以及大气)之间的水交换。所有这些过程引起了地理分布不均匀的海平面变化和全球平均海平面的变化;一些海洋因子(如海洋环流或气压的变化)对区域尺度的海平面也有一定的影响,但是由此引起的海平面变化对全球平均的贡献是可以忽略的。陆地的垂直运动,比如由于冰川均衡调整、构造学、沉降,影响局地的海平面测量,但是并不会改变海水体积;然而,他们通过改变形状并因此改变海盆的蓄水体积对全球平均的海平面产生影响。

根据目前的研究结果(IPCC,2007),海洋的增暖已经延伸到至少 3000 m 的深度,这一增暖引起海水膨胀,有助于海平面上升;同时,南北半球的山地冰川和积雪总体上都已退缩,冰川和冰帽的减少也有助于海平面的上升。在过去的四十多年(1961—2003 年)间,全球平均海平面上升的速率为 1.88 mm/a,1993—2003 年期间该速率有所增加,约为 3.1 mm/a。气候模式预估的结果显示,相对 1980—1999 年平均,6 个 SRES 情景下 21 世纪末期全球平均海平面上升的幅度在 0.18～0.59 m 范围内。然而,由于海水密度的差异和环流的变化,气候变化背景下全球海平面的变化并不一致。世界银行报告也指出,即使全球增暖限制在 2℃ 以内,由于气候系统的惯性,全球平均海平面仍将继续上升,到 2300 年海平面上升范围将在 1.5～4 m 之间;只有当增温限制在 1.5℃ 以下时,海平面上升值才可能被限制于 2 m 以下。不同的国家和地区对海平面上升影响的脆弱性不同,高脆弱性城市分布在莫桑比克、马达加斯加、墨西哥、委内瑞拉、印度、孟加拉国、印度尼西亚、菲律宾和越南。中国拥有 18000 km 的大陆海岸线和 14000 km 的岛屿海岸线,海岸带总面积约 28.6 万 km²,沿海 12 个省(区、市)的面积约占全国总面积的 15%。海平面上升会对沿海地区的资源、生态环境产生直接巨大影响,给沿海地区的社会经济带来巨大损失。全球变暖背景下,中国周边海区的海平面已有所上升,中国沿海长期验潮站海平面资料的分析结果表明,20 世纪 60—90 年代,中国沿海海平面以平均每年 2.1～2.3 mm 的速率上升,而到 2000 年,中国沿海海平面以每年 2.5 mm 的速率上升,略大于全球海平面的上升速度。如果引起海平面上升的各种原因按照现在的趋势发展下去,预期到 2050 年我国沿海部分地区海平面的上升幅度为:珠江三角洲 40～60 cm;上海 50～70 cm,沿黄浦江市区两岸可能有所增加;天津地区为 70～100 cm,塘沽、汉沽等地区可能还要大些(路军强等,2008)。SRESA1B 情景下 16 个模式平均的预估结果显示,21 世纪末期(2080—2099 年)由于海水密度和循环变化导致的中国近海局地海平面将有所上升。2011 年发布的第二次《气候变化国家评估报告》预测,未来 30 年中国沿海海平面将继续上升,全海域 2030 年比 2009 年上升 80～130 mm,同时存在显著的区域差异,其中天津、上海、广东沿海海平面的涨幅最大。

　　气候变化对冰川和冻土的影响也非常显著。北极海冰、淡水冰、冰架、格陵兰冰盖、山地冰川和南极半岛冰川及冰盖、积雪和多年冻土层正在加速融化,热带的安第斯山地区以及阿尔卑斯山地区冰川融化加快。作为中国淡水资源的调节器,冰川在中国水资源的开发利用中占有很重要的位置。1951—2009 年间,中国陆地表面平均温度上升了 1.38℃,而温度上升则导致中国大部分冰川面积自 20 世纪 50 年代以来缩小了 10% 以上(《第二次气候变化国家评估报告》编写委员会,2011)。在近 30 年,青藏高原冰川的面积减少了 4420 km²,年减少率 147 km²。1961—2001 年西藏温度升高近 3℃,1982 年 14 号冰川还连为一体,到 2006 年冰川已经断开。施雅风等(2000)在系统分析我国冰川与气温变化的关系后,指出我国冰川的融化速度平均约为 $-15\%/℃$(即气温每上升 1℃,冰川融化 15%)。根据小冰期以来冰川退缩规律和未来夏季气温和降水量变化的预测结果,到 2050 年西部平均冰川面积将比现代冰川面积减少 27.2%,其中海洋性冰川减少最显著,为 52.5%;亚大陆型冰川次之,为 24.4%;极大陆型冰川最少,为 13.8%;冰川平衡线高度将分别上升 238 mm、168 mm 和 138 mm。这意味着中国西部极高山地区冰储量将大幅度减少,冰川融水对河川径流季节调节能力将大大丧失(王绍令等,1999)。

气候变化对森林、草原、山区与高原生态系统的影响也很显著,已观测到的有:中国东部亚热带、温带北界普遍北移,物候期提前;祁连山森林面积减少 16.5%,林带下限上升 400 m,覆盖度减少 10%;四川草原产量和质量都有所下降;西南湿地面积减少,功能下降。中国的沼泽、湖泊、滩涂和盐沼地等天然湿地有 2500 万 hm^2,人工湿地 3800 万 hm^2,以稻田和池塘为主。气候变化将通过降水和温度的改变而影响内陆湿地的功能,沿海湿地的功能主要受海平面上升的影响。气候区域暖干将导致三江平原湿地资源减少、抗干扰能力减弱、生物多样性减少、濒危物种增加、自然退化快、结构简单,大面积沼泽湿地演变为草甸湿地(秦伯强,1993)。气候变暖将使湖泊水位下降,新疆乌伦古湖在气温升高 4℃、年均降水量下降 20% 时,水位下降 349 mm(刘世荣等,1998)。未来气候变化将使内陆湖泊加速萎缩(周广胜等,1996)。海平面上升将使长江三角洲附近的湿地面积减少和质量下降,导致潮滩地淹没和侵蚀,使一部分潮间带转化为潮下带。

综上所述,全球变暖对我国存在一定的影响,尤其是很可能发生冰川融化、海平面上升、生态系统恶化等负面影响。但是需要指出的是,对于未来气候变化的预估结果主要是基于模式结果得到的。近几十年来,气候模式得到了快速的发展,包含了更多气候系统的物理和地球生物化学过程,模式的完备性和分辨率得到大幅提高,但气候模式的模拟能力仍存在很大的不确定性。IPCC AR4 中采用了国际上最先进的气候模式,但从目前的分析仍可以看到,不同情景、不同模式之间的预估结果仍有较大差异,特别是从 21 世纪中、后期,这种差异更加明显。未来气候变化预估的不确定性问题极其复杂,主要包括来自模式的不确定性(如气候模式对云反馈、海洋热吸收、碳循环反馈等过程的描述差别及模式模拟性能导致的不确定性)以及来自未来温室气体排放情景的不确定性(如对化石燃料排放、固定源排放、流动源排放等温室气体排放量估算的不确定性,以及对与温室气体相关的各种政策影响、未来人口增长、经济增长、技术进步、新型能源开发及管理结构变化等影响估算的不确定性),由此可见,预估问题中不确定性的研究仍需要进一步加强。另外,由于全球气候模式的空间分辨率还普遍较低,针对中国区域气候的分析还需要考虑使用各种降尺度方法得到更加详细的区域特征。

目前,国际上正在开展第五次耦合模式比较计划(CMIP5),相比于前一次的比较计划,有更多的全球气候系统模式参加,其中我国有 4 个模式参加。气候系统模式的综合比较将会大大改进未来气候变化的预测结果。

9.3　气候变化对中国极端气候的主要影响

我国处于东亚季风区,受季风活动影响显著,气候变率大,与之相联系的极端气候事件出现的概率也大。我国与降水相关的极端气候事件主要包括暴雨、干旱和洪涝、暴雪、台风等,与温度相关的主要有高温热浪、低温冷害等事件(Wang et al.,2012)。这些极端事件的频发给人们的生活、生产以及生命财产安全都构成了极大的威胁,如 2009—2010 年西南地区连续干旱事件、2010 年舟曲泥石流等。极端天气气候事件造成的经济损失能占到国民生产总值的 1%～3%,严重阻碍了社会经济的发展。因此,在全球变暖背景下,这些极端气候事件如何变化以及它们对我国的影响如何,都成为政府部门和人民群众普遍关注的焦点。

9.3.1　暴雨

研究表明,在全球变暖背景下,极端降水事件的变化比平均降水要明显得多。从 20 世纪 70 年代末开始,我国东部除了华北地区外,暴雨等极端降水事件表现出日数增多、强度增强的趋势,尤其在华南、江南等地区(Zhai et al.,1999;Feng et al.,2007)。对于华北地区,虽然暴雨频率有所减少,但暴雨持续时间在延长(Han et al.,2003)。长江流域极端降水事件发生频率也在显著增加,强度增强(苏布达等,2006),而且长江上游极端降水事件峰值提前到了与下游地区出现的时间几乎同步,使得长江流域发生洪涝的概率明显增加(闵屾等,2008)。在过去几十年里,我国由于暴雨等极端降水事件增加所造成的经济损失平均上升了近 10 倍。

那么在全球持续变暖背景下,暴雨等极端降水事件发生的频率、强度等将会如何变化是一个值得关注的问题。下面利用 IPCC AR4 耦合模式逐日降水资料分析了我国未来暴雨变化特征。

首先,评估 IPCC AR4 耦合气候模式对我国暴雨变化现状的模拟能力。结果表明耦合模式能够较好地模拟观测暴雨频率的空间变化特征,但对暴雨频率长期变化趋势的再现能力较弱。其中只有 5 个耦合模式对观测暴雨频率的空间分布和长期变化趋势特征都具有较好的模拟能力,它们分别是 BCCR-BCM2.0,CGCM3.1-t47,CSIRO-MK3.5,GFDL-CM2.1,和 MRI-CGCM2.3.2。图 9.9 给出了这 5 个耦合模式集合的 1980—1999 年我国东部地区暴雨频率的空间分布以及观测的结果。可以看到,多模式集合结果可以很好地再现我国暴雨频率的空间分布特征,虽然低估了大多数高频中心暴雨的发生次数,但它与观测的空间相关系数达到了 0.68。而且这 5 个耦合模式的集合结果也能够较好地再现暴雨频率的长期趋势变化,与观测的空间相关系数达到了 0.54(图 9.10)。可见,这 5 个耦合模式对我国暴雨事件的模拟还是相当合理的。因此,接下来的分析主要基于这 5 个耦合模式的集合结果。

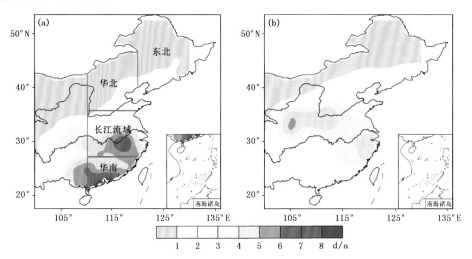

图 9.9　1980—1999 年我国东部地区暴雨频率的气候态分布(Chen et al.,2012)
(a)观测;(b)5 个耦合模式的集合结果

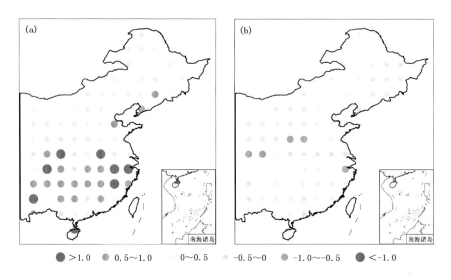

图 9.10　1980—1999 年我国东部地区暴雨频率的趋势变化(单位:d/10a)(Chen et al.,2012)
(a)观测;(b)5 个耦合模式的集合结果

图 9.11 给出了 A1B 情景下这 5 个耦合模式集合的 2081—2100 年我国东部地区暴雨频率、强度和暴雨贡献率相对 1980—1999 年的变化。可以看到,到了 21

世纪末,我国东部地区暴雨发生频次相对 20 世纪末整体呈增加趋势,南方地区增加多,而北方地区相对要少(图 9.11a)。但模式集合结果在青藏高原东侧地区出现了一个虚假的高频中心,这是由于耦合模式对复杂地形处理过于粗糙而造成的模式系统偏差所致。同样,在 A2 和 B1 排放情景下也有相似的变化特征,但在 A2 情景下增加幅度大,而 B1 情景下相对要小一些。到了 21 世纪末,在 A1B 情景下,我国华南地区暴雨事件将显著增加,相对 1980—1999 年增加了 48.2%,在 A2 情景下相对增加了 50.2%,而 B1 情景下相对增加了 35.9%。长江下游、华北和东北地区也显著增加,在三种情景下将分别增加 30.9%~56.6%、25.8%~64.4% 和14.4%~64.4%(表 9.1)。

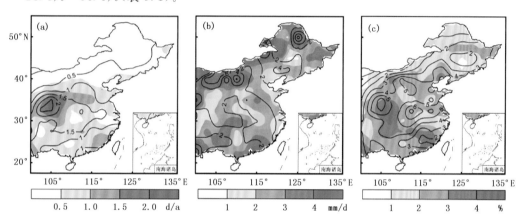

图 9.11　IPCC A1B 情景下 5 个耦合模式集合的 2081—2100 年我国暴雨事件相对 1980—1999 年的变化(阴影区为 5 个耦合模式的标准差,以表示模式间的不确定性)(Chen et al.,2012)
(a)暴雨频率;(b)暴雨强度;(c)暴雨贡献率

表 9.1　在 IPCC 不同排放情景下,5 个耦合模式集合的 2081—2100 年我国不同区域暴雨频率、强度和暴雨贡献率相对 1980—1999 年的变化(Chen et al.,2012)

区域	暴雨频率 (d/a)			暴雨强度 (mm/d)			暴雨贡献率 (%)		
	A2	A1B	B1	A2	A1B	B1	A2	A1B	B1
东北地区	64.4	26.7	14.4	11.5	8.5	4.5	2.4	0.9	0.3
华北地区	64.4	41.6	25.8	18.1	10.5	12.4	4.5	2.6	1.6
长江流域	56.6	45.1	30.9	5.7	3.8	1.0	5.4	3.7	2.3
华南地区	50.2	48.2	35.9	6.3	4.5	2.8	3.8	3.1	1.8

　　在暴雨频次增加的同时,我国东部地区暴雨强度也表现出了显著增强的趋势,但具有更明显的区域特征(图 9.11b)。我国北方地区暴雨强度增加明显,但频次增加幅度较小,因此,北方地区暴雨贡献率的增加主要是由于暴雨强度增强作用的

结果(图 9.11c)。而在南方地区,虽然暴雨强度的增加幅度比北方地区要小一些,但仍然是显著增加的,大部分地区暴雨强度增加幅度超过了 2.0 mm/d。同时,暴雨贡献率也是显著增加的,大部分地区增加幅度超过了 3%。因此,该区域内暴雨贡献率的增加主要是由于暴雨频率和强度共同作用的结果。在温室气体不同排放情景下,暴雨强度和贡献率都表现出了一致增加的特征。其结果一致表明,在气候变暖背景下,我国东部地区,特别是北方地区,降水更趋极端化。在 A1B、A2 和 B1 情景下,东北地区暴雨强度分别增加了 8.5 mm/d、11.5 mm/d 和 4.5 mm/d,暴雨贡献率分别增加了 0.9%、2.4% 和 0.3%。华北、长江中下游和华南地区暴雨强度也显著增加,到 21 世纪末,相对 1980—1999 年分别增加了 10.5~18.1 mm/d、1.0~5.7 mm/d 和 2.8~6.3 mm/d;暴雨贡献率分别增加了 1.6%~4.5%、2.3%~5.4% 和 1.8%~3.8%(表 9.1)。需要指出的是,暴雨频率、强度和贡献率增加的大值中心虽然都对应着模式间方差的大值区域,即 5 个耦合模式间的预估结果仍然存在较大的不确定性,但它们的结果一致表明我国未来暴雨事件是显著增加的。

图 9.12 给出了 A1B 情景下有着未来百年逐日降水连续模拟结果的 BCCR-BCM2.0 和 CSIRO-MK3.5 模式模拟的我国东部各区域未来百年暴雨频率、强度和暴雨贡献率的趋势变化。很明显,未来百年我国东部地区各区域暴雨频率、强度和贡献率都表现出了一致的增加趋势,这也意味着在气候变暖背景下,我国将经历更加频繁、强度更强的暴雨事件,而且这种增加的趋势在温室气体不同排放情景下

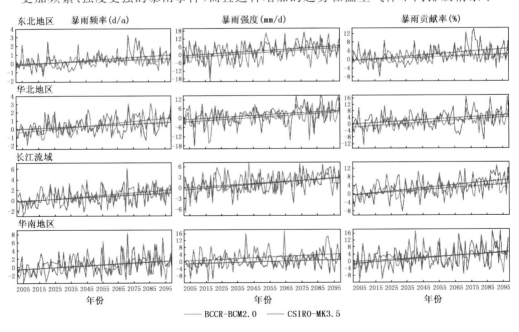

图 9.12　IPCC A1B 情景下 BCCR-BCM2.0 和 CSIRO-MK3.5 模式模拟的我国东部各区域未来百年暴雨频率、强度和暴雨贡献率的变化趋势(相对 1980—1999 年的结果)(Chen et al.,2012)

都有着很好的一致性。

近年来,参加 CMIP5 的模式已经陆续公布了其模拟结果。陈活泼(2013)利用 16 个 CMIP5 模式的结果对中国地区未来暴雨事件的变化进行了分析。不同辐射强迫情景(RCP4.5 和 RCP8.5)下的多模式集合预估结果一致表明,中国地区暴雨事件明显增加,强度增强,雨量也大幅增加,对年总降水量的增加起到了正的贡献。在 RCP4.5 情景下,暴雨频次相对当代气候(1986—2005 年)增加了 57.7%,强度增加了 44.7%,降水量增加了 62.9%,对年总降水量增加的贡献值为 19.5%;在 RCP8.5 情景下增加幅度更加明显,其频次增加 135.9%,强度增加 98.8%,暴雨量增加 153.7%,对年降水量增加的贡献也达到了 25.0%,而且所有耦合模式模拟结果都表现出了一致增加的变化特征。

9.3.2　干旱与洪涝

干旱与洪涝事件是自然界发生最频繁、造成经济损失最大的自然灾害之一,每年所造成的经济损失约占整个气象灾害总损失的 78% 左右。对于干旱和洪涝事件的实时监测以及采取合理的应对措施等,都是当前面临的并且急需解决的一大难题。

近几十年来,全球极端干旱面积显著增加。我国干旱面积变化与其同步,但具有更显著的局地特征。我国北方地区由于小雨、毛毛雨日数的显著减少,以及不合理的人类活动对生态环境的破坏,北方干旱化加剧(符淙斌等,2002;Qian et al.,2007),而且干旱与半干旱范围有明显的扩展趋势(马柱国等,2005),但西北地区由于近几十年降水的增加使得干旱有所缓解(施雅风等,2003)。在气候变暖背景下,由于降水变率增加,致使出现干旱与洪涝的概率也在增加。IPCC 第四次评估报告指出,在气候变暖背景下全球出现"干者越干,湿者越湿"的局面,但我国由于受东亚季风的影响,其变化与全球未必一致,我国干旱与洪涝事件的变化特征仍需要进行进一步的探讨。

图 9.13 给出了 A1B 情景下 15 个耦合模式集合的 21 世纪末我国中等、严重和极端干旱事件发生频率和持续时间长度相对 20 世纪末的变化。可以看到,到了 21 世纪末,由于我国降水普遍增加,使得大部分地区干旱发生次数显著减少,干旱持续时间长度也明显缩短。21 世纪末,我国长江以北区域干旱频率以减少为主,而以南部分地区干旱频率表现为弱的增加趋势,而且随着干旱强度的增加,这些地区干旱频率增加幅度也在变大。

在 A1B 情景下,山东和长江以南部分地区干旱频率表现为弱的增加趋势,但模式间的不确定性较大。而其他地区基本都表现为强的减少趋势,频率减少的大值中心主要位于青藏高原东侧地区,到了 21 世纪末,15 个模式中有 14 个模式结果表明该地区中等干旱频率是减少的,相对 20 世纪末减少了近 20%。东北和西北西

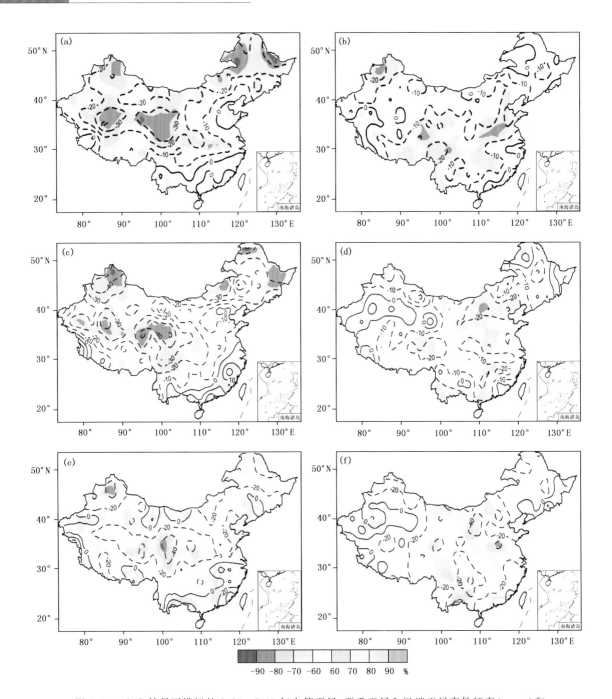

图 9.13   A1B情景下模拟的2080—2099年中等干旱、严重干旱和极端干旱事件频率(a,c,e)和
持续时间(b,d,f)相对1980—1999年的变化(阴影区表示模式间的一致性指数)

部地区干旱频率也显著减少,到了 21 世纪末,分别减少了 23.3％和 22.2％。而华北地区减少幅度相对较小,为 12.8％。华南地区虽然表现为弱的增加(1.1％),但 15 个模式中只有 6 个模式与集合结果一致。就全国区域平均而言,15 个模式中有 13 个模式表明 21 世纪末中等干旱频率是显著减少的,相对减少了 16.5％(表 9.2)。干旱持续时间的变化与干旱频率基本一致,在全球变暖背景下,我国大部分地区干旱持续时间也显著减少,而且在减少幅度大的区域,模式间的一致性也较高。到了 21 世纪末,就全国区域平均而言,中等干旱持续时间相对 20 世纪末减少了 8.4％。

表 9.2　多模式集合的 2080—2099 年我国中等干旱、严重干旱和极端干旱频率与持续时间长度相对 1980—1999 年的变化幅度

干旱 等级	干旱频率				干旱持续时间			
	20C3M	B1	A1B	A2	20C3M	B1	A1B	A2
中等	6.7(0.29)	−11.4(14)	−16.5(13)	−20.3(14)	2.9(0.18)	−5.7(13)	−8.4(14)	−9.5(14)
严重	3.6(0.21)	−14.8(14)	−19.5(13)	−23.4(13)	2.3(0.16)	−5.9(11)	−9.8(13)	−11.2(13)
极端	1.5(0.12)	−12.2(12)	−13.6(13)	−17.6(11)	1.9(0.24)	−10.4(11)	−17.8(13)	−23.3(13)

注:"20C3M"代表 1980—1999 年平均的干旱频率和持续时间(单位:次/10a,月),括号中数字表示相应的 15 个模式模拟结果的标准差。B1、A1B 和 A2 分别代表三种不同排放情景下 21 世纪末的变化(单位:％),括号中数字表示与模式集合结果变化一致的模式个数。

　　严重干旱和极端干旱频率在长江以北地区的减少幅度相对中等干旱明显增加,但模式间的一致性随着干旱强度的增强有所减弱。东南沿海地区与其他区域变化相反,严重干旱和极端干旱频率都显著增加,而且模式间有着较好的一致性。持续时间的变化与中等干旱基本一致,除了新疆南部地区干旱持续时间有所增加外,其他地区基本都表现为减少的趋势,模式间一致性较好的区域主要分布在我国华北、西南等部分地区。随着干旱等级的增加,干旱发生次数是显著减少的,而且干旱持续时间也在缩短。到了 21 世纪末,在 A1B 情景下,我国严重干旱和极端干旱发生频次分别减少了 19.5％和 13.6％,干旱持续时间也显著减少,分别减少了 9.8％和 17.8％。而且可以清楚地看到,随着干旱强度的增加,干旱频率和持续时间减少的幅度也在增加。这些变化特征在 A2 和 B1 情景下也得到了很好的体现,而且在 A2 情景下变化最大,B1 情景下变化最小。

　　在持续变暖背景下,未来全球干旱面积显著增加,而我国变化与全球变化刚好相反,干旱面积呈显著减少趋势(图 9.14)。其中中等干旱面积的减少趋势最大,干旱面积占全国总面积的百分比从 21 世纪初的 24％减少到了 90 年代的 15％;严重干旱和极端干旱面积减少趋势相对较小,分别从 21 世纪初的 10％和 4％减少到了 7％和 3％。

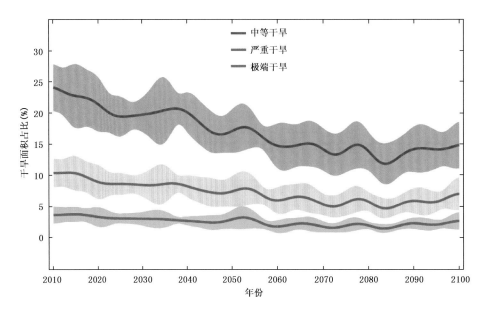

图 9.14　A1B 情景下模拟的我国 2010—2099 年中等干旱、严重干旱和极端干旱面积占全国总面积百分比变化(图中曲线给出了 15 个耦合模式集合结果,其结果经过 9 年低通滤波处理,阴影表示集合结果相对模式间±1 个标准差的范围,以表示模式间的不确定性大小)

图 9.15 给出了 A1B 情景下 15 个耦合模式集合的 2080—2099 年洪涝频率和持续时间相对 20 世纪末的变化,并给出了模式间的不确定性大小。到了 21 世纪末,我国洪涝事件发生次数显著增加,特别在我国中部地区增加幅度最大,并且随着洪涝强度的增加,增加幅度也显著变大。在频率增幅的大值区也往往对应着模式间一致性较高的区域。绝大多数耦合模式预估结果都表明,我国东北、华北以及西北地区未来发生洪涝的次数显著增加,21 世纪末在 A1B 情景下,中等强度的洪涝事件发生频次相对 1980—1999 年分别增加了 21％、18％和 22％;严重洪涝事件分别增加 37％、36％和 34％;极端洪涝事件分别增加 75％、62％和 42％。而东南沿海和青藏高原西南部地区增加幅度相对较小,而且模式间的一致性也较弱。相应的,洪涝持续时间也在显著增加,但部分地区模式间的一致性相对较弱。到了 21 世纪末,绝大多数耦合模式预估结果表明东北和华北地区洪涝持续时间明显增加,东北地区三种强度的洪涝持续时间相对 20 世纪末分别增加了 16％、17％和 25％,华北地区分别增加了 13％、14％和 33％。华南和西北地区洪涝持续时间虽然也明显增加,但模式间不确定性大。另外,洪涝频率增加幅度较大的区域其持续时间增加幅度也相对较大,使得这些区域在未来遭受洪涝灾害的影响更加严重。

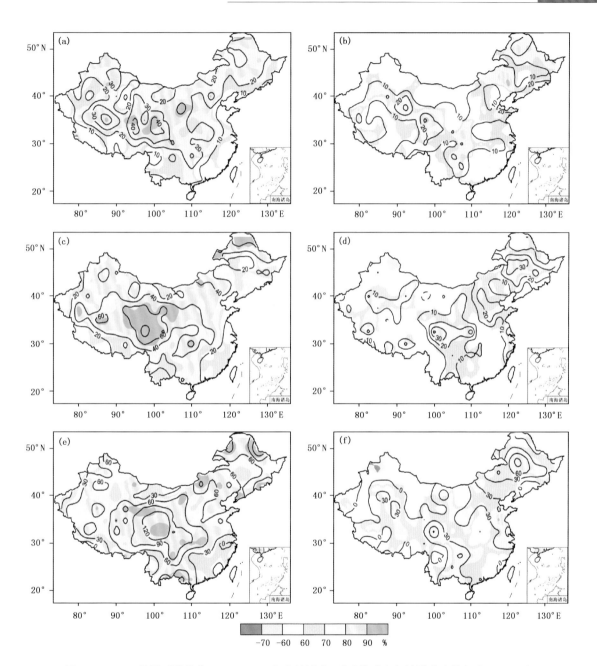

图 9.15　A1B 情景下模拟的 2080—2099 年中等洪涝、严重洪涝和极端洪涝事件频率(a,c,e)和
持续时间(b,d,f)相对 1980—1999 年的变化(阴影区表示模式间的一致性指数)

就全国区域平均而言(表 9.3),21 世纪末在 A1B 情景下,所有耦合模式结果都表明我国洪涝事件将会显著增加,中等、严重以及极端洪涝事件发生频数将分别增加 19.5%、33.9% 和 56.8%。A2 和 B1 情景也有着相似的结果,但在 A2 情景下增加幅度相对最大,B1 情景下变化最小。相应的,洪涝持续时间也显著增加,但模式间不确定性相对洪涝频率要大。到了 21 世纪末,中等洪涝事件持续时间在B1、A1B 和 A2 情景下分别增加了 5.2%、9.4% 和 14.7%;严重洪涝事件分别增加了 6.2%、8.1% 和 13.5%;极端洪涝事件分别增加了 11.5%、16.2% 和 22.7%。而且不同模式在不同排放情景之间都有着很好的一致性。

表 9.3   多模式集合的 2080—2099 年我国中等洪涝、严重洪涝和极端洪涝频率与
持续时间长度相对 1980—1999 年的变化幅度

洪涝等级	洪涝频率				洪涝持续时间			
	20C3M	B1	A1B	A2	20C3M	B1	A1B	A2
中等	6.7(0.49)	14.4(14)	19.5(15)	26.3(15)	3.1(0.17)	5.2(13)	9.4(12)	14.7(15)
严重	3.5(0.30)	23.1(14)	33.9(15)	49.0(15)	2.4(0.16)	6.2(11)	8.1(12)	13.5(15)
极端	1.3(0.17)	42.5(15)	56.8(15)	85.3(15)	1.9(0.14)	11.5(12)	16.2(13)	22.7(15)

注:"20C3M"代表 1980—1999 年平均的洪涝频率和持续时间(单位:次/10a,月),括号中数字表示相应的 15 个模式模拟结果的标准差。B1、A1B 和 A2 分别代表三种不同排放情景下 21 世纪末的变化(单位:%),括号中数字表示与模式集合结果变化一致的模式个数。

由于降水和降水变率的显著增加,未来百年我国发生洪涝的面积也表现出了明显增加的趋势(图 9.16)。其中,中等洪涝面积增加最为明显,占全国总面积的百分比从 21 世纪初的 11% 增加到了 21 世纪末的 25%,严重和极端洪涝面积变化相对较小,分别从 21 世纪初的 4% 和 1% 增加到了 21 世纪末的 12% 和 4%。

9.3.3 暴雪

暴风雪是我国主要的自然灾害之一,如 2008 年年初南方冰冻雨雪灾害以及 2007 年 3 月我国东北部地区的一次强灾害性暴雪事件等,都使得交通瘫痪,对人们的生活生产造成了极大的不便,使得社会经济遭遇了极大的损失。因此近几年来,对于暴雪事件的研究正在逐渐增加,但基本都集中在对暴雪个例的成因探讨上(王文辉等,1979;王建中等,1995;孙建奇等,2009)。这些工作关注了暴雪事件发生时局地的天气形势以及动力和热力等条件,明确了锋生强迫和条件对称不稳定等在暴风雪形成中的重要作用,为暴雪事件的预测提供了一定的科学依据。

最近,Sun 等(2010)利用观测的站点资料详细分析了我国近 40 年来暴雪事件的时空变化特征。结果指出,我国的暴雪事件主要集中在四个区域:我国东部地区、北疆、青藏高原东部和东北地区,而其他地区暴雪频次以及它的变化都较弱。各区域暴雪频数都具有显著的季节变化。我国东部地区暴雪频数的年变化曲线表

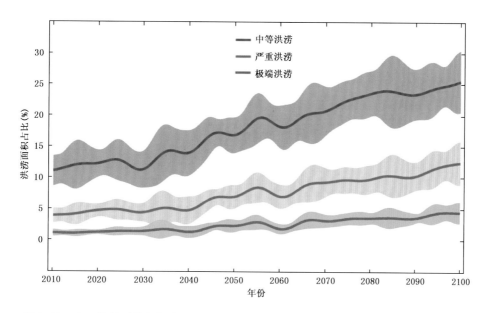

图 9.16　A1B 情景下模拟的我国 2010—2099 年中等洪涝、严重洪涝和极端洪涝面积占全国总面积百分比变化(图中曲线给出 15 个耦合模式集合结果,其结果经过 9 年低通滤波处理,阴影表示集合结果相对模式间±1 个标准差的范围,以表示模式间的不确定性大小)

现出了显著的单峰结构,高频主要集中在冬季时段;北疆和东北地区表现为双峰结构,高频主要集中在春季和早冬时段;青藏高原东部地区暴雪频数也具有双峰的结构特征,但最大频数集中在春秋时节。另外,观测的这四个区域内暴雪频数的长期趋势也表现出了不同的变化特征。近 40 年来,北疆和青藏高原东部地区暴雪频数表现出增加趋势,而我国东部地区为减少趋势,东北地区为弱的上升趋势。

在对 IPCC AR4 的 20 多个耦合模式进行评估后发现,只有 4 个耦合模式能够较好地再现我国暴雪事件的变化特征,它们分别是 CGCM_t47、GISS_AOM、MIROC3.2_medres 和 MIROC3.2_hires。图 9.17 给出了 A1B 情景下这 4 个耦合模式集合的 21 世纪中期和末期我国暴雪频数相对 1980—1999 年的变化。两个时期暴雪频数变化的空间分布有着较好的一致性,南方地区显著减少,而北方地区有所增加。而且随着温室气体浓度的增加,暴雪频数变化的幅度也有所增加。这也可以从计算的各个区域暴雪频数的相对变化清楚地看到。我国东部和青藏高原东部地区,21 世纪中期暴雪频数相对 1980—1999 年分别减少了 28% 和 13%,而到了21 世纪末期减少幅度分别增加到了 42% 和 24%。而对于北疆和东北地区,21 世纪中期暴雪频数反而有所增加,分别增加了 8% 和 3%,但随着温室气体浓度的增加,21 世纪末期暴雪频数变化幅度又有所减少,北疆地区增加幅度减少到了 4%,而东北地区暴雪频数相对 1980—1999 年减少了 4%。总之,在全球变暖背景下,这4 个耦合模式的预估结果表明,我国南方地区暴雪发生次数将显著减少,而北方地区将先增加后减少。

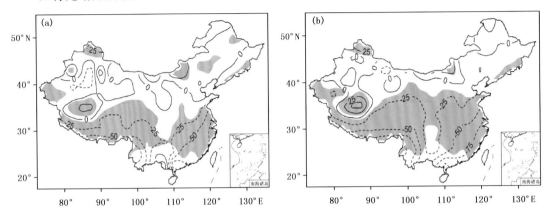

图 9.17　A1B情景下4个耦合模式集合的 2046—2064 年(a)和 2081—2099 年(b)我国暴雪频数相对 1980—1999 年的变化(单位:%)(阴影区为差异通过 0.05 显著性检验的区域)(Sun et al.,2010)

9.3.4　极端温度

　　观测事实表明,在过去 50 多年里,我国年和季节最高、最低温度显著增加(任国玉等,2005;Dong et al.,2010)。特别在我国华北地区,极端最低温度和平均最低温度都明显增加,冬季最为明显(任福民等,1998)。根据 1951—1999 年的观测资料分析表明,华北地区冷昼日数显著减少,而暖日和暖夜明显增加,增加最大幅度发生在 20 世纪 80 年代中期以后,而且暖夜频数的增加要大于暖日。对于全国而言,冷昼日数也在明显减少,冷夜的减少幅度更为明显;霜日也表现出了减少的趋势,这也意味着无霜日数在增加(Zhai et al.,2003)。同时,我国最低温度普遍增加,而且最低温度的增加要比最高温度明显,其增加幅度随着高度和纬度的增加而增加。最高、最低温度的变化还有着明显的季节特征,其中冬季增加幅度最大(任福民等,1998)。而且由于最低温度的增加比最高温度幅度大,使得我国温度日较差也在显著减小(唐国利等,2005)。

　　在过去 50 年里,我国极端最高温度事件在增加,而极端最低温度事件除了西南和西北部分地区以外在大多数地区显著减少(任国玉等,2005)。孙建奇等(2011)详细分析了我国极端高温事件的变化特征,结果指出我国极端高温事件的主要高发区位于我国东南部和新疆地区,其年际变率的较大区主要位于我国东部,新疆地区相对较小。我国极端高温事件在过去 50 年里存在明显的年代际变化特征,其中发生频数和强度变化一致。我国大部分地区高温日数和热浪事件显著增加,尤其在我国东南沿海和北方地区,而黄河下游部分地区有着减少的趋势。但从 20 世纪 90 年代开始,所有区域的高温日数都是显著增加的,而且西北和东部地区增加最为明显。

在全球持续变暖背景下,我国极端温度变化与全球同步。到了 21 世纪末期,相对于 1961—1990 年的气候基准值,全国地面平均气温增幅可达 5~6℃,在东北、西部和华中地区增幅较大;同时日最高和最低温度都将明显上升,日较差将减小(高学杰,2007;姜大膀等,2004b;许吟隆等,2005;赵宗慈等,2007)。而且 IPCC AR4 耦合模式的模拟结果表明,21 世纪末相比 20 世纪末,我国长江流域热浪事件持续时间在增加,暖夜也明显增加(Xu et al.,2009)。王冀等(2008)利用耦合模式资料分析了不同情景下我国极端气温指数的未来变化情况,结果表明:随着全球变暖,我国区域极端气温指数的变化是一致的增加(减少)趋势。其中霜冻日数和气温年较差呈减少趋势,生长季指数、热浪指数和暖夜指数呈增加趋势。在各极端气温指数中,热浪指数和暖夜指数增加趋势最明显,其次为霜冻日数和生长季指数,气温年较差变化最小。而且这些指数增加(减少)趋势在高排放情景最明显,低排放情景变化趋势最小。

区域气候模式也有着相似的预估结果。Gao 等(2002)利用 RegCM2 模拟分析了东亚地区 CO_2 加倍对极端气候事件的影响,结果表明区域气候模式能够较好地模拟中国区域极端气候事件变化。温室效应将引起日最高和最低温度增加,日较差减小;而且使得高温日数增多,低温日数减少。Zhang 等(2006)利用 PRECIS 区域模式也分析了 B2 情景下中国未来极端温度事件的变化,也得出了相似的结论。到了 21 世纪末,中国大部分地区高温日数出现频率均比气候基准时段高 5 倍以上,霜冻日数将呈减少趋势,我国南方地区的减少趋势大于北方地区,暖期持续指数整体将呈增加趋势,东北、西北中西部、华北和东南沿海地区增加显著;冷期持续指数整体将呈减少趋势,且东北、华北、西北及内蒙古、青藏高原大部地区的减少幅度将达到 90% 以上。RegCM3 区域模式的模拟结果也进一步表明,在 A2 情景下,到了 21 世纪末我国东部地区高温日数相对 20 世纪末将会增加 10 d 左右,南方地区增加约 30 d;同时,冬季冷事件显著减少,华北东部地区减少了约 30 d(石英等,2008)。因此,在全球变暖背景下,未来我国高温热浪事件的发生概率在显著增加,而发生低温冷害事件的概率在减小。

9.3.5 热带气旋

热带气旋是生成于热带或副热带洋面上,具有有组织的对流和确定的气旋性环流的非锋面性涡旋的统称。在我国根据热带气旋低层中心附近最大平均风速,热带气旋分为如下等级:热带低压(10.8~17.1 m/s)、热带风暴(17.2~24.4 m/s)、强热带风暴(24.5~32.6 m/s)、台风(32.7~41.4 m/s)、强台风(41.5~50.9 m/s)和超强台风(> 51.0 m/s)。热带气旋尤其是强热带气旋在其登陆或是影响的地区会带来大风、暴雨和风暴潮等极端天气,给人们的生命和财产安全带来很大威胁。西北太平洋地区是热带气旋活动最频繁的海区,在这里生成的气旋数占全球台风总数的 1/3 以上,而且在这个区域全年都有热带气旋生成。我国地处西太平洋沿岸,沿海和内陆地区都不同程度受到该地区热带气旋活动的影响。据统计,1983—2006 年间在我国登陆达热带风暴强度以上的热带气旋年平均 7 个,平均每年造成的直接经济损失达 287 亿元,造成的人员伤亡为 472 人。政府间气候变化专门委员会第四次评估报告(IPCC,2007)指出大量数据和资料分析均表明全球气候系统正在经历一场以变暖为主要特征的气候变化。鉴于热带气旋活动的影响,气候变化对热带气旋活动产生怎样的影响是广受国内外学者关注的科学问题和社会问题。

在观测的历史资料集中寻找热带气旋活动已有的规律是研究气候变化对气旋活动影响的一个重要方面。目前在西北太平洋地区热带气旋活动的观测资料主要有三套,分别是中国气象局收集上海台风研究所(CMA-STI)热带气旋最佳路径数据集、东京台风中心(RSMC)最佳路径数据集、美国联合台风预警中心(JTWC)热带气旋最佳路径数据集。由于不同机构在整编热带气旋年鉴时使用的资料以及定位定强技术不尽相同,使用不同的资料或者考查的年限不一致可能导致分析得到的热带气旋历史活动特征有较大差异。同时观测方法和技术的改变和改进也会对数据的一致性产生影响,可能会造成虚假的趋势。总的来说,大部分研究均表明近 50 a 来在西北太平洋地区生成的热带气旋频数呈现一定的减少趋势,同时登陆的热带气旋数也表现出弱的减少趋势,但是达到台风等级的登陆气旋频数变化不明显或表现为弱的增加(雷小途,2011)。需要注意的是,由于在西北太平洋地区缺乏跨度足够长的热带气旋最佳路径数据集(目前已有的资料均是从上世纪中叶开始),对该地区热带气旋活动变率和趋势变化分析存在一定的不确定性。这也给热带气旋活动的归因分析带来困难,目前还无法在历史资料集得到气候变化对西北太平洋地区热带气旋活动影响的可靠结论。

关于气候变化对热带气旋活动的影响,另一个重要问题就是关于热带气旋活动在气候变化情景下的预估。这方面的研究主要依赖气候模式来完成。目前的全球气候模式可以对大尺度大气环流场进行合理的模拟。但是由于模式在分辨率以及物理过程处理上存在的缺陷,目前大部分全球气候模式对热带气旋内部结构和过程的模拟还存在较大困难。因此,将全球模式输出结果用于热带气旋活动相关问题的研究通常需要进行降尺度。常用的降尺度方法包括统计降尺度和动力降尺度。统计降尺度方法通常就是将相关的大尺度环流场与热带气旋活动联系起来,而动力降尺度通常就是利用全球模式的输出结果驱动高分辨率的区域气候模式。

气候模式诊断与比较计划(PCMDI)收集了世界上主要的模式发展中心发展的 20 多个气候模式对古气候、现代气候的模拟结果,以及根据 IPCC 关于排放情景的特别报告中设定的关于未来温室气体排放的各种情景进行的预估试验的结果。

通过分析模式对与热带气旋活动相关环境场例如海表面温度、纬向风切变和对流活动的模拟,表明大部分模式对大尺度环境场的模拟具有相当的可靠性。在全球变暖情景试验下环境场的变化主要都是有利于热带气旋活动的,但是不同模式间存在着一定差异。利用热带气旋潜在生成指数(GPI)分析模式对西北太平洋地区热带气旋活动的模拟和预估的结果表明,模式对于热带气旋活动的空间变化和季节变化都有较可靠的模拟能力,而对于时间变化特征,部分模式对于长期变化的特征能进行较为合理的模拟,而对年际变化绝大部分模式的结果与观测相差较大。利用对热带气旋活动历史变化模拟最合理的模式对全球变暖情景下气旋活动的预估结果表明热带气旋活动可能会有弱的增强趋势(张颖等,2010;Zhang 等,2010)。

目前预估西北太平洋地区热带气旋的动力降尺度研究还比较少,已有的区域气候模式结果表明,随着 CO_2 浓度的增加,模式中的气旋有减少的趋势。此外,还有研究直接利用高分辨率的大气模式或者全球耦合模式进行气候变化情景下热带气旋活动的预估研究。由于模式的分辨率、物理框架和参数化方案等方面的差异,模式的结果也存在较大的差别。目前对于气候变化影响热带气旋的机理还不清楚,而且未来气候变化情景的确定还存在一定不确定性,因此热带气旋活动预估研究的结果也存在较大不确定性。总的来说,全球尺度的热带气旋变化预估比区域尺度的预估要更加可靠,而且分辨率高的模式倾向于预估更强的热带气旋活动。就全球而言,温室气体的增加将使热带气旋频数减少,而强台风的比例将增加,热带气旋的平均强度趋于增强(Knutson et al.,2010;雷小途,2011)。

9.4　不同温室气体浓度下中国气温升温阈值的变化特征

有关气候变化的关键脆弱性和风险性评估研究表明,随着年平均地表气温上升幅度达 1℃、2℃、3℃等阈值,气候变化将不同程度地引起一系列不可扭转的社会和环境问题,特别是对于经济发展和社会保障相对落后的发展中国家(Schneider et al.,2007)。在此背景下,了解中国区域年平均地表气温升温达到不同阈值的时间以及空间变化特征,对于评估气候变化的社会和经济影响以及如何适应气候变化有着重要的意义。

9.4.1　中国达到升温阈值的时间变化

图 9.18 给出了 SRESB1、A1B 和 A2 情景下,17 个全球海气耦合模式集合平均预估的 21 世纪中国区域平均的年平均地表气温的变化情况,选择的基准态为 1990—1999 年。可以看到:伴随着温室气体浓度的增加,在整个 21 世纪中国年平均地表气温将持续上升。在三个情景试验中,B1 低排放情景下增温速度相对较慢,中国区域的年平均地表温度分别在 2034 年和 2072 年升温会达到 1℃ 和 2℃ 的

阈值。中等排放情景 A1B 和高排放情景 A2 下,年平均地表气温的变化在 2028 年之前差别不大;在其后的近 40 年中,直至 2067 年,A1B 情景下的增温速度都要略大于 A2 情景。这和全球年平均地表气温的变化趋势是一致的,主要的原因可能是在关于未来温室气体排放情景的设计中,21 世纪早期 A1B 情景相对于 A2 情景排放了相对更多的温室气体(Nakicenovic et al.,2000)。在 2067 年之后,A2 情景中温度变化超过了 A1B 情景。就中国区域平均而言,A1B(A2)情景下年平均地表气温升温达到 1℃、2℃ 和 3℃ 阈值的时间分别为 2027 年(2025 年)、2049 年(2053年)和 2074 年(2071 年)。

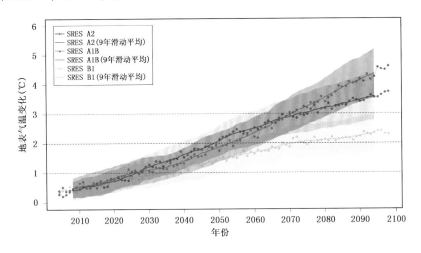

图 9.18　相对于 1990—1999 年基准气候 17 个气候模式集合预估的中国区域平均的年平均地表气温变化(阴影区为各个排放情景下经 9 年平滑之后的 17 个模式结果之间的标准差,用来表示模式结果的不确定性范围)(姜大膀等,2009)

　　为了考查预估结果的不确定,图 9.18 中阴影区给出了经 9 年平滑之后的 17 个模式结果之间的标准差,以此来表示多模式结果的不确定性范围。可以看出在三个排放情景下 17 个模式结果之间均存在着一定程度的差别,而且这种不确定性范围总体上随着时间演化而有所增加,这与全球年平均地表气温的多模式预估结果的不确定性特征是相一致的。

9.4.2　中国达到升温阈值的空间变化

　　在不同排放情景之下,我国年平均地表气温升至不同阈值的时间存在着很大的地域差别。下面分别给出 SRESB1、A1B 和 A2 排放情景下中国地区达到 1℃、2℃ 和 3℃ 变暖值年份的空间变化情况。

（1）1℃变暖值的预估分析

图 9.19 分别给出了 SRESB1、A1B 和 A2 三个排放情景下 17 个耦合模式集合预估的中国不同地区升温达 1℃ 年份的空间分布。B1 情景下，在 2025—2029 年升温至 1℃ 阈值的地区主要包括新疆和西藏大部地区以及东北大部分地区；在 21 世纪 30 年代初期即 2030—2034 年之间达 1℃ 阈值的地区主要包括西北东部地区；在 2036—2039 年达 1℃ 变暖值的地区主要包括华北、黄淮下游地区、四川东部和重庆地区；在 40 年代初期升温达 1℃ 的地区主要包括长江流域下游和我国南方地区；台湾岛和海南岛的变暖速度相对较慢，1℃ 变暖值的出现时间分别为 2049 年和 2053 年（图 9.19a）。

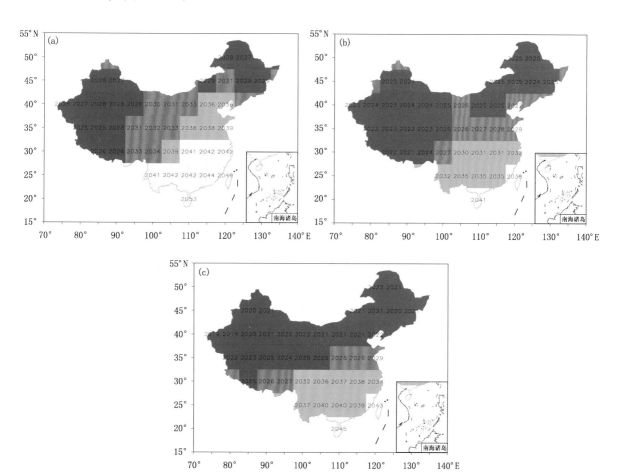

图 9.19　SRES B1(a)、A1B(b) 和 A2(c) 情景下，相对于 1990—1999 年基准气候，17 个气候模式集合预估的中国各区域年平均地表气温经 9 年平滑之后上升 1℃ 时所处年份的地域分布（姜大膀等，2009）

在 A1B 中等排放情景下,温室气体排放量相对较多,地表气温变暖的速度也相对更快,达到相应升温阈值的年份就相对提前了。西北、东北和华北大部分地区年平均地表气温将会在 2021—2025 年升温达 1℃ 阈值;四川西部、甘肃东部、内蒙古中西部、黄淮下游地区出现 1℃ 变暖的时间将在 21 世纪 30 年代后期;我国南方地区变暖达 1℃ 阈值的时间发生在 2030—2035 年;台湾岛和海南岛的变暖速度仍旧相对最慢,分别在 2038 和 2041 年升温达 1℃(图 9.19b)。

虽然就 21 世纪整体而言,A2 情景是三个情景之中温室气体排放量相对最高的,但是在 21 世纪前半段,A2 与 A1B 两个情景之间的温室气体排放总量相差并不大,而且在 2020 年之前 A1B 情景下温室气体的排放总量相对于 A2 情景还要更多(Nakicenovic et al.,2000)。因此 A2 排放情景下我国各个地区升温达 1℃ 阈值时间的空间分布与 A1B 情景相差不大,基本表现为总体上呈纬向型,从南向北逐渐加快。两个情景下升温变化的主要差别表现为在我国约 35°N 以南地区,A2 情景下年平均地表气温升高 1℃ 的时间要晚于 A1B 情景 3～7 年,而在约 35°N 以北地区,A2 情景下年平均地表气温升高 1℃ 的时间则要早于 A1B 情景 2～6 年(图 9.19c)。

为考查模式间预估结果的不确定性,计算了每个空间格点上各个模式经 9 年滑动平均后年平均地表气温升温达 1℃ 时的年份之间的标准差。结果显示,B1 情景下模式间标准差的值相对最大,介于 10～20 年之间,平均为 14 年;A2 情景下标准差的值次之,为 8～16 年,平均为 11 年;相对而言,A1B 情景下标准差的值最小,在 6～11 年之间变化,平均为 9 年。

(2)2℃ 变暖值的预估分析

图 9.20 给出了中国各个区域升温达 2℃ 阈值的年份的空间分布。B1 低排放情景下的年平均地表气温的升温速度要明显慢于其他两个排放情景。西北地区、东北地区和华北北部地区升至 2℃ 阈值的时间发生在 2064—2069 年之间;在 21 世纪 70 年代初达 2℃ 升温的地区有甘肃东部、陕西、山西南部、河南、山东西南部地区;四川西部地区为 2078 年;山东和江苏大部为 2088 年;长江流域大部分地区出现 2℃ 变暖的时间相对最晚,在 2089—2093 年之间。我国 27.5°N 以南地区在 21 世纪之内年平均地表气温的升幅将不会达到 2℃(图 9.20a)。

相对于 B1 情景,A1B 中等排放情景下我国年平均地表气温的增温速度要快一些。西北地区、东北地区和华北北部地区都将在 2045 年前后率先升温至 2℃ 阈值;江淮流域下游、长江流域地区升温速度次之,将会于 2050—2054 年间达到 2℃ 升温;27.5°N 以南的我国南方大部分地区则在 21 世纪 60 年代初期升温达到 2℃ 阈值;台湾岛和海南岛年平均地表气温的上升速度仍旧相对最慢,将分别在 2068 年和 2076 年达到 2℃ 升温阈值(图 9.20b)。

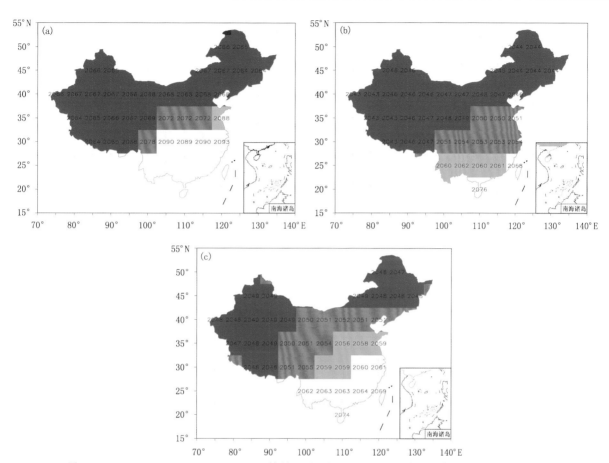

图 9.20　SRES B1(a)、A1B(b)和 A2(c)情景下，相对于 1990—1999 年基准气候，17 个气候模式
集合预估的中国各区域年平均地表气温经 9 年平滑之后上升 2℃ 时所处年份的地域分
布(图中空白区表示 21 世纪年平均地表气温尚未升至 2℃)(姜大膀等，2009)

在 A2 高排放情景下，最先达到 2℃ 升温阈值的地区主要在西北和东北地区，时间为 2047—2049 年之间；西北东部地区和华北地区次之，发生时间在 21 世纪 50 年代早期；江淮和长江流域中游地区在 2056—2059 年之间达 2℃ 变暖；南方其余大陆地区则相对较晚，达到 2℃ 升温阈值的时间在 2060—2064 年之间；台湾岛和海南岛仍旧最慢，分别在 2069 年和 2074 年达到 2℃ 升温阈值(图 9.20c)。

除了海南岛之外，A2 情景下我国所有大陆地区年平均地表气温升高 2℃ 的时间基本上都要晚于 A1B 情景下的时间。虽然在 21 世纪前半段这两个情景下温室气体的排放总量基本相当，但是在 2020 年之前 A1B 情景下排放的温室气体量要多于 A2 情景，由于二氧化碳等主要温室气体的生命周期都很长，早期较大的温室气体排放量会产生很大的后期热惯性作用，这可能是导致 A1B 情景下我国在 21 世纪中期左右的升温幅度要大于 A2 情景的主要原因。

由于部分模式所预估的年平均地表气温上升幅度在 21 世纪并未达 2℃ 升温，这给利用相关统计量定量评估多模式集合预估的不确定性带来了困难，这种情况同样出现在 3℃ 升温的预估分析中。

（3）3℃ 变暖值的预估分析

21 世纪内，B1 低排放情景下我国没有区域能够达到 3℃ 升温水平，因此图 9.21 中只给出了 A1B 和 A2 两个情景下 3℃ 变暖值发生时间的地域分布情况。在 A1B 情景下，西北和东北大部分地区 3℃ 变暖出现的时间相对最早，集中在 2060—2064 年之间；在内蒙古地区、西北东部部分地区以及华北大部分地区将在 21 世纪 70 年代早期升温达 3℃；在 70 年代后期达 3℃ 升温的地区主要出现在江淮地区。长江流域和云南大部地区相对最晚，为 2090 年左右；27.5°N 以南的大部分地区在 A1B 情景 21 世纪内升温幅度不会达到 3℃（图 9.21a）。

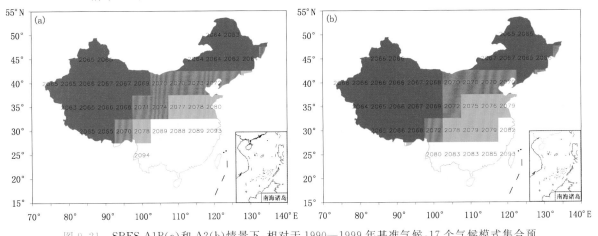

图 9.21　SRES A1B(a) 和 A2(b) 情景下，相对于 1990—1999 年基准气候，17 个气候模式集合预估的中国各区域年平均地表气温经 9 年平滑之后上升 3℃ 时所处年份的地域分布
（图中空白区表示 21 世纪年平均地表气温尚未升至 3℃）（姜大膀等，2009）

A2 情景下，我国东北和西北大部分地区将会在 2064—2069 年达到 3℃ 变暖；西北东部部分地区和华北北部地区将在 2070—2072 年之间先后升温达到 3℃；江淮流域和长江中游地区为 70 年代中后期；我国南方其他地区主要在 2080—2085 年间升温达 3℃；台湾岛 3℃ 变暖的时间是 2093 年，而海南岛在 21 世纪内则未达到此变暖幅度（图 9.21b）。

如前文所述，A1B 与 A2 情景下温室气体排放总量的差别主要体现在 21 世纪后半段。从升温的变化上可以看到，除了东北和新疆西北部地区之外，我国大部分地区 A2 情景下年平均地表气温升高 3℃ 的时间要明显早于 A1B 情景，说明 A2 高排放情景对温度变化的显著影响到此时开始显现，时间大约在 21 世纪 70 年代之后，在这之前高排放和中等排放对我国年平均地表气温的影响基本相当。

　　在耦合模式比较计划第五阶段(CMIP5)中,未来气候变化预估的情景采用了典型浓度路径 RCPs(RCP2.6、RCP4.5、RCP6、RCP8.5,分别对应着 21 世纪末的辐射强迫约为 2.6 W/m², 4.5 W/m², 6 W/m² 和 8.5 W/m²)。基于 29 个 CMIP5 模式的研究表明,在 RCP2.6 情景下中国区域平均的年平均地表气温在 2027 年(2032 年)首次稳定出现升温达到 2℃,参考时段为 1871—1900 年;在 RCP4.5 情景下首次稳定升温达到 2℃的时间在 2027 年(2033 年),升温达 3℃的时间在 2058 年;在 RCP8.5 情景下首次稳定升温达 2℃的时间为 2025 年(2027 年),升温达 3℃、4℃、5℃的时间分别为 2042 年、2059 年和 2074 年(张莉等,2013)。

　　张莉等(2013)对 CMIP5 模式中年平均地表温度升温的空间分布特征也进行了分析。结果表明中国地区出现连续 5 年升温超过 2℃的起始年(C5Y)的分布特征主要为:西部和东北地区早、东南地区晚,在东部高纬度地区明显早于低纬度地区。在不同的情景之间,高辐射强迫情景下 2℃增温的 C5Y 明显早于低辐射强迫的情景。在西北和东北北部地区,RCP2.6 和 RCP4.5 情景下 2℃增温的 C5Y 在 21 世纪 20 年代(含)之前;RCP8.5 情景下部分地区 2℃增温的 C5Y 在 21 世纪第 2 个 10 年。在中国东部黄河以北大部分地区,三种情景下 2℃增温的 C5Y 均在 40 年代(含)之前,其中 RCP4.5 情景下出现时间最早,在 30 年代(含)之前。在东部黄河和长江之间的区域,RCP2.6 情景下其中部地区 2℃增温的 C5Y 在 40 年代,东部和西部地区没有出现连续 5 年升温达到 2℃的情况;RCP4.5 情景下其西北部 2℃增温的 C5Y 基本在 30 年代,东部地区则在 40 年代;RCP8.5 情景下 2℃增温的 C5Y 基本都在 30 年代,西部的局部地区更早些。在东部长江以南区域,RCP2.6 情景下没有地区出现连续 5 年达到 2℃;RCP4.5 情景下大部分地区 2℃增温的 C5Y 出现在 40 年代,长江下游局部地区在 30 年代,南海沿海局部地区在 50 年代,南海、南沙、台湾等海岛附近及其近海在 60 或 70 年代;在 RCP8.5 情景下,2℃增温 C5Y 比 RCP4.5 提前,江南大部分地区在 30 年代,华南大部分在 40 年代,华南近海在 40—50 年代。

9.4.3　全球升温达 2℃时中国的气候变化

　　近年来,是否将全球增暖控制在相对于工业革命前的 2℃内成为国际社会有关气候变化讨论、温室气体减排和碳排放权等相关议题谈判和争论的重要内容。虽然目前 2℃阈值问题还存在较大争议,包括欧盟成员国在内的一百多个国家和众多国际组织已将避免 2℃全球变暖作为温室气体减排的目标(Meinshausen et al.,2009)。在这样的背景下,全球升温达 2℃时区域气候变化问题开始得到特别的关注。那么,在全球增暖达 2℃时中国地区气候会发生怎样的变化呢?

　　根据 16 个 CMIP3 耦合模式的结果,在三种 SRES 情景下,全球年平均地表气温升温达 2℃的时间(以 1891—1900 年作为基准)分别为 2064 年(SRES B1)、2046

年(SRES A1B)和 2049 年(SRES A2),对应的大气中二氧化碳当量浓度分别为 625 ppm、645 ppm 和 669 ppm(1 ppm=10^{-6})。在全球升温达 2℃时,中国区域的升温幅度更大,区域平均的年平均地表气温上升 2.7~2.9℃,且冬季升温幅度较其他季节更大。从升温的空间分布来看,变暖从南向北加强,在青藏高原地区存在一个升温大值区。就降水而言,区域平均的年平均降水增加 3.4%~4.4%。降水的空间变化表现为华南大部分地区减少,幅度在 0~5%,其他地区增加,幅度在 0~20%之间(姜大膀等,2012)。

根据区域气候模式 RegCM3 单向嵌套全球气候模式 MIROC3.2_hires 在 SRES A1B 情景下对中国和东亚地区进行高分辨模拟实验的结果,郎咸梅等(2013)分析了在全球增温达 2℃时中国地区平均气候和极端气候事件相对于 1986—2005 年基准态的变化。区域模式的结果表明:在 2℃全球变暖背景下,中国区域年平均温度普遍上升且幅度要高于同期全球平均值约 0.6℃,增温总体上由南向北加强并在青藏高原地区略有放大,各个季节温度变化幅度相似但空间分布有一定差别;年平均降水平均增加 5.2%,季节降水增加幅度为 4.2%~8.5%,除冬季降水在北方增加而在南方减少外,年平均和其他季节平均降水主要表现为在中国西部和东南部增加而在两区域间减少;东亚夏季风在 30°N 以北地区略有减弱,30°N 以南地区加强,东亚冬季风的变化则主要表现为在约 35°N 以北的地区减弱。在 2℃全球增暖的背景下,中国区域平均的年平均霜冻日数减少 17.0 d,温度年较差减小 0.5℃,生长季节长度增加 18.1 d,热浪指数增加 2.1 d,暖夜指数增加 19.2%。总的来说,极端温度事件的变化主要表现为极端暖性事件普遍增加,而极端冷性事件减少。中国区域年平均的连续 5 天最大降水量、降水强度、极端降水贡献和大雨日数分别增加 5.1 mm、0.28 mm/d、6.6%和 0.4 d,而持续干期减少 0.5 d,其中大雨日数和持续干期变化存在较大的空间变率。

9.4.4　中国气候变化的可能阈值

过去百年的显著气候变化已经是不争的事实,观测资料显示气候变化对自然和人类环境已经产生了可以辨识的影响,这体现在水资源、极端气候事件、海岸带、人类健康等诸多方面。为了了解未来气候变化的关键脆弱性及其风险,全球科学家做了大量的工作。IPCC 第四次评估报告在将上述工作系统总结后,提出了年平均温度在现有基础上升高 1℃、2℃和 3℃不同变暖阈值的概念,尤其认为升温如果超过 2℃的阈值,那么于此相对应的气候变化将会导致一系列严重的社会、环境和生态问题。这是从全球而言,考虑到气候变化的区域性,现阶段十分有必要开展针对中国区域变暖阈值的预估研究。

从升温幅度来看,我国气温变化表现出明显的区域独特性,低排放情景(B1)下到 21 世纪末我国气温升幅不会达到 3℃,升幅达到 1℃和 2℃的时间分别在 21 世纪 30 年代中期和 70 年代初期；中等排放情景（A1B）和高排放情景（A2）的情况基本相当，气温升幅 1℃、2℃和 3℃的时间分别为 21 世纪 20 年代中期、50 年代初期和 70 年代初期（姜大膀等，2009）。这样的升温速度，明显快于世界平均水平。

综合分析 IPCC 多个耦合气候模式在三种不同排放情景下（B1、A1B 和 A2）对未来气候变化的数值模拟结果和已有历史观测资料，在不同升温幅度下，我国的一些主要气候和环境因子对全球变暖的响应也有明显的区域特征（表 9.4）。

表 9.4　21 世纪我国气候变化对不同升温幅度的响应（相对于 1980—1999 年）

	升温 1℃	升温 2℃	升温 3℃
年平均降水增幅(%)	1.2	4.5	6.2
降水量与蒸发量差(%)	4.0	8.2	11.3
干旱面积变化(%)	18.2	−9.3	−26.5
洪涝面积变化(%)	−32.8	0.1	22.3
青藏高原积雪面积变化(%)	−5.5	−12.5	−18.5
冰川变化(%)	−15	−30	−45
西北太平洋生成台风频次增幅(%)	1.9	3.7	4.9
海平面升高淹没面积(万 km²)		2.3	6.3
粮食产量	无显著影响	粮食单产水平下降，但是若考虑灌溉措施升温影响不显著	考虑灌溉和 CO_2 增肥效应，升温影响不显著
疾病	全球变暖可以引起我国血吸虫病、疟疾、登革热、流行性乙型脑炎、广州管圆线虫病、钩端螺旋体病等疾病发生愈发频繁、影响区域逐步扩大		

从全球来看，在未来变暖背景下，热带和高纬度地区的降水将有所增加；相反，两半球中纬度地区的降水将明显减少。我国虽然大部分国土处于北半球中纬度地区，但是在未来全球变暖的背景下，年平均降水不但没有减少，反而增加，而且增加的幅度随着升温幅度的增大而增大，到气温升高达到 3℃时，我国年平均降水相对于 20 世纪末约可增加 6.2%。造成这种现象的主要原因是，在未来全球变暖背景下，东亚夏季风将显著增强，由此导致向我国区域的水汽输送明显增强，大气含水量增加，这为降水的增加提供了有利条件（Chen et al.，2009）。

随着全球变暖，气温升高，我国区域蒸发也将呈现出增加的趋势，但是相对降水而言，蒸发的增加幅度要明显偏小。从表 9.4 可以看到，在升温分别达到 1℃、2℃和 3℃时，我国区域平均降水减蒸发分别可以增加约 4.0%、8.2%和 11.3%。降水减蒸发的变化可以代表一个地区总体的水分盈亏特征，因此上述数字显示，在未来全球变暖背景下，我国水资源状况将会明显好转，北方地区水资源问题将会得到缓解。当然，上述预估没有考虑到未来生活、农业以及工业等用水的需求（Zhang et al.,2012)。

    表9.4第三行给出的是不同增温幅度下我国干旱面积的相对变化率。可以看到,在21世纪初气温升高1℃左右时,我国干旱面积还会继续20世纪后半叶的增加趋势,但是从升温达到2℃时,我国干旱面积已经开始减少,而且随着增温幅度的加大,干旱面积的减少更多;与此相反,我国洪涝面积则表现出先减少后增加的特征。干旱、洪涝的预估结果,与上面水资源预估结果具有很好的一致性,即降水多、水资源改善、干旱面积减少,同时由于未来极端降水显著增多,我国洪涝面积也呈现出增加的趋势(Chen et al.,2013)。

    随着全球变暖,气温升高将使得积雪、冰川等出现消融现象。冰冻圈的这种响应,是全球变暖最直接也最有力的证明。研究结果显示,随着全球变暖,青藏高原地区的积雪面积将持续减少(汪方等,2011)。气温每升高1℃,积雪面积减少约6%。相对于积雪的减少,冰川的消融更是令人触目惊心。由于耦合气候模式对冰川变化没有较好的体现,这里对冰川消融的预估主要基于施雅风等(2000)对我国冰川与气温变化的统计关系。他们的研究显示我国冰川的融化速度平均约为15%/℃。所以,依此类推,在未来气温升高1℃、2℃和3℃时,我国冰川可能会分别减少15%、30%和45%。当然,在这个类推中没有考虑新增积雪对于冰川质量的贡献。

    随着全球变暖,热带太平洋海温和局地大气水汽含量将增加,大气的不稳定性也将增强,这一系列的变化为西北太平洋台风的生成提供了更为有利的条件。因此在全球变暖的背景下,西北太平洋台风生成频次将可能会增加(Zhang et al.,2010)。具体来讲,在气温升高1℃、2℃和3℃时,台风频次增幅可能会达到约1.9%、3.7%和4.9%。

    全球变暖的另外一个较为直接的响应是海水热膨胀以及大量陆地冰川融化引起的海平面上升,这可以造成很严重的海岸带问题和灾难,尤其像我国人口和工业密集区主要位于沿海地区,因此,全球变暖引起的海平面上升对我国影响重大。为此,国家海洋局针对海平面上升对我国海岸带脆弱区的影响做了系统预估(杜碧兰,1997)。他们的研究结果显示,中国沿岸海平面上升的最佳估计是2030年(气温升高约1℃)将上升6~14 cm,2050年(气温升高约2℃)上升12~23 cm,2100年(气温升高3℃以上)上升47~65 cm。依据我国现在的设防条件,在海平面上升30 cm和60 cm时,我国被淹没面积可以达到2.3万 km^2 和6.3万 km^2。

    温室气体排放对于粮食生产的影响是多方面的。如果仅考虑气温的影响,那么当气温升高2℃时,粮食产量将明显降低,如果同时考虑灌溉措施后粮食减产可以后延到2.5℃,如再考虑 CO_2 增肥效应可以后延3℃以上(熊伟等,2006)。因此,就目前的预估阈值来说,未来气温升高1~3℃,对我国粮食产量的影响不大。

    在全球变暖下,一些传播疾病的虫媒以及病原体将会增多,由此导致我国一些人体疾病(血吸虫病、疟疾、登革热、流行性乙型脑炎、广州管圆线虫病、钩端螺旋体病等)将会愈发频繁,其影响区域将逐步扩大、北移,这将造成严重的人体健康问题(杨坤等,2006)。

从上面的预估结果可以看出,全球变暖对我国的影响是两方面的,既包含有利的一方面,如降水增加、水资源状况好转、干旱问题缓解等,当然也包含不利的方面,如洪涝增加、冰川融化、海平面上升和疾病增加等。这些结果对我国未来气候政策的制定和经济发展规划具有一定的参考价值,如果我国政府能够在全球变化不利方面及早采取预防措施,增强我国防灾减灾能力,提高整个社会的适应性水平,那么气温升高 2~3℃对我国的影响将不会是灾难性的。

9.4.5　阈值研究的不确定性

IPCC 报告及本书指出的气候阈值及危险性水平结果对于未来气候变化研究及政策建议具有一定参考意义,但是同时也应该注意目前气候变化阈值研究中的不确定性问题。

首先,2℃阈值概念本身的科学性存在很大争议。国际上 2℃阈值的提出是用统计模型或者动力模型对现有增温幅度下历史观测事实的一种延伸推测。虽然已有历史资料显示,全球平均气温升高对人类生存环境已经造成一定程度的影响,但涉及不同的、具体的生态系统、社会系统和经济系统对升温的响应过程和结果是十分复杂的,人类对这些复杂系统响应的理解程度还十分不够,到目前为止仍没有足够的理论能够充分地证明 2℃是升温的极限。此外,在气候变化预估研究中,过多地考虑了人类活动引起温室气体排放的影响,对气候系统的自然变化过程考虑不足。因此,从这些角度考虑,2℃阈值概念的提出具有一定的片面性。此外,与 2℃阈值概念紧密联系的另一个问题就是温室气体浓度问题,而浓度问题的后面就是各个国家温室气体排放空间和发展空间的问题,因此气候变化阈值问题现在已经成为各国政府谈判博弈的一个敏感政治问题,这势必进一步增强阈值问题的人为性,减少其本身的客观性和科学性。2℃升温阈值从提出到推广,都打上了西方国家很强价值判断和政治决策的烙印,缺乏严密的科学推断。

其次,历史观测事实研究本身存在不确定性。虽然自 20 世纪后半叶以来,随着全球气候系统观测资料不断积累,人们对气候系统的变化规律和归因的认识有了飞跃性的进展。但是不可否认,现有观测资料在认识全球变暖中仍然存在一些问题,比如观测资料的均一化问题有待进一步加强,观测站点迁移和分布的不均性、观测仪器更新、城市化效应等对全球变暖的诊断分析都具有一定影响,这从资料层面上会加大全球变暖事实分析的不确定性。此外,在过去的 100 年中,全球气候系统已经发生了明显的变暖特征,这是确凿的,但是这种变暖到底多大程度上由人为活动引起,多大程度上由自然系统自身变化引起,这从观测资料中很难准确确定量地区分清楚,这进一步影响人们对自然气候系统自身变化规律的认知。对历史观测事实认识的不足势必影响对未来气候变化预估结果的可信性。

第三,气候变化研究工具的不确定性。目前,进行气候变化预估研究有两种方式。一种是采用气候系统模式开展。而气候系统模式仅仅是对复杂气候系统主要物理、化学、生物和人为过程等的一种近似,它可以反映气候系统的一些主要特征,但是不可能完全再现气候系统的变化过程。已有研究显示,现有气候系统模式对当今和历史古气候观测气候变化事实的模拟能力十分有限,那么它对未来气候变化的预估结果的不确定性就会更大。另外一种预估是采用现有观测统计关系的一种延伸推测,这样的预估不确定性会更大,因为气候系统中很多很复杂的非线性过程在这样的统计模型中常常被忽略,这种历史统计关系在未来的有效性也存在疑问。因此,气候变化预估工具的不确定性势必也加大气候变化研究的不确定性。

第四,排放情景的不确定性。排放情景是指为了制作未来全球和区域气候变化的预测,根据一系列驱动因子(包括人口增长、经济发展、技术进步、环境条件、全球化、公平原则等)的假设得出的未来温室气体和硫化物气溶胶排放的情况。从排放情景的定义和制作过程就可以看出,它只是一种可能的假设,它距离未来全球气候系统的真实变化具有一定差异,那么基于这种条件提出的气候变化预估和阈值结果的不确定性是不言而喻的。

从上面的讨论可以看出,目前全球变化阈值研究过程中存在很大的不确定性,为了减少这些不确定性,世界各国相关领域的科学家都在不懈努力,通过各种方法增加观测资料质量、加深对气候系统变异规律的认识,同时不断改进气候系统模式性能和排放情景,为全球变化研究进一步夯实科学基础。这些努力从 1990 年的 IPCC 第一次评估报告到 2013 年出版的第五次评估报告中得到了很好的体现。

参考文献

《第二次气候变化国家评估报告》编写委员会. 2011. 第二次气候变化国家评估报告. 北京:科学出版社.

陈活泼. 2013. CMIP5 模式对 21 世纪末中国极端降水事件变化的预估[J]. 科学通报,**58**(8): 743-752.

杜碧兰. 1997. 海平面上升对中国沿海主要脆弱区的影响及对策[M]. 北京:海洋出版社.

冯靖. 2012. 多全球模式对中国区域气候的模拟评估和预估[D]. 南京信息工程大学气象学硕士学位论文.

符淙斌,温刚. 2002. 中国北方干旱化的几个问题[J]. 气候与环境研究,**7**(1):22-29.

高学杰. 2007. 中国地区极端事件预估研究[J]. 气候变化研究进展,**3**(3):163-165.

江志红,张霞,王冀. 2008. IPCC-AR4 模式对中国 21 世纪气候变化的情景预估[J]. 地理研究,**27**(4):787-799.

姜大膀,富元海. 2012. 2℃全球变暖背景下中国未来气候变化预估[J]. 大气科学,**36**(2):

234-246.

姜大膀,王会军,郎咸梅.2004a.SRES A2 情景下中国气候未来变化的多模式集合预测结果[J].地球物理学报,**47**(5):776-784.

姜大膀,王会军,郎咸梅.2004b.全球变暖背景下东亚气候变化的最新情景预测[J].地球物理学报,**47**(4):591-596.

姜大膀,张颖,孙建奇.2009.中国地区 1～3℃ 变暖的集合预估分析[J].科学通报,**54**(24):3870-3877.

郎咸梅,隋月.2013.全球变暖 2℃ 情景下中国平均气候和极端气候事件变化预估[J].科学通报,**58**(8):734-742.

雷小途.2011.全球变化对台风影响的主要评估结论和问题[J].中国科学基金,**2**:85-89.

李博,周天军.2010.IPCC A1B 情景的中国未来气候变化预估:多模式集合结果及其不确定性[J].气候变化研究进展,**6**(4):270-276.

李巧萍,丁一汇,董文杰.2008.SRES A2 情景下未来 30 年我国东部夏季降水变化趋势[J].应用气象学报,**19**(6):770-780.

刘世荣,郭泉水,王兵.1998.中国森林生产力对气候变化响应的预测研究[J].生态学报,**18**(5):478-483.

路军强,温登丰.2008.论海平面上升对中国非沿海地区的影响[J].经济论坛,**13**:4-6.

马丽娟,罗勇,秦大河.2011.CMIP3 模式对未来 50 a 欧亚大陆雪水当量的预估[J].冰川冻土,**33**(4):708-720.

马柱国,符淙斌.2005.中国干旱和半干旱带的 10 年际演变特征[J].地球物理学报,**48**(3):519-525.

闵屾,钱永甫.2008.中国极端降水事件的区域性和持续性研究[J].水科学进展,**19**(6):763-771.

秦伯强.1993.中亚近期气候变化的湖泊响应[J].湖泊科学,**5**(2):118-127.

任福民,翟盘茂.1998.1951—1990 年中国极端气温变化分析[J].大气科学,**22**(2):217-227.

任国玉,初子莹,周雅清,等.2005.中国气温变化研究进展[J].气候与环境研究,**10**(4):701-716.

施雅风,刘时银.2000.中国冰川对 21 世纪全球变暖响应的预估[J].科学通报,**45**(4):434-438.

施雅风,沈永平,李栋梁,等.2003.中国西北气候由暖干向暖湿转型的特征和趋势探讨[J].第四纪研究,**23**(2):152-164.

石英,高学杰.2008.温室效应对我国东部地区气候影响的高分辨率数值试验[J].大气科学,**32**(5):1006-1018.

苏布达,姜彤,任国玉,等.2006.长江流域 1960—2004 年极端强降水时空变化趋势[J].气候变化研究进展,**2**(1):9-14.

孙建奇,王会军,袁薇.2009.2007 年 3 月中国东部北方地区一次强灾害性暴风雪事件的成因初探[J].气象学报,**67**(3):469-477.

孙建奇,王会军,袁薇.2011.我国极端高温事件的年代际变化及其与大气环流的联系[J].气候与环境研究,**16**(2):199-208.

孙颖,丁一汇. 2008. IPCC AR4 气候模式对东亚夏季风年代际变化的模拟性能评估[J]. 气象学报,**66**(5):765-780.

孙颖,丁一汇. 2009. 未来百年东亚夏季降水和季风预测的研究[J]. 中国科学(D 辑),**39**(11):1487-1504.

唐国利,巢清尘. 2005. 中国近 49 年沙尘暴变化趋势的分析[J]. 气象,**31**(5):8-11.

汪方,丁一汇. 2011. 不同排放情景下模拟的 21 世纪东亚积雪面积变化趋势[J]. 高原气象,**30**(4):869-877.

王冀,江志红,丁裕国,等. 2008. 21 世纪中国极端气温指数变化情况预估[J]. 资源科学,**30**(7):1084-1092.

王建中,丁一汇. 1995. 一次华北强降雪过程的湿对称不稳定性研究[J]. 气象学报,**53**(4):451-460.

王绍令,赵新民. 1999. 青藏高原多年冻土区地温监测结果分析[J].冰川冻土,**21**(2):159-163.

王文辉,徐祥德. 1979. 锡盟大雪过程和"77·10"暴雪分析[J]. 气象学报,**37**(3):80-86.

韦志刚,黄荣辉,陈文,等.2002.青藏高原地面站积雪的空间分布和年代际变化特征[J].大气科学,**26**(4):496-508.

熊伟,居辉,许吟隆,等.2006.气候变化对中国农业温度阈值影响研究及其不确定性分析[J].地球科学进展,**21**(1):70-76.

徐影,丁一汇,李栋梁. 2003a. 青藏高原未来百年气候变化[J]. 高原气象,**22**(5):451-457.

徐影,丁一汇,赵宗慈,等. 2003b. 我国西北地区 21 世纪季节气候变化情景分析[J].气候与环境研究,**8**(1):19-25.

许崇海,沈新勇,徐影. 2007. IPCC AR4 模式对东亚地区气候模拟能力的分析[J]. 气候变化研究进展,**3**:287-291.

许吟隆,黄晓莹,张勇,等. 2005. 中国 21 世纪气候变化情景的统计分析[J]. 气候变化研究进展,**2**(1):81-83.

闫冠华,李巧萍,邢超. 2011. 不同温室气体排放情景下未来中国地面气温变化特征[J]. 南京信息工程大学学报(自然科学版),**3**(1):36-46.

杨坤,王显红,吕山,等. 2006. 气候变暖对中国几种重要媒介传播疾病的影响[J]. 国际医学寄生虫杂志,**33**(4):182-187.

姚遥,罗勇,黄建斌. 2012. 8 个 CMIP5 模式对中国极端气温的模拟和预估[J]. 气候变化研究进展,**8**(4):250-256.

张莉,丁一汇,孙颖. 2008. 全球海气耦合模式对东亚季风降水模拟的检验[J]. 大气科学,**32**(2):361-276.

张莉,丁一汇,吴统文,等. 2013. CMIP5 模式对 21 世纪全球和中国地区年平均地表气温变化和 2℃增温阈值的预估[J]. 气象学报,DOI:10.11676/qxxb2013.087.

张颖,王会军. 2010. 全球变暖情景下西北太平洋地区台风活动背景场气候变化的预估[J]. 气象学报,**68**(4):539-549.

赵宗慈,王绍武,罗勇. 2007. IPCC 成立以来对温度升高的评估与预估[J]. 气候变化研究进展,**3**(3):183-184.

周广胜,张新时. 1996. 全球变化下中国自然植被净初级生产力研究[J]. 植物生态学报,**20**:

11-19.

Chen H P,Sun J Q,Chen X L. 2013. Future changes of drought and flood events in China under a global warming scenario[J]. Atmospheric and Oceanic Science Letters,**6**:8-13.

Chen H P,Sun J Q,Chen X L,et al. 2012. CGCM projections of heavy rainfall events in China [J]. Int J Climatol,**32**(3):441-450.

Chen H,Sun J Q. 2009. How the "best" model project the future precipitation change in China [J]. Adv Atmos Sci,**26**(4):773-782.

Ding Y,Sun Y,Wang Z,et al. 2009. Inter-decadal variation of the summer precipitation in China and its association with decreasing Asian summer monsoon. Part II: Possible causes [J]. Int J Climatol,**29**:1926-1944,DOI:10.1002/joc.1759.

Dong W J,Jiang Y D,Yang S. 2010. Response of the starting dates and the length of seasons in China to global warming[J]. Climatic Change,**99**:81-91.

Feng S,Nadarajah S, Hu Q. 2007. Modeling annual extreme precipitation in China using the Generalized Extreme Value distribution[J]. J Meteor Soc Japan,**85**(5):599-613.

Gao X J,Zhao Z C. 2002. Changes of extreme events in regional climate simulation over East Asia[J]. Adv Atmos Sci,**19**(5):927-942.

Han H, Gong D Y. 2003. Extreme climate events over northern China during the last 50 years [J]. J Geograph Sci,**13**(4):469-479.

IPCC. 2007. Summary for Policymakers//Climate Change 2007:The Physical Science Basis[M]. Contribution of Working Group I to the Fourth Assessment Report of the Intergovernmental Panel on Climate Change. Cambridge:Cambridge University Press.

Jiang D,Wang H J,Lang X. 2005. Evaluation of East Asian climatology as simulated by seven coupled models[J]. Adv Atmos Sci,**22**:479-495.

Knutson T R,McBride J L,Chan J,et al. 2010. Tropical cyclones and climate change[J]. Nature Geoscience,**3**:157-163.

Meinshausen M,Meinshausen N,Hare W,et al. 2009. Greenhouse-gas emission targets for limiting global warming to 2℃[J]. Nature,**458**:1158-1163.

Nakicenovic N,Alcamo J,Davis G,et al. 2000. IPCC Special Report on Emissions Scenarios[M]. Cambridge:Cambridge University Press.

Qian W,Fu J L,Yan Z. 2007. Decrease of light rain events in summer associated with a warming environment in China during 1961-2005 [J]. Geophys Res Lett, 34: L11705, DOI: 10.1029/2007GL029631.

Qin D,Liu S,Li P. 2006. Snow cover distribution, variability, and response to climate changes in western China [J]. J Clim,**19**:1820-1833,DOI:10.1175/JCLI3694.1.

Schneider S H,Semenov S, Patwardhan A,et al. 2007. Assessing Key Vulnerabilities and the Risk from Climate Change//Parry M L,Canziani O F,Palutikof J P,et al. Climate Change 2007:Impacts,Adaptation and Vulnerability. Contribution of Working Group II to the Fourth Assessment Report of the Intergovernmental Panel on Climate Change. Cambridge: Cambridge University Press.

Sun J Q,Wang H J,Yuan W,et al. 2010. Spatial-temporal features of intense snowfall events in China and their possible change [J]. J Geophys Res, 115: D16110, DOI: 10. 1029/2009JD013541.

Wang H J,Sun J Q,Chen H P,et al. 2012. Extreme Climate in China: Facts,Simulation and Projection[J]. Meteorologische Zeitschrift,21(3):279-304.

Xu Y,Xu C H,Gao X J,et al. 2009. Projected changes in temperature and precipitation extremes over the Yangtze River Basin of China in the 21st century[J]. Quaternary International,208: 44-52.

You Q,Kang S,Ren G,et al. 2011. Observed changes in snow depth and number of snow days in the eastern and central Tibetan Plateau [J]. Clim Res, 46(2): 171-183. DOI: 10. 3354/cr00985.

Zhai P M,Pan X H. 2003. Trends in temperature extremes during 1951-1999 in China[J]. Geophys Res Lett ,30;DOI:10. 1029/2003GL018004.

Zhai P M,Sun A J,Ren F M,et al. 1999. Changes of climate extreme in China[J]. Climatic Change,42(1):203-218.

Zhang Y,Sun J Q. 2012. Model projection of precipitation minus evaporation over China[J]. Acta Meteorologica Sinica,26(3):376-388.

Zhang Y,Wang H J,Sun J Q,et al. 2010. Changes in the tropical cyclone genesis potential index over the Western North Pacific in the SRES A2 Scenario[J]. Adv Atmos Sci,27:1246-1258.

Zhang Y,Xu Y L,Dong W J,et al. 2006. A future climate scenario of regional changes in extreme climate events over China using the PRECIS climate model[J]. Geophys Res Lett,33: L24702,DOI:10. 1029/2006GL027229.

Zhou T,Yu R. 2006. Twentieth-century surface air temperature over China and the global simulated by coupled climate models[J]. J Clim,19:5843-5858.

关键词索引